U0840945

2018

黑龙江省生态文明建设绿皮书
Green Book of Ecological Civilization Construction in Heilongjiang Province

黑龙江省
生态文明建设发展报告

Development Report of Ecological Civilization in Heilongjiang Province

刘经伟　刘伟杰 等 ◙ 著

中国林業出版社
CFPH China Forestry Publishing House

图书在版编目(CIP)数据

2018黑龙江省生态文明建设发展报告 / 刘经伟等著. —北京：中国林业出版社，2019.12

(黑龙江省生态文明建设绿皮书)

ISBN 978-7-5219-0470-3

Ⅰ. ①2… Ⅱ. ①刘… Ⅲ. ①生态环境建设－研究报告－黑龙江省－2019 Ⅳ. ①X321.235

中国版本图书馆CIP数据核字(2020)第017472号

中国林业出版社 · 自然保护分社(国家公园分社)

策划、责任编辑：许　玮

电　　话：(010)83143576

出版发行　中国林业出版社(100009　北京西城区德内大街刘海胡同7号)
http://www.forestry.gov.cn/lycb.html　电话：(010)83143576

经　　销　新华书店

印　　刷　固安县京平诚乾印刷有限公司

版　　次　2020年5月第1版

印　　次　2020年5月第1次印刷

开　　本　787mm×1092mm　1/16

印　　张　20.25

字　　数　397千字

定　　价　68.00元

未经许可，不得以任何方式复制或抄袭本书之部分或全部内容。

版权所有　侵权必究

前 言

《2018黑龙江省生态文明建设发展报告》即将印刷出版了，这是黑龙江生态文明建设绿皮书系列的第一部。

黑龙江省生态文明建设与绿色发展智库在2018年7~8月组织了100余名师生组成了黑龙江省各地市生态文明建设评价调研组，13个调研小组分别走入黑龙江省13个地市，深入社区、企业、农村，通过发放问卷、座谈调研、走访调研等形式，对各地市生态文明建设情况进行了调查研究。2018年11~12月，研究团队又组织了3个调研小组，分别到大兴安岭、伊春、大庆等地及黑龙江省自然资源厅等部门进行专题调研。课题组对调研结果进行了深入分析，撰写了《2018黑龙江省生态文明建设发展报告》。

本书作为黑龙江省第一份全面的生态文明建设调研报告，历时一年半，数易其稿，凝聚着智库同仁的心血与汗水，也是黑龙江省生态文明建设与绿色发展智库为黑龙江省生态文明建设贡献的一份微薄力量。在本书出版之际，向长期以来关心智库发展的领导、专家以及一直给与指导、支持的东北林业大学科学技术研究院致以诚挚感谢！

刘经伟

2020年春

目 录

第一部分

黑龙江省各地市生态文明建设情况总体评价

- 一、引言
- 二、评价方法
- 三、评价结果
- 四、对策建议

一、引言

黑龙江省是生态大省，是全国森林资源最丰富的省份，是中国重要的农业生产基地，同时也是东北老工业基地的重要组成部分，是中国北方重要的生态屏障，具有推动可持续发展的战略性优势，在全国生态文明建设中具有极其重要的地位。

为了进一步了解黑龙江省生态文明建设总体情况，系统掌握黑龙江省各地市生态文明建设现状，“黑龙江省生态文明建设与绿色发展智库”（以下简称“智库”）的专家团队整合黑龙江省生态文明研究的优势力量，以黑龙江省各地市生态文明建设发展评价为切入点，研究设计了《黑龙江省各地市生态文明建设评价体系表》及相应调研问卷和提纲，组成“黑龙江省各地市生态文明建设调研与评价”社会实践团队，深入黑龙江省哈尔滨市、齐齐哈尔市、牡丹江市、佳木斯市、大庆市、鸡西市、伊春市、七台河市、鹤岗市、黑河市、绥化市、双鸭山市、大兴安岭地区进行实地调研。调研共分13支小队，为期30天，146名师生共同参与，发放调研问卷2200余份，访谈140余人，针对各地市自然生态环境基本情况、生态文明教育情况、生态文明建设公众参与情况、公众对生态文明建设满意度、当地生态文明建设取得的成绩或特色等进行了实地调研。调研涉及面广，涵盖了黑龙江省所有地市；调研领域多，涉及各层次生态文明教育、各类公众参与、各类满意度等；调研对象全面，包括各年龄段、各类职业、各层次学历；调研成果丰硕，形成了本调研报告，在全省宣传普及了生态文明思想。

以实地调研、现场考察为基础，结合文献研究，“智库”开展了系统的黑龙江省生态文明发展调查研究，以期为黑龙江省经济转型和绿色发展出谋划策，资政建言，以生态文明建设为导向，提升黑龙江省在全国甚至世界的影响力。

二、评价方法

生态文明建设是一个系统工程，对其进行科学评价是不可或缺的重要组成部分。这就需要构建一个全面准确的评价指标体系，以此来评估生态文明建设的进程，调整发展方向。

（一）评价指标的选取

正确合理地选择有代表性的评价指标，是正确评价生态文明建设进程与质量的关键。因此，“智库”研究人员根据生态文明建设的内涵、目标以及建立指标体系的一般原则，同时参考中共中央办公厅、国务院办公厅印发的《生态文明建设评价考核办法》《黑龙江省生态文明建设目标评价考核办法》《黑龙江省绿色发展指标体系》《黑龙江省生态文明建设考核目标体系》及相关研究成果，在充分比较、筛选和反复征询专家意见的基础上，设计了一个包括 8 个一级指标、41 个三级指标在内的评价指标体系，其中新设立了地方政府重视程度、生态文明教育、生态文明建设公众参与、生态文明建设突出贡献和生态环境事件 5 个二级指标及对应的 17 个三级指标。为使研究更具体细致，部分三级指标还对应了细化的四级指标。评价指标体系削减了部分经济指标，以期使整个评价指标体系能够更加准确全面地反映生态文明建设的综合成果(见表 1，图 1)。

(二)评价方法的选择与权重的确定

对生态文明建设进行综合评价面临着许多问题，一方面观测变量比较多，另一方面各指标的重要程度不同，给问题的分析和综合评价带来困难。由于指标体系中指标的性质不同，计量单位也不同，统一采用一种方法很难得到真实结果。因此，在实际操作中，项目各小组分别采用层次分析、赋权、百分比等不同的评价办法(详见第二部分)，得出各二级指标及一级指标数值，最后由各一级指标数值相加，得到各地市及黑龙江省总体生态文明建设评价结果。

表 1　黑龙江省各地市生态文明建设评价体系表

目标类别	目标类分值	序号	二级指标	计量单位	权重(%)	数据来源
一、资源利用	25	1	单位地区生产总值能耗	吨标准煤/万元	4	黑龙江统计年鉴
		2	单位生产总值能耗下降率	%	4	黑龙江统计年鉴
		3	单位工业增加值能耗下降率	%	4	黑龙江统计年鉴
		4	单位地区生产总值电耗	kW·h/万元	2	黑龙江统计年鉴
		5	规模以上工业企业综合能源消费量	万吨标准煤	3	黑龙江统计年鉴
		6	生产用水量	万 m^3	2	黑龙江统计年鉴
		7	人均日生活用水量	L	3	黑龙江统计年鉴
		8	有效灌溉面积	千 hm^2	3	黑龙江统计年鉴
二、生态环境保护	35	9	地级及以上城市空气质量达标天数比率	%	4	黑龙江省环境状况公报
		10	地级及以上城市细颗粒物(PM2.5)浓度	$\mu g/m^3$	4	黑龙江省环境状况公报
		11	地级及以上城市水资源总量	亿 m^3	3	黑龙江统计年鉴
		12	地级及以上城市废水排放量	万 t	3	黑龙江统计年鉴
		13	地级及以上城市化学需氧量 COD 排放量	t	2	黑龙江统计年鉴

（续）

目标类别	目标类分值	序号	二级指标	计量单位	权重（%）	数据来源
二、生态环境保护	35	14	地级及以上城市氨氮排放量	t	2	黑龙江统计年鉴
		15	地级及以上城市二氧化硫排放量	t	2	黑龙江统计年鉴
		16	地级及以上城市氮氧化物排放量	t	2	黑龙江统计年鉴
		17	地级及以上城市烟粉排放量	t	2	黑龙江统计年鉴
		18	地级及以上城市园林绿地面积	hm^2	4	黑龙江统计年鉴
		19	地级及以上城市建成区绿化覆盖率	%	4	黑龙江统计年鉴
		20	地级及以上城市清扫保洁面积	万 m^2	3	黑龙江统计年鉴
三、地方政府重视程度	10	21	生态文明建设绿色发展指数	%	8	国家统计局
		22	国民经济和社会发展统计公报	%	2	国家统计局
		23	党委、政府工作报告涉及相关内容情况	%	定性	政府工作网站
四、生态文明教育	10	24	学校开设相关课程情况	%	4	现场调研
		25	学校相关实践活动情况	%	2	现场调研
		26	学校生态文明宣传教育情况	%	3	现场调研
		27	学校生态文明教师队伍建设情况	%	1	现场调研
五、生态文明建设公众参与	10	28	居民生态文明相关知识了解情况	%	2	现场调研
		29	居民生态文明习惯养成率	%	2	现场调研
		30	居民对参与生态文明建设的态度	%	2	现场调研
		31	居民生态文明宣传教育参与度	%	2	现场调研
		32	居民环境保护与监督的参与度	%	2	现场调研
六、公众满意程度	10	33	居民对空气质量的满意度	%	2	现场调研
		34	居民对水质满意度	%	2	现场调研
		35	居民对本地生活环境改善的满意程度	%	3	现场调研
		36	居民对政府生态文明建设工作的满意度	%	3	现场调研
七、生态文明建设突出贡献	加分项10	37	生态文明建设国家级科研成果情况	项	3	新闻媒体、管理部门网站
		38	生态文明建设获得国家级荣誉情况	项	2	新闻媒体、管理部门网站
		39	国家级绿色品牌和产品情况	项	3	新闻媒体、管理部门网站
		40	国家级新闻媒体相关报道情况	项	2	新闻媒体、管理部门网站
八、生态环境事件	扣分项10	41	地区重特大突发环境事件、造成恶劣社会影响的其他环境污染责任事件、严重生态破坏责任事件情况	项	10	新闻媒体、管理部门网站

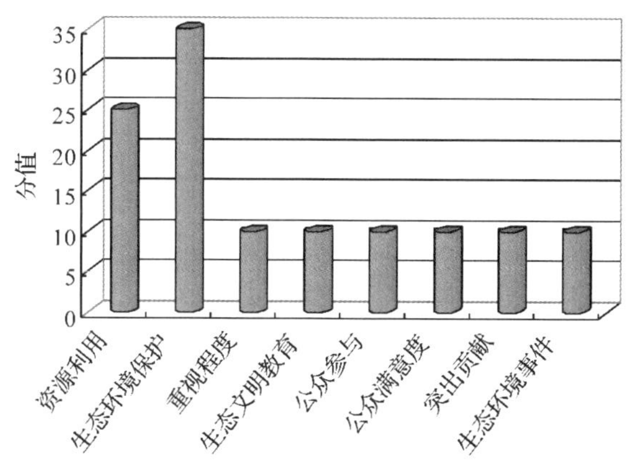

图1 目标分值示意图

三、评价结果

通过文献研究和调研发现，黑龙江省各地市把生态文明建设作为一项长远大计来抓，结合当地实际情况，开展系统性的生态文明建设，取得了阶段性的成果。同时，项目组也发现，黑龙江省各地市在生态文明建设中也存在一些不容忽视的问题，亟待解决。

(一)黑龙江省生态文明建设总体情况

在不考虑"生态文明建设突出贡献"加分项和"生态环境事件"扣分项两个具有突发意义选项的情况下，黑龙江省各地市生态文明建设情况如表2所示，13个地市生态文明建设平均分为63.74分，可以说刚刚及格，全省整体生态文明建设水平不高。

6个指标中，"地方政府重视程度"平均得分占项目分值百分比最高，达到76.08%，也是唯一一个得分超过70%的项目。说明黑龙江省各地市政府充分认识到了加强生态文明建设的重要性，纷纷采取了一定措施加强当地生态文明建设，这在自然资源、能源禀赋比较高的黑龙江省来说是不小的进步。

"生态环境保护"和"公众满意度"两个指标平均得分占项目分值接近70%，分别为68.71%和67.75%，虽然在平均数值上位列6个指标中的第二、三名，得分较其他项目高，但由于黑龙江省各地市自然生态环境差异巨大，整体生态环境保护工作仍需加强，城乡居民对政府的生态文明建设工作整体满意度仍需提高。

"生态文明教育"指标平均分为6.16分，仅占项目分值的61.63%，说明整体来看，黑龙江省在生态文明课程的设置、实践活动安排、生态文明宣传和师资队伍建设等方面都需要进一步加强建设，以不断满足人们获取生态文明知识、参与生态文明实践的愿望。

“资源利用情况”指标13个地市平均为13.75分，仅占项目分值的54.98%，在6个指标中平均得分位列第五。这个指标下设8个二级指标：单位地区生产总值能耗、单位生产总值能耗下降率、单位工业增加值能耗下降率、单位地区生产总值电耗、规模以上工业企业综合能源消费量、生产用水量、人均日生活用水量、有效灌溉面积。从评价结果可以看出，黑龙江省老工业基地特征十分明显，仍然没有摆脱高能耗、高污染的发展模式，经济发展以消耗巨大的能源资源为代价。

“生态文明建设公众参与”指标平均得分为5.4分，仅占项目分值的53.96%，在6个指标中得分最低，说明黑龙江省生态文明建设公众参与情况最差，政府应采取多方措施，加强生态文明宣传教育，提高公众参与的热情，丰富参与渠道，完善参与机制。

表2 各地市生态文明建设评价体系前六项得分表

排名	地市	资源利用	生态环境保护	地方政府重视程度	生态文明教育	生态文明建设公众参与	公众满意程度	前六项得分
1	伊春	14.91	33.68	8.36	6.37	6.92	7.30	77.54
2	黑河	19.23	29.28	8.37	7.44	4.46	8.28	77.06
3	大兴安岭	14.04	29.83	6.47	6.94	9.38	7.79	74.45
4	鸡西	15.84	24.90	8.43	4.65	4.46	5.84	64.12
5	鹤岗	12.83	22.81	8.12	5.63	6.92	7.34	63.65
6	佳木斯	13.84	25.52	8.21	4.15	3.08	6.73	61.53
7	齐齐哈尔	18.07	17.51	8.32	5.28	5.69	6.28	61.15
8	绥化	14.53	19.67	5.99	8.56	6.00	6.19	60.94
9	双鸭山	12.76	21.82	8.22	7.08	3.85	6.60	60.33
10	牡丹江	13.84	21.52	6.28	4.44	5.54	6.88	58.50
11	大庆	7.91	24.60	7.74	6.49	5.08	5.52	57.34
12	哈尔滨	12.60	18.13	8.26	7.44	4.00	6.70	57.13
13	七台河	8.30	23.36	6.14	5.65	4.77	6.63	54.85
总分		178.70	312.63	98.91	80.12	70.15	88.08	828.59
平均分		13.75	24.05	7.61	6.16	5.40	6.78	63.74
平均分占项目分值的百分比		54.98%	68.71%	76.08%	61.63%	53.96%	67.75%	63.74%

“生态文明建设突出贡献”和“生态环境事件”两个指标具有年度波动性。从表3可以看出，2017年，黑龙江省13个地市“生态文明建设突出贡献”得分仅有18.75分，平均每个地市仅有1.44分，得分最高的哈尔滨市为6.57分，但这一成果却被10分的“生态环境事件”扣分给完全抹杀。2017年，仅有5个地市没有

因“生态环境事件”扣分，也仅有这5个地市这两项得分之和为正数，其他8个城市这两项得分之和均为负值。各地市“生态环境事件”平均扣分4.23分，远高于1.44分的平均加分数，因此，各地市“生态文明建设突出贡献”和“生态环境事件”两项总分为负值，全省平均负2.79分。

表3 各地市“生态文明建设突出贡献”和“生态环境事件”情况

排序	地市	生态文明建设突出贡献	生态环境事件	总分
1	绥化	1.47	0.00	1.47
2	黑河	0.85	0.00	0.85
3	伊春	0.57	0.00	0.57
4	大兴安岭	0.34	0.00	0.34
5	七台河	0.33	0.00	0.33
6	佳木斯	2.68	5.00	-2.32
7	哈尔滨	6.57	10.00	-3.43
8	大庆	1.34	5.00	-3.66
9	牡丹江	1.08	5.00	-3.92
10	鸡西	0.74	5.00	-4.26
11	双鸭山	0.71	5.00	-4.29
12	齐齐哈尔	1.54	10.00	-8.46
13	鹤岗	0.53	10.00	-9.47
总分		18.75	55.00	-36.25
平均分		1.44	4.23	-2.79

(二)各地市生态文明建设情况

如表4所示，综合评价指标体系前七个加分项和最后一个扣分项，得出各地市生态文明建设情况总体排名，其中前三项指标“资源利用”“生态环境保护”和“地方政府重视程度”为文献研究，参考的是各地市2013年至2016年相关指标；中间三项指标“生态文明教育”“生态文明建设公众参与”和“公众满意度”为现场调研得出的第一手数据；后两项指标“生态文明建设突出贡献”(加分项)和“生态环境事件”(扣分项)为项目组收集到的各新闻媒体报道及相关管理部门网站公布的事件。

从表4中可以清晰地看出，伊春市因“生态环境保护”工作做得最好(33.68分)，“地方政府重视程度”较高(8.36分)，排名位列第一；“资源利用”最好(19.23分)的黑河市紧随其后；大兴安岭地区排名第三，突出特点是“生态文明建设公众参与”度最高(9.38分)，“公众满意度”较好(7.79分)。上述三个地市均没有生态环境扣分事件，得分均超过了70分，可以说这三个地市生态文明建设工作走到了全省前列。

绥化市的突出特点是“生态文明教育”做得最好，得分最高(8.56分)，“生态文明建设突出贡献”得分较高，没有生态环境扣分事件，因此，在前6项得分位列第8的情况下(见表2)，加上“生态文明建设突出贡献”1.47分，总排名上升到第4位，也是除前三甲外唯一一个总得分超过60分的城市(见表4)。

表4 各地市生态文明建设情况一览表

排序	地市	资源利用	生态环境保护	地方政府重视程度	生态文明教育	生态文明建设公众参与	公众满意程度	生态文明建设突出贡献	生态环境事件	总分
1	伊春	14.91	33.68	8.36	6.37	6.92	7.30	0.57	0.00	78.11
2	黑河	19.23	29.28	8.37	7.44	4.46	8.28	0.85	0.00	77.91
3	大兴安岭	14.04	29.83	6.47	6.94	9.38	7.79	0.34	0.00	74.79
4	绥化	14.53	19.67	5.99	8.56	6.00	6.19	1.47	0.00	62.41
5	鸡西	15.84	24.90	8.43	4.65	4.46	5.84	0.74	5.00	59.86
6	佳木斯	13.84	25.52	8.21	4.15	3.08	6.73	2.68	5.00	59.21
7	双鸭山	12.76	21.82	8.22	7.08	3.85	6.60	0.71	5.00	56.04
8	七台河	8.30	23.36	6.14	5.65	4.77	6.63	0.33	0.00	55.18
9	牡丹江	13.84	21.52	6.28	4.44	5.54	6.88	1.08	5.00	54.58
10	鹤岗	12.83	22.81	8.12	5.63	6.92	7.34	0.53	10.00	54.18
11	哈尔滨	12.60	18.13	8.26	7.44	4.00	6.70	6.57	10.00	53.70
12	大庆	7.91	24.60	7.74	6.49	5.08	5.52	1.34	5.00	53.68
13	齐齐哈尔	18.07	17.51	8.32	5.28	5.69	6.28	1.54	10.00	52.69

七台河市在“资源利用”方面仅得到了8.30分，位列全省倒数第二，“地方政府重视程度”同样位列全省倒数第二，仅有6.14分，因此，在前6项排名垫底(见表2)。虽然“生态文明建设突出贡献”方面得分最低，仅有0.33分(见表4)，但是，由于没有生态环境扣分事件，导致其总分上升到第八名，摆脱了最后一名的尴尬地位。

鸡西、佳木斯、双鸭山、牡丹江、鹤岗五个城市生态文明建设各方面表现都不突出，得分均不高，且都有5分或10分的生态环境扣分事件，总得分均未超过60分(见表4)，生态文明建设各方面工作都需要加强。

总得分低于54分的城市共有三个，分别是哈尔滨市、大庆市和齐齐哈尔市(见图2)。哈尔滨市的突出特点是“生态文明建设公众参与”度最低，仅有4分，总分排名第11位，倒数第三；大庆市在“资源利用”和“公众满意度”两个项目的得分为全省最低，分别仅有7.91分和5.52分，其他项目得分也不高，因此，总分排名第12位，倒数第二；齐齐哈尔市在“生态环境保护”方面垫底，仅有17.51分，不足项目分(35分)的一半，虽然“资源利用”方面做得比较好(18.07分，位于全省第二)，“地方政府重视程度”较高(8.32分，位列第四)，但与哈尔滨市一样，有10分的“生态环境事件”扣分项，因此，总得分仅有52.69分，从前六项排名第7位（见表2）落至总分排在全省最后一名。

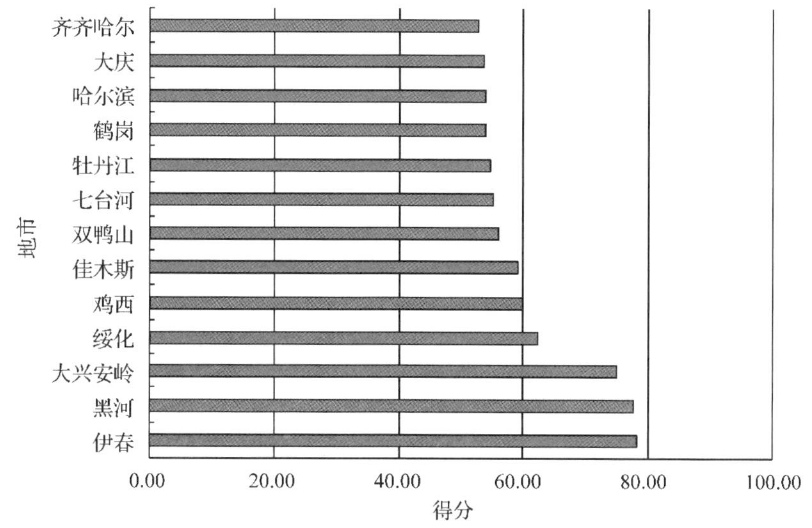

图2　各地市生态文明建设情况评价图

四、对策建议

通过文献研究和实地调研，项目组认为，尽管黑龙江省在推进生态文明建设方面取得了一定的成效，但全省整体生态文明建设水平不高，各地市生态文明建设发展不均衡，与建设生态文明大省的目标要求还有一定的差距。主要存在以下几方面问题：社会方面，公众对生态文明建设的参与度不足，参与意识还有待提高，缺乏有效的生态文明宣传教育；政府方面，存在地方政府生态发展意识淡薄，监管部门力度不够等问题；学校方面，存在学校对生态文明教育重视不够，师资力量薄弱，学生参与度不高等现象。综合分析这些问题存在的原因，既有历史条件下形成的特殊因素，也有现实条件下的发展和理念因素。针对目前现状，项目组认为，黑龙江省可以通过以下几方面加强生态文明建设。

（一）综合协调，补齐短板

黑龙江省是国务院确定的第三个生态省建设示范省，其得天独厚的自然资源优势，为生态文明建设提供了重要保障。2001年，黑龙江省通过了《黑龙江省生态省建设规划纲要》，成立了“黑龙江省生态省建设领导小组”，生态省建设是黑龙江省生态文明建设的重要抓手。近些年来，黑龙江省“重点实施了平原绿化、湿地保护、水土流失治理、草原恢复、矿山环境治理和松花江水污染防治等重点工程。”这些工程的实施，使黑龙江省整体生态环境向好，成为经济社会发展的助力。黑龙江省已经在调整产业结构，大力发展生态工业、生态农业等方面取得了一定的成果。

与此同时，也应看到，黑龙江省整体生态文明建设还有较大上升空间。由于黑龙江省各地市经济发展水平和资源禀赋差异巨大，各地市在生态文明建设各方面表现差异明显。如在“资源利用”方面，黑河市具有明显优势，高出平均值近6分，而资源型城市七台河市、大庆市则体现明显短板，低于平均分近7～8分；“生态环境保护”方面，伊春市由于自然条件优越，得分率达到96%，而老工业基地齐齐哈尔市得分率仅有50%，远低于及格线(见表2)。针对各地市不同的自然条件和发展现状，黑龙江省在生态文明建设中应根据不同地市的特点，采取有针对性的政策和发展策略，在考评体系的建设中，也不应一刀切，应重点考察各地市在原有基础上的发展态势、发展成果，帮助各地市补齐短板，逐渐缩小各地市在生态文明建设各方面的差距。如对鸡西、鹤岗、双鸭山、七台河四大煤炭城市和大庆油田，应立足这些城市资源日益枯竭的现实，统筹规划，调整产业结构，开辟新的经济增长点，实现经济社会发展转型。

(二)突出“两座金山银山”，发展生态特色产业

习近平主席在参加第十二届全国人民代表大会第四次会议黑龙江代表团审议时强调：“要加强生态文明建设，划定生态保护红线，为可持续发展留足空间，为子孙后代留下天蓝地绿水清的家园。绿水青山是金山银山，黑龙江的冰天雪地也是金山银山。”短短几句话，精辟地将黑龙江省经济振兴和加强生态文明建设辩证地结合起来。按照“一五”“二五”计划，“共和国长子”哈尔滨市、“鹤城”齐齐哈尔市都是我国确立的第一批重工业基地，对我国工业的发展贡献巨大，直到目前，仍然是我国装备制造业的重要基地；作为中国最大的林业省份，大兴安岭、伊春等森工林区是我国最重要的国有林区和最大的木材生产基地；黑龙江省耕地面积居全国之首，是我国主要的粮仓，为保障国家粮食安全作出了突出贡献……长期以来，凭借“大森林、大湖泊、大湿地、大熔岩、大界江、大油田、大农田、大冰雪”，黑龙江省一直缺乏资源匮乏省份的危机感，经济发展是粗放的，在为国家经济社会发展作出巨大贡献的同时，资源消耗巨大，各地市政府缺乏可持续发展理念，居民缺乏生态环境保护意识。导致目前黑龙江省经济发展下行压力巨大，森林危困，资源枯竭，企业缺乏活力，成为人口净流出省份。习近平总书记的讲话对黑龙江省生态文明建设提出了明确要求，也给黑龙江省经济发展指明了方向。

2017年，黑龙江省第十二次党代会明确：“以打造‘两座金山银山’为抓手推进生态文明建设”，提出“念好山水经、冰雪经，构建绿色生态产业体系和空

间格局”。可以说全省发展理念是明确的，但在解决具体问题方面还需要各地市进一步细化，发展本地生态特色产业。如党代会明确提出发展生态旅游，各地市虽然出台了一些促进生态旅游产业发展的政策文件，但目前来看，各地市生态旅游业依然存在着发展水平不高、规模不大、产值较小等问题。黑龙江省许多城市发展生态旅游都具有得天独厚的自然条件，但目前的开发建设状况不尽如人意。如齐齐哈尔市，拥有世界最大的芦苇湿地，扎龙自然保护区享誉国内外，珍禽丹顶鹤栖息于此，但其最著名的景点“湿地观鹤”却经常让游客失望。人工饲养的鹤仅在空中展翅那么短短的几分钟，便落地觅食。景区只提供远远的观看，没有相关知识的介绍普及、没有互动交流。再如位于大兴安岭地区的中国“最北极”漠河市，因其独特的地理和气候条件吸引了国内外许多游客，但当地接待能力不足，稍大一点的团队就无处入住。与南方许多旅游产业发达的城市相比，包括齐齐哈尔市在内的黑龙江省各地市均表现出旅游基础设施薄弱，宾馆、饭店、车船规模小、档次低，景点工作人员服务意识差，旅游文化创意产品有待开发等问题。总之，黑龙江省各地市生态特色产业链还没有建立起来，还需要进一步处理好经济发展与生态资源保护的关系，还没有将“绿水青山”“冰天雪地”变为“金山银山”。

(三)转变政府职能，提升群众满意度

在统计数据中，项目组发现，“地方政府重视程度”在所有项目中得分率最高，有10个城市的得分率超过了80%，得分率最低的绥化市也有5.99分；而“公众满意度”方面却差强人意，平均得分只有67.75%，只有黑河一个城市公众满意度超过了80%(见表2)。这说明虽然从黑龙江省政府到各地市政府都高度重视生态文明建设，把建设生态文明省、市明确列入地方发展规划，写进政府工作报告中，但建设效果不佳，群众满意度不高。生态环境问题不是一天形成的，有历史积累的过程。鸡西、鹤岗、双鸭山、七台河四大煤炭城市是中国主要煤炭调出地市之一，是中国煤油焦煤的重要产区；大庆油田则是我国最大的油田，为国家创造了巨大的财富，对我国工业发展产生了极大的影响。过去这些城市在发展的过程中过分注重经济效益，轻生态效益，导致现在积累了一系列的生态环境问题和发展问题。习近平指出：“单纯依靠财政刺激政策和非常规货币政策的增长不可持续，建立在过度资源消耗和环境污染基础上的增长得不偿失。我们既要创新发展思路，也要创新发展手段。要打破旧的思维定式和条条框框，坚持绿色发展、循环发展、低碳发展。”这就需要转变政府职能，深化“放管服”，不断优化营商环境，减轻企业负担，释放发展活力，推动环保产业、环境服务业发展，方便群众生活，实现环境效益、经济效益和社会效益相统一。

积极解决群众最关心的空气质量、用水安全、食品安全等问题，使群众有更多的获得感和幸福感，从而提升生态文明建设满意度。

(四)加强教育引导，提高公众参与度

2004 年，黑龙江省被国家环保总局批准为“国家全民环境教育试点省”，十几年来，黑龙江省持续开展了系列环境宣教工作，为生态文明教育的普及提高奠定了基础。通过调研发现，黑龙江省各地市在高中以及大学两个阶段都有生态文明宣传教育活动，如哈尔滨市通过观看视频、课堂讲授、实践、参观及阅读书籍等形式，开展生态文明宣传教育。在小学以及初中阶段的调研结果来看，这两个阶段对生态文明教育有着明显的不足，缺乏相应的校内组织，相应的教育课程，宣传活动也较少。造成这一现象的原因主要在于各级主管部门对生态文明宣传教育工作做得不到位。保护生态环境是每个公民应尽的义务和应当承担的责任，但这种责任意识的确立需要宣传教育和引导。

项目组发现，在“资源利用”“生态环境保护”“地方政府重视程度”“生态文明教育”“生态文明建设公众参与”和“公众满意度”6 个常规项目中，黑龙江省生态文明建设公众参与度最低，平均只有 53.96%，参与度最低的佳木斯市只有 30.8%，是所有数据中得分最低的选项(见表 2)。在我们的访谈中发现，许多群众只是经常听到、看到“生态文明建设”这个词，并没有明确这件事本身与自己有什么样的关系，不清楚自己在生态文明建设中应尽的责任和义务，许多人并没有把生态环境问题当作自身生活的一部分。受访居民均不同程度地参与了生态文明建设，但大多是被动型参与，缺乏主动性，这也是全国都存在的问题。要解决这一问题，提高公众参与度，首先，应加强师资队伍建设，开展系统性的宣传教育和引导，使个人、企业、NGO(非政府组织)等认识到参与生态文明建设的重要意义，提高参与意识。其次，要结合各地市实际，研究有地方特色的生态文明教育方式和方法，提高教育效果，拓展公众参与的范围与途径。如被誉为“黑龙江省天然基因库”的牡丹江市，野生动植物种类达 2500 余种，当地政府可以结合这一优势，大力开展生物多样性的宣传教育，建立物种基因库，吸引社会组织和个人开展生物多样性保护和科学研究。再次，完善地方法规，使教育与惩罚相结合，提高环境违法、违规成本，强化教育效果。

(五)重视宣传报道，避免生态环境事件

黑龙江省具有得天独厚的地缘优势和自然资源优势，尽管近些年来生态环境出现一些问题，但比起那些资源匮乏省份，依然具有良好的基础和先天优势。新媒体时代，黑龙江省各地市一方面应充分发掘潜力，搞好生态文明建设，加

强生态环境监管，避免出现生态环境事件，另一方面，也应充分发挥网络的作用，进一步提高宣传报道力度，及时将地方特色和生态文明建设成果传播出去。如佳木斯市，不仅是中国大陆最早看到太阳的城市，而且是国家园林城市，城区绿化覆盖率为41.57%，发展旅游业、养老产业、林下经济都具有巨大潜力。但目前，这些优势并没有得到很好的宣传和开发。

总之，在国家的大力推动下，黑龙江省各地市开展了全方位的生态文明建设工作，取得了一定的成效。但生态文明建设是“千年大计”，任重而道远。黑龙江省各地市应进一步守护好生态，利用好生态，处理好生态环境保护和经济发展的关系，给百姓留下乡愁，给未来留下青山。

第二部分

黑龙江省各地市生态文明建设情况分类评价

第一章
黑龙江省各地市生态资源利用情况

近年来，随着我国经济的高速发展和工业化进程的不断深入，日益严重的环境污染和资源能源危机已对人类的生存和社会的发展构成威胁。习近平总书记在党的十九大报告中强调：“要牢固树立社会主义生态文明观”，“推进资源全面节约和循环利用”，并针对当前突出问题进一步完善政策，提出一系列新的可操作、能落地、有实效的措施，为促进生态文明建设持续取得新进展明确了方向。提高资源利用效率是在国家实现经济结构优化转型期，充分践行生态文明的必经之路和应有之义。随着黑龙江省经济发展方式转型和产业结构调整的推进，资源利用减量增效进步明显，但资源能源消耗总量巨大，导致污染物排放量高位运行，制约了协调发展能力提升，资源能源利用效率不断提高，单位国内生产总值资源能源消耗量呈下降态势，为生态文明建设和发展奠定了坚实基础。

本章研究对象为黑龙江省各地市资源利用情况，下设八项二级指标：①单位地区生产总值(GDP)能耗(吨标准煤/万元)；②单位生产总值能耗下降率(%)；③单位工业增加值能耗下降率(%)；④单位地区生产总值电耗(kW·h/万元)；⑤规模以上工业企业综合能源消费量(万吨标准煤)；⑥生产用水量(万m^3)；⑦人均日生活用水量(L)；⑧有效灌溉面积(千hm^2)。

本章数据主要来源为黑龙江省2013年到2017年统计年鉴中2012年度到2016年度统计数据，其中个别地市如大兴安岭存在数据缺失的情况，为保证数据来源统一，将在下一年度省统计年鉴正式出版后进行更新；同时，各类项目在2013年年鉴中并未立项，所以只选取2014年到2017年统计年鉴中的数据进行分析。经过对数据的分析研究，主要通过以下两个层面对黑龙江省13个地市资源利用情况进行分析和比对。

一是分别对黑龙江省13个地市的二级指标进行分析整理，以图表和曲线图形式展示。此部分图表的二级指标栏目中1代表单位地区生产总值能耗(吨标准煤/万元)；2代表单位生产总值能耗下降率(%)；3代表单位工业增加值能耗下降率(%)；4 代表单位地区生产总值电耗(千瓦时/万元)；5 代表规模以上工业企业综合能源消费量(万吨标准煤)；6 代表生产用水量(万 m^3)；7 代表人均日生活用水量(L)；8 代表有效灌溉面积(千 hm^2)。得分情况说明：资源利用情况在总调查中的目标分值为 25 分，在 13 个地市的得分设置中，给排名第 1 位的赋值该项目所占权重的满分，每下降一位依次减少该权重的 1/13 分，并列名次取相同分数，最后得到总分值，在第二部分进行统一对比分析；排名依据以生态文明向好为优。二是对黑龙江省 13 个地市的资源利用情况进行对比分析，以图表和柱状图的形式展示。

第一节 资源利用二级指标情况

一、哈尔滨市资源利用情况二级指标单项分析结果

(一)哈尔滨市单位地区生产总值能耗

表 1-1 哈尔滨市单位地区生产总值能耗(吨标准煤/万元)

年度	2012 年	2013 年	2014 年	2015 年	2016 年
单位地区生产总值能耗	1.01	0.66	0.70	0.63	0.61

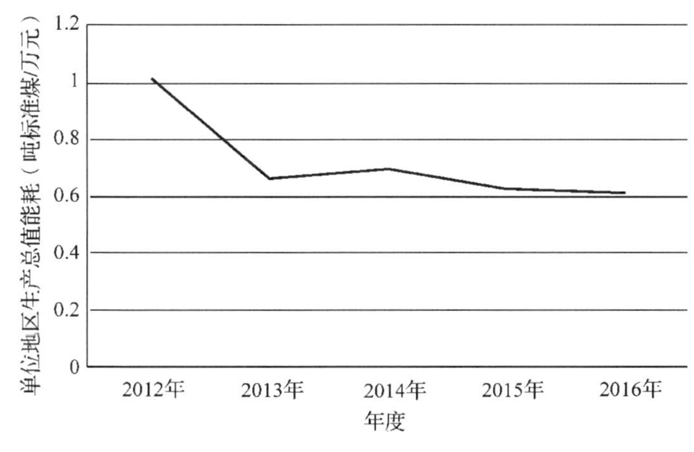

图 1-1 哈尔滨市单位地区生产总值能耗

由图 1-1 可见，哈尔滨市的单位地区总值能耗自 2012 年至 2013 年出现过大幅度下降，后期呈现缓慢的稳定下降态势。

(二)哈尔滨市单位生产能耗下降率

表 1-2 哈尔滨市单位生产总值能耗下降率(%)

年度	2012 年	2013 年	2014 年	2015 年	2016 年
单位生产总值能耗下降率	-3.69	-4.6	-4.84	-3.11	-3.31

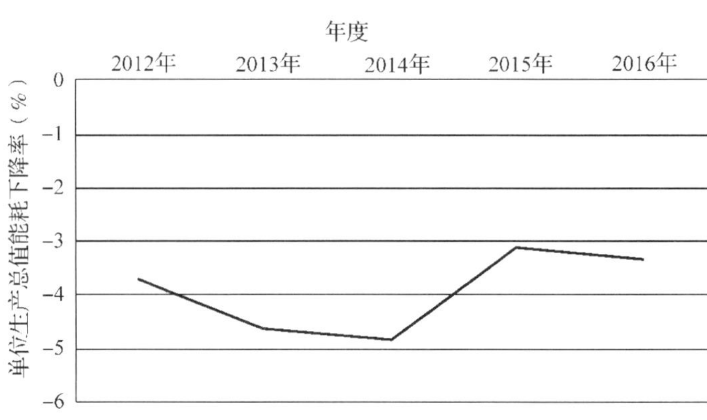

图 1-2 哈尔滨市单位 GDP 能耗下降率

由图 1-2 可见，哈尔滨市单位生产能耗下降率呈现波浪形，且下一阶段有进一步下行的趋势。

(三)哈尔滨市单位工业增加值能耗下降率

表 1-3 哈尔滨市单位工业增加值能耗下降率(%)

年度	2012 年	2013 年	2014 年	2015 年	2016 年
单位工业增加值能耗下降率	-8.18	-13.2	-12.19	-10.52	-3.63

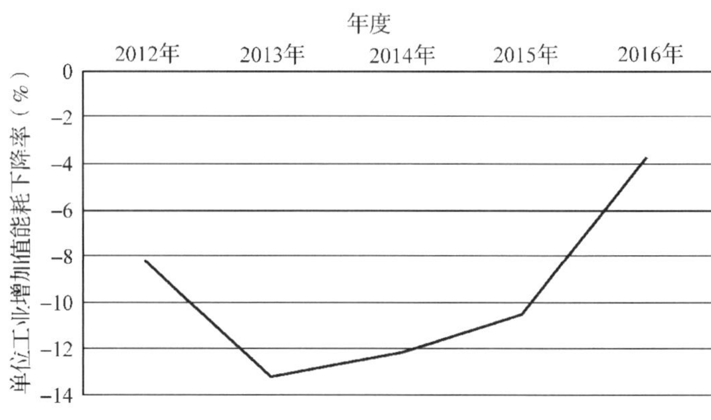

图 1-3 哈尔滨市单位工业增加值能耗下降率

由图 1-3 可见，哈尔滨市单位工业增加值能耗下降率呈现正“U”形分布，在 2013 年到 2016 年间增长迅速。

(四)哈尔滨市单位地区生产总值电耗

表 1-4 哈尔滨市单位地区生产总值电耗(kW·h/万元)

年度	2012 年	2013 年	2014 年	2015 年	2016 年
单位地区生产总值电耗	422.9	400.7	380.4	356.3	348.8

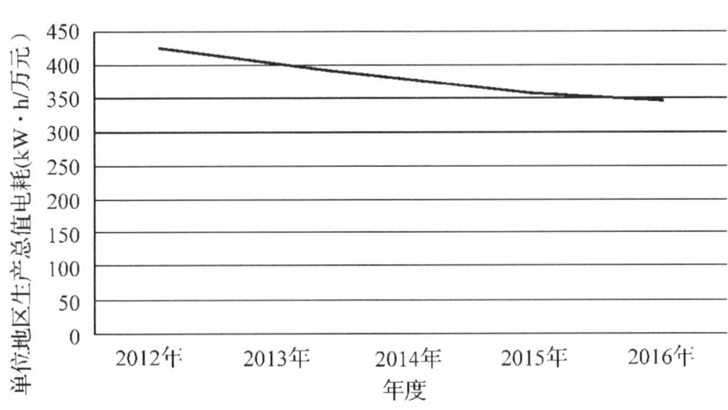

图 1-4 哈尔滨市单位地区生产总值电耗

由图 1-4 可见，哈尔滨市单位地区生产总值电耗从 2012 年到 2016 年呈现平滑的下降曲线，可以预计在未来阶段仍然有望维持原有下降状态。

(五)哈尔滨市规模以上工业企业综合能源消费量

表 1-5 哈尔滨市规模以上工业企业综合能源消费量(万吨标准煤)

年度	2012 年	2013 年	2014 年	2015 年	2016 年
综合能源消费量	850.7	829.8	713.8	715.3	715.6

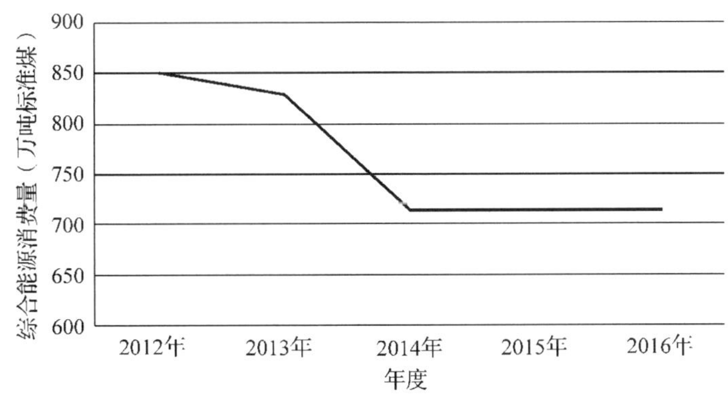

图 1-5 哈尔滨市规模以上工业企业综合能源消费量

由图 1-5 可见，哈尔滨市规模以上工业企业综合能源消费量呈现出阶梯式下降的规律，且下降速度在 2014 年之后逐渐平缓。

(六)哈尔滨市生产用水量

表 1-6 哈尔滨市生产用水量(万 m^3)

年度	2013 年	2014 年	2015 年	2016 年
生产用水量	2058.2	6089.6	5829.1	5672.6

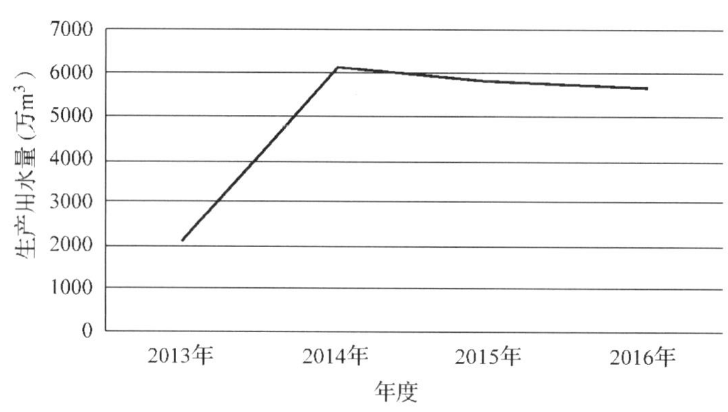

图 1-6 哈尔滨市生产用水量

由图 1-6 可见，哈尔滨市生产用水量在 2013 年到 2014 年度之间出现了一次近三倍的增长，速度极快，此后两年间，虽然有小幅回落，但仍远远高于 2013 年的水平。

(七)哈尔滨市人均日生活用水量

表 1-7 哈尔滨市人均日生活用水量(L)

年度	2013 年	2014 年	2015 年	2016 年
人均日生活用水量	146.8	131.2	135	131.6

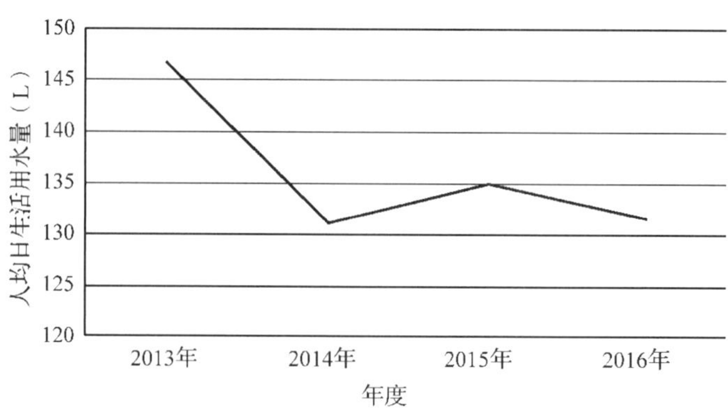

图 1-7 哈尔滨市人均日生活用水量(升)

由图 1-7 可见，哈尔滨市人均日生活用水量在 2013 年到 2014 年之间有过一次大规模下降，此后呈现波浪式前进的状态。

(八)哈尔滨市有效灌溉面积

表 1-8 哈尔滨市有效灌溉面积(千 hm^2)

年度	2013 年	2014 年	2015 年	2016 年
有效灌溉面积	728.6	738.7	745.7	785.3

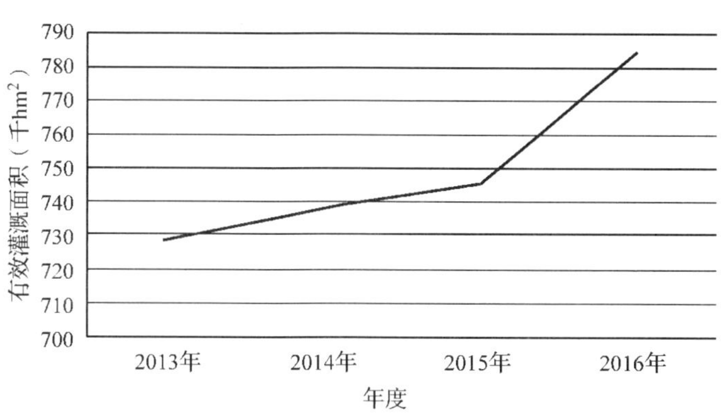

图 1-8 哈尔滨市有效灌溉面积

由图 1-8 可见，哈尔滨市有效灌溉面积一直呈现上升趋势，但是对比实际数值发现其绝对增量不大，趋势平缓。

二、齐齐哈尔市资源利用情况二级指标单项分析结果

(一)齐齐哈尔市单位地区生产总值能耗

表 1-9 齐齐哈尔市单位地区生产总值能耗(吨标准煤/万元)

年度	2012 年	2013 年	2014 年	2015 年	2016 年
单位地区生产总值能耗	1.08	0.79	0.86	0.71	0.64

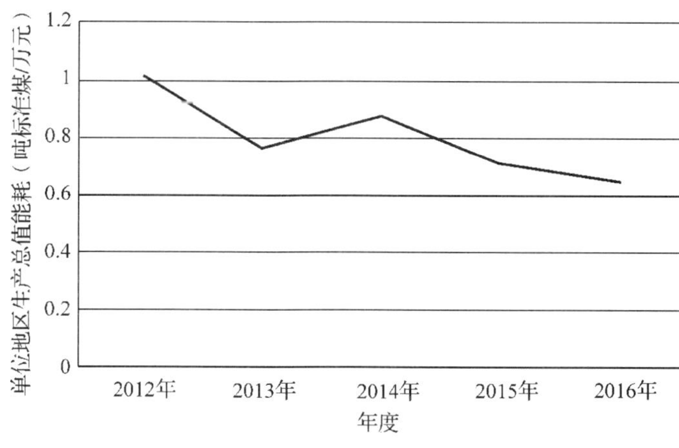

图 1-9 齐齐哈尔市单位地区生产总值能耗

由图 1-9 可见，齐齐哈尔市单位地区生产总值能耗呈现整体下降趋势，只在 2014 年度出现过小幅回升。

(二)齐齐哈尔市单位 GDP 能耗下降率

表 1-10　齐齐哈尔市单位 GDP 能耗下降率(%)

年度	2012 年	2013 年	2014 年	2015 年	2016 年
单位 GDP 能耗下降率	-4.17	-6.07	-8.78	-10.08	-7.29

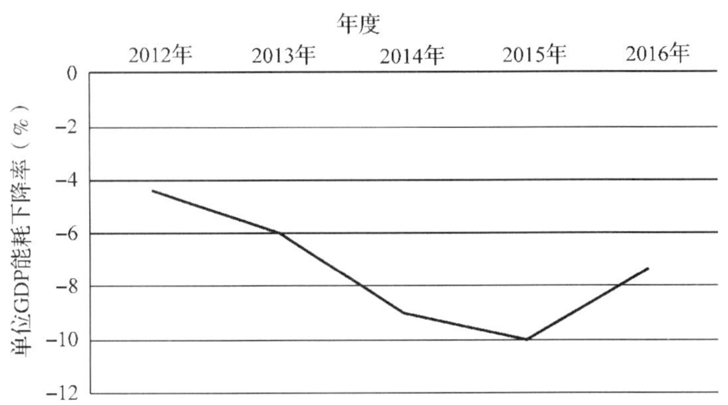

图 1-10　齐齐哈尔市单位 GDP 能耗下降率

由图 1-10 可见，齐齐哈尔市单位 GDP 能耗下降率前期整体下降，2015 年开始出现回升，有形成正“U”形曲线的趋势。

(三)齐齐哈尔市单位工业增加值能耗下降率

表 1-11　齐齐哈尔市单位工业增加值能耗下降率(%)

年度	2012 年	2013 年	2014 年	2015 年	2016 年
单位工业增加值能耗下降率	-10.07	-16.79	-3.74	-10.14	-21.77

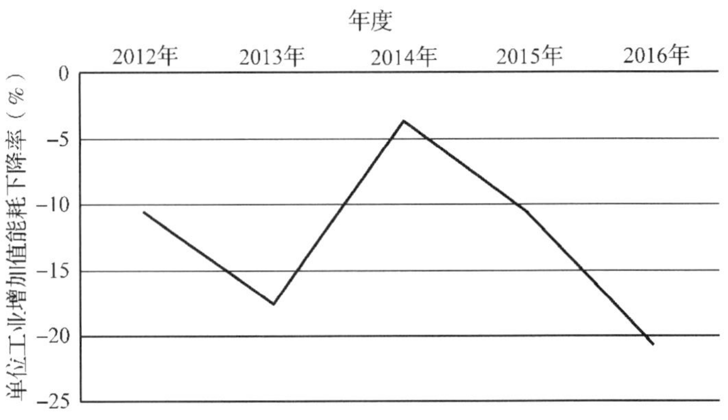

图 1-11　齐齐哈尔市单位工业增加值能耗下降率

由图 1-11 可见，齐齐哈尔市单位工业增加值能耗下降率呈现较大波动，基本成波浪形前进态势。

(四)齐齐哈尔市单位地区生产总值电耗

表 1-12 齐齐哈尔市单位地区生产总值电耗(kW·h/万元)

年度	2012 年	2013 年	2014 年	2015 年	2016 年
单位地区生产总值电耗	670.8	633.7	605.3	612.3	602

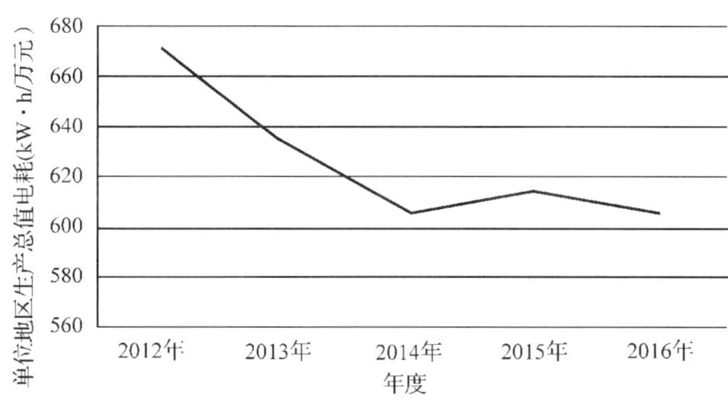

图 1-12 齐齐哈尔市单位地区生产总值电耗

由图 1-12 可见，齐齐哈尔市单位地区生产总值电耗整体下降，2012 年到 2014 年之间趋势明显。

(五)齐齐哈尔市规模以上工业企业综合能源消费量

表 1-13 齐齐哈尔市规模以上工业企业综合能源消费量(万吨标准煤)

年度	2012 年	2013 年	2014 年	2015 年	2016 年
综合能源消费量	568.8	515.6	503.7	469.9	384.7

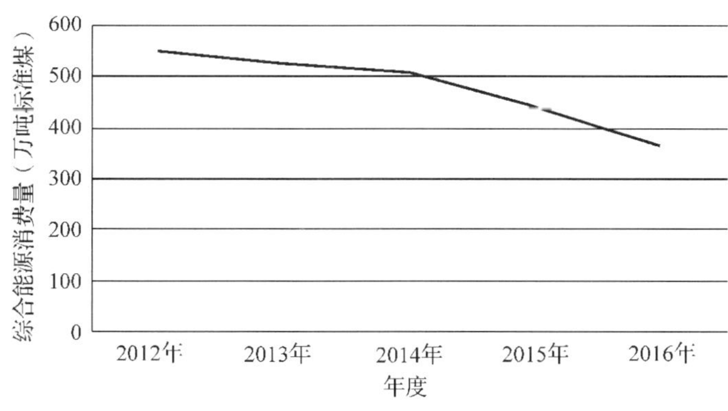

图 1-13 齐齐哈尔市规模以上工业企业综合能源消费量

由图1-13可见，齐齐哈尔市规模以上工业企业综合能源消费量呈现平滑的下降趋势，且2015—2016年度趋势渐强。

（六）齐齐哈尔市生产用水量

表1-14　齐齐哈尔市生产用水量（万 m^3）

年度	2013年	2014年	2015年	2016年	
生产用水量	2058.2	2371.8	2162.6	1389	

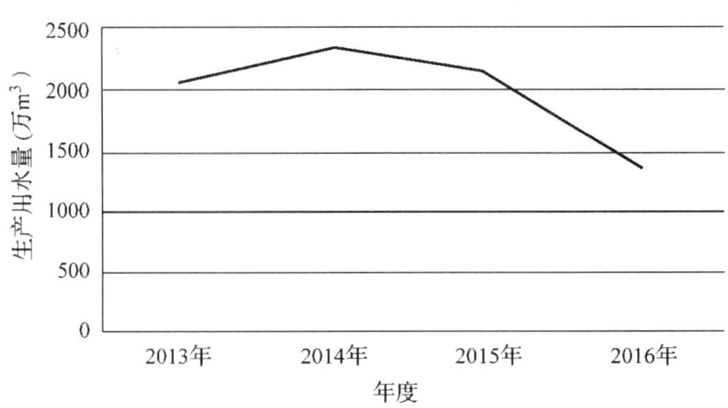

图1-14　齐齐哈尔市生产用水量

由图1-14可见，齐齐哈尔市生产用水量呈现明显的倒“U”形分布，且2015—2016年度趋势渐强。

（七）齐齐哈尔市人均日生活用水量

表1-15　齐齐哈尔市人均日生活用水量（L）

年度	2013年	2014年	2015年	2016年
人均日生活用水量	111.6	101.2	100.1	109.4

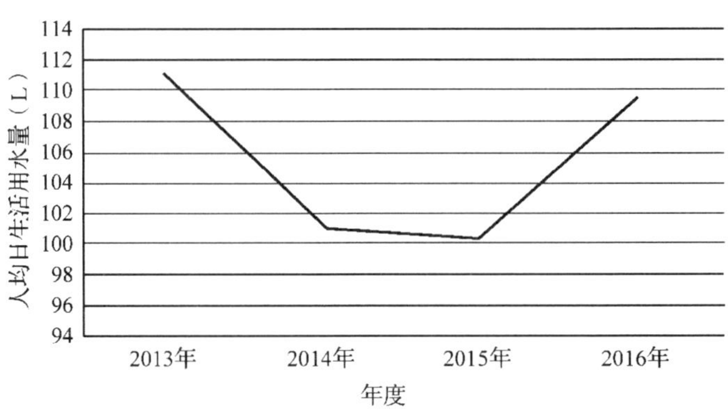

图1-15　齐齐哈尔市人均日生活用水量

由图 1-15 可见，齐齐哈尔市人均日生活用水量呈现明显的正“U”形曲线，2016 年度仍然有上升趋势。

（八）齐齐哈尔市有效灌溉面积

表 1-16 齐齐哈尔市有效灌溉面积（千 hm^2）

年度	2013 年	2014 年	2015 年	2016 年
有效灌溉面积	624.2	612.9	675.1	849.8

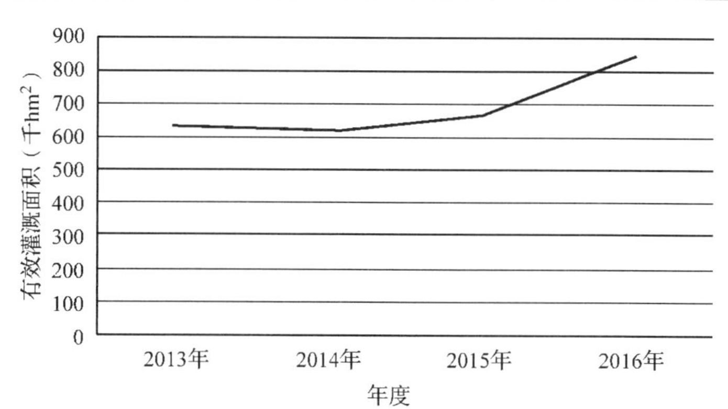

图 1-16 齐齐哈尔市有效灌溉面积

由图 1-16 所示，齐齐哈尔市有效灌溉面积呈现整体上升状态，且 2015—2016 年度趋势渐强。

三、鸡西市资源利用情况二级指标单项分析结果

（一）鸡西市单位地区生产总值能耗

表 1-17 鸡西市单位地区生产总值能耗（吨标准煤/万元）

年度	2012 年	2013 年	2014 年	2015 年	2016 年
单位地区生产总值能耗	1.46	0.99	1.04	0.98	1.01

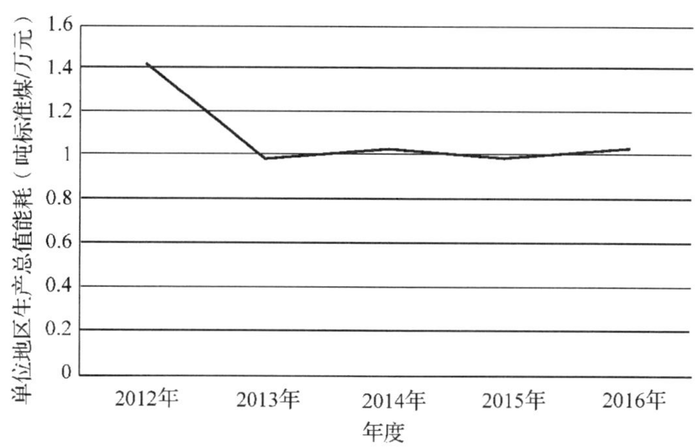

图 1-17 鸡西市单位地区生产总值能耗

由图 1-17 可见，鸡西市单位地区生产总值能耗 2012—2013 年之间下降趋势明显，2013—2016 年呈现微弱波动。

(二)鸡西市单位 GDP 能耗下降率

表 1-18　鸡西市单位 GDP 能耗下降率(%)

年度	2012 年	2013 年	2014 年	2015 年	2016 年
单位 GDP 能耗下降率	-5.26	-5.35	-4.69	-1.53	-7.34

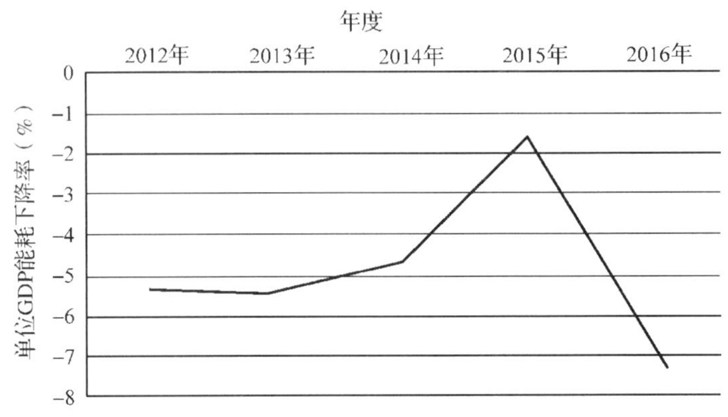

图 1-18　鸡西市单位 GDP 能耗下降率

由图 1-18 可见，鸡西市单位 GDP 能耗下降率 2012 年度到 2015 年度呈现明显的上升态势，且 2015 年度趋势明显，在 2016 年度出现了极为明显的下降，且绝对数值差距极大。

(三)鸡西市单位工业增加值能耗下降率

表 1-19　鸡西市单位工业增加值能耗下降率(%)

年度	2012 年	2013 年	2014 年	2015 年	2016 年
单位工业增加值能耗下降率	-16.57	-11.04	-15.85	-10.6	-18.26

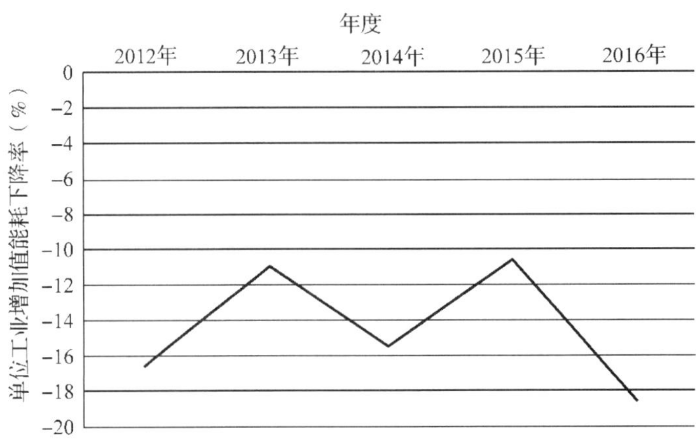

图 1-19　鸡西市单位工业增加值能耗下降率

由图 1-19 可见，鸡西市单位工业增加值能耗下降率呈现较为对称的连环式倒“U”形。

（四）鸡西市单位地区生产总值电耗

表 1-20　鸡西市单位地区生产总值电耗（kW · h/万元）

年度	2012 年	2013 年	2014 年	2015 年	2016 年
单位地区生产总值电耗	841. 3	844. 4	790. 5	737	767. 4

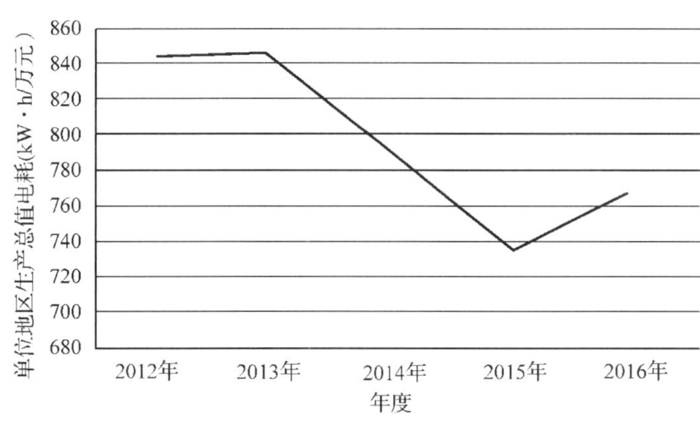

图 1-20　鸡西市单位地区生产总值电耗

由图 1-20 可见，鸡西市单位地区生产总值电耗整体呈现下降态势，但是在 2015—2016 年度出现了明显的上扬。

（五）鸡西市规模以上工业企业综合能源消费量

表 1-21　鸡西市规模以上工业企业综合能源消费量（万吨标准煤）

年度	2012 年	2013 年	2014 年	2015 年	2016 年
综合能源消费量	495. 6	410	305. 6	282. 3	245. 9

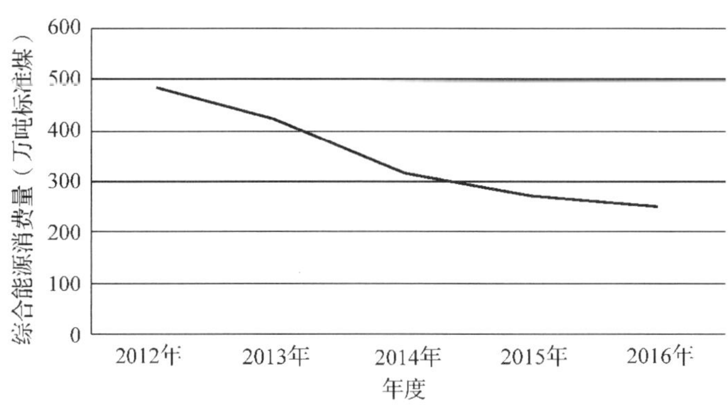

图 1-21　鸡西市规模以上工业企业综合能源消费量

由图 1-21 可见，鸡西市规模以上工业企业综合能源消费量呈现出明晰的整体下降态势，且绝对数值较大，趋势明显。

(六)鸡西市生产用水量

表 1-22　鸡西市生产用水量(m^3)

年度	2013 年	2014 年	2015 年	2016 年
生产用水量	2350	2352. 2	2262. 8	2188. 5

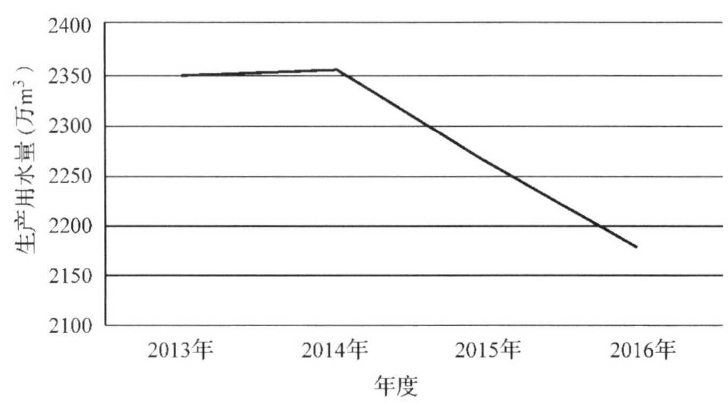

图 1-22　鸡西市生产用水量

由图 1-22 可见，鸡西市生产用水量从 2014 年度开始出现了明显下降，但是绝对值改变不大。

(七)鸡西市人均日生活用水量

表 1-23　鸡西市人均日生活用水量(L)

年度	2013 年	2014 年	2015 年	2016 年
人均日生活用水量	151. 1	150. 3	100. 6	100. 3

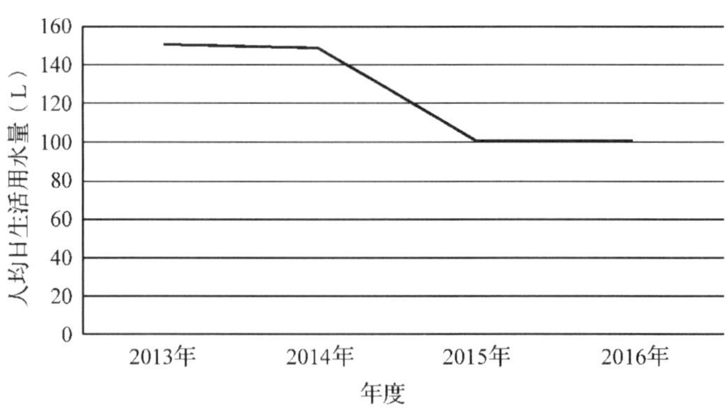

图 1-23　鸡西市人均日生活用水量

由图 1-23 可见，鸡西市人均日生活用水量呈现较为清晰的阶梯式下降。

（八）鸡西市有效灌溉面积

表 1-24 鸡西市有效灌溉面积（千 hm^2）

年度	2013 年	2014 年	2015 年	2016 年
有效灌溉面积	166.1	161.9	161.5	166.9

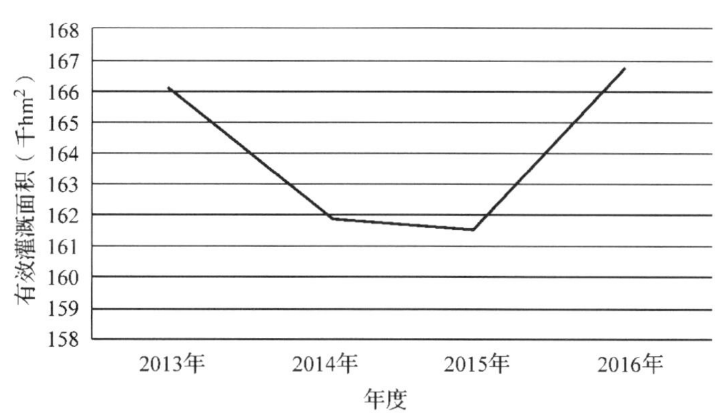

图 1-24 鸡西市有效灌溉面积

由图 1-24 可见，鸡西市有效灌溉面积呈现较为明显的正“U”形分布。

四、鹤岗市资源利用情况二级指标单项分析结果

（一）鹤岗市单位地区生产总值能耗

表 1-25 鹤岗市单位地区生产总值能耗（吨标准煤/万元）

年度	2012 年	2013 年	2014 年	2015 年	2016 年
单位地区生产总值能耗	1.48	1.18	1.07	1.13	1.13

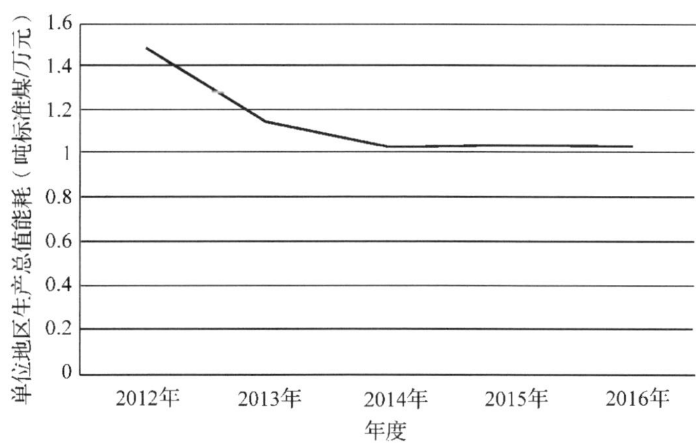

图 1-25 鹤岗市单位地区生产总值能耗

由图1-25可见，鹤岗市单位地区生产总值能耗前半程整体下降，2014年度出现缓慢回升的拐点。

（二）鹤岗市单位GDP能耗下降率

表1-26 鹤岗市单位GDP能耗下降率（%）

年度	2012年	2013年	2014年	2015年	2016年
单位GDP能耗下降率	-4.56	-4.21	-4.36	-4.18	-3.85

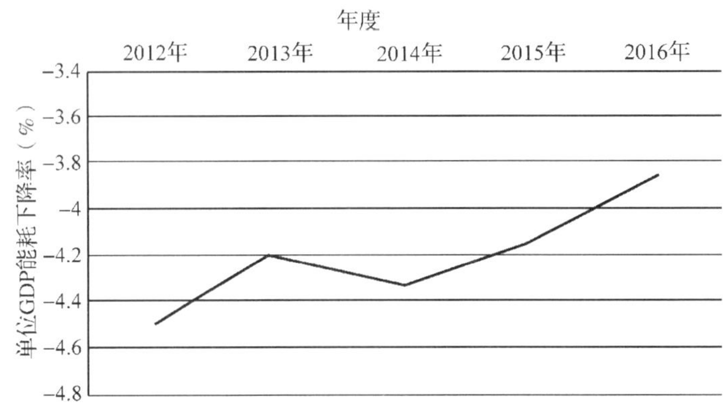

图1-26 鹤岗市单位GDP能耗下降

由图1-26可见，鹤岗市单位GDP能耗下降率2012—2013年度涨势明显，2013—2016年度出现近“U”形增长趋势。

（三）鹤岗市单位工业增加值能耗下降率

表1-27 鹤岗市单位工业增加值能耗下降率（%）

年度	2012年	2013年	2014年	2015年	2016年
单位工业增加值能耗下降率	-25.35	7.77	24.96	-9.52	16.76

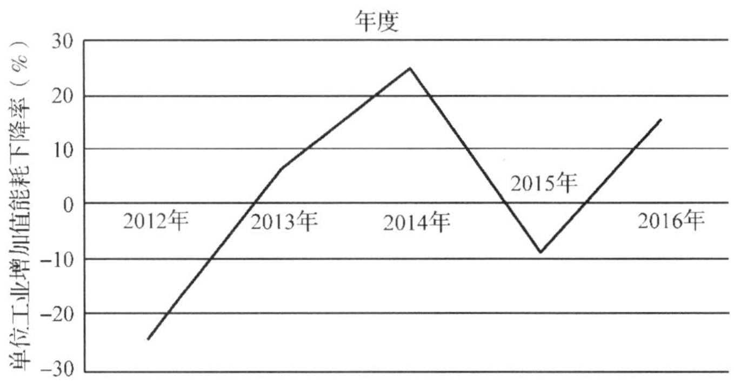

图1-27 鹤岗市单位工业增加值能耗下降率

由图 1-27 可见，鹤岗市单位工业增加值能耗下降率在正、负象限波动巨大，趋势较难推测。

(四)鹤岗市单位地区生产总值电耗

表 1-28 鹤岗市单位地区生产总值电耗(kW·h/万元)

年度	2012 年	2013 年	2014 年	2015 年	2016 年
单位地区生产总值电耗	1130.9	1269.1	1362.6	1383.8	1525

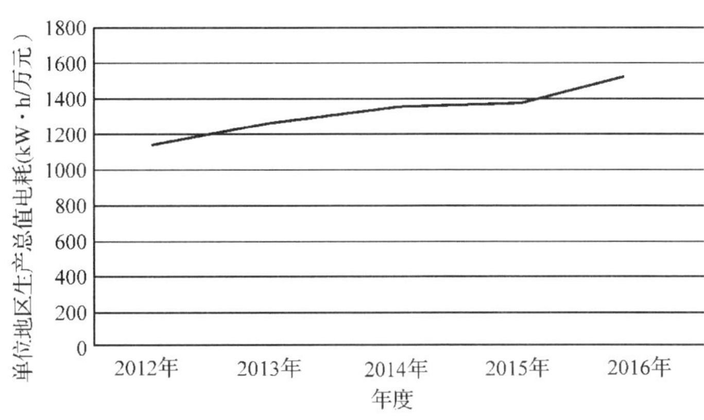

图 1-28 鹤岗市单位地区生产总值电耗

由图 1-28 可见，鹤岗市单位地区生产总值电耗呈现出平缓的上升趋势。

(五)鹤岗市规模以上工业企业综合能源消费量

表 1-29 鹤岗市规模以上工业企业综合能源消费量(万吨标准煤)

年度	2012 年	2013 年	2014 年	2015 年	2016 年
综合能源消费量	339.6	265.7	199	190.6	272.1

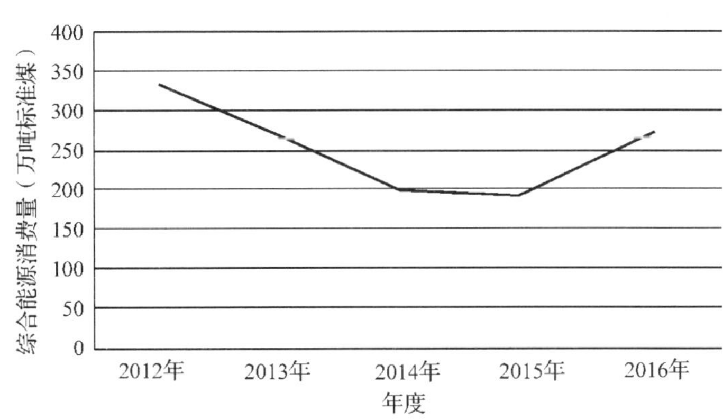

图 1-29 鹤岗市规模以上工业企业综合能源消费量

由图 1-29 可见，鹤岗市规模以上工业企业综合能源消费量前半程下降明显，在 2015 年度出现了明显的拐点。

(六)鹤岗市生产用水量

表 1-30　鹤岗市生产用水量(万 m^3)

年度	2013 年	2014 年	2015 年	2016 年
生产用水量	1990. 2	1813. 4	1426. 6	1380. 7

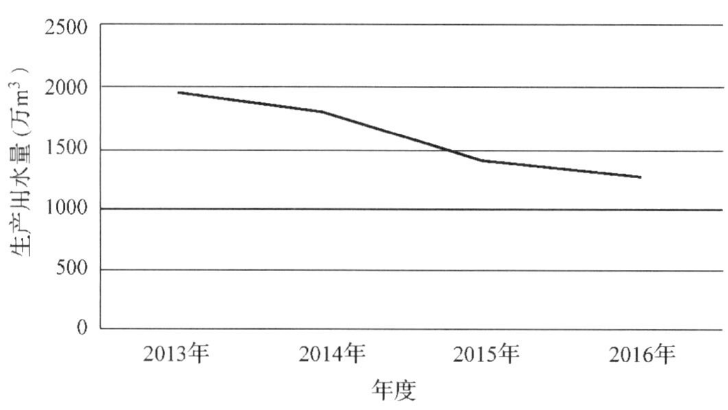

图 1-30　鹤岗市生产用水量

由图 1-30 可见，鹤岗市生产用水量整体呈现缓慢的下降态势，绝对数值下降也处于较优的状态。

(七)鹤岗市人均日生活用水量

表 1-31　鹤岗市人均日生活用水量(L)

年度	2013 年	2014 年	2015 年	2016 年
人均日生活用水量	99. 8	87. 7	84. 9	87. 6

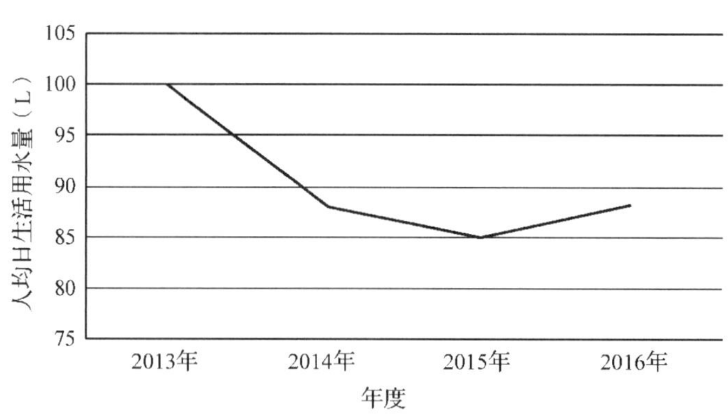

图 1-31　鹤岗市人均日生活用水量

由图 1-31 可见，鹤岗市人均日生活用水量整体下降，且 2013—2014 年度下降明显，但是 2015 年度又再次出现较为显著的回升。

（八）鹤岗市有效灌溉面积

表 1-32 鹤岗市有效灌溉面积（千 hm^2）

年度	2013 年	2014 年	2015 年	2016 年
有效灌溉面积	147.6	146	145.4	156.2

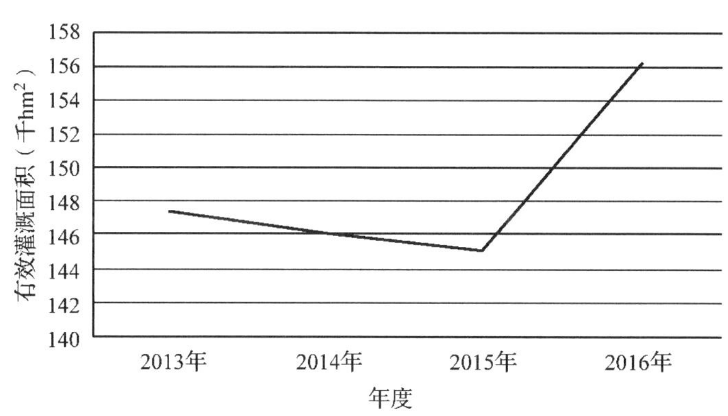

图 1-32 鹤岗市有效灌溉面积

由图 1-32 可见，鹤岗市有效灌溉面积在 2013—2015 年度呈现缓慢的下降，2015 年度到 2016 年度出现了极为明显的上升。

五、双鸭山市资源利用情况二级指标单项分析结果

（一）双鸭山市单位地区生产总值能耗

表 1-33 双鸭山市单位地区生产总值能耗（吨标准煤/万元）

年度	2012 年	2013 年	2014 年	2015 年	2016 年
单位地区生产总值能耗	1.16	0.88	0.92	0.86	0.83

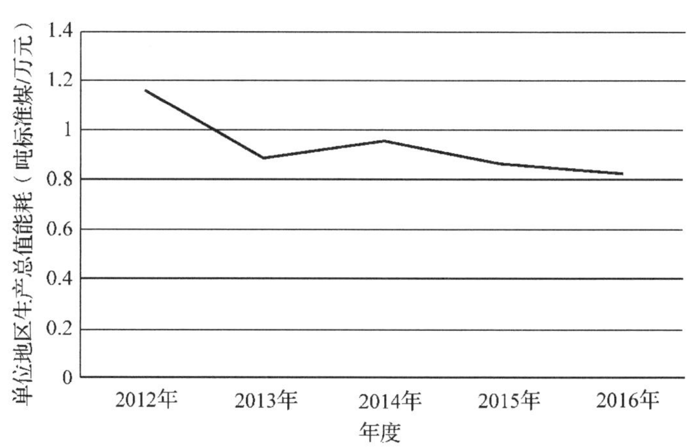

图 1-33 双鸭山市单位地区生产总值能耗

由图 1-33 可见，双鸭山市单位地区生产总值能耗呈现缓慢的整体下降态势。

(二)双鸭山市单位 GDP 能耗下降率

表 1-34　双鸭山市单位 GDP 能耗下降率(%)

年度	2012 年	2013 年	2014 年	2015 年	2016 年
单位 GDP 能耗下降率	-5.23	-4.52	-4.06	-2.51	-4.03

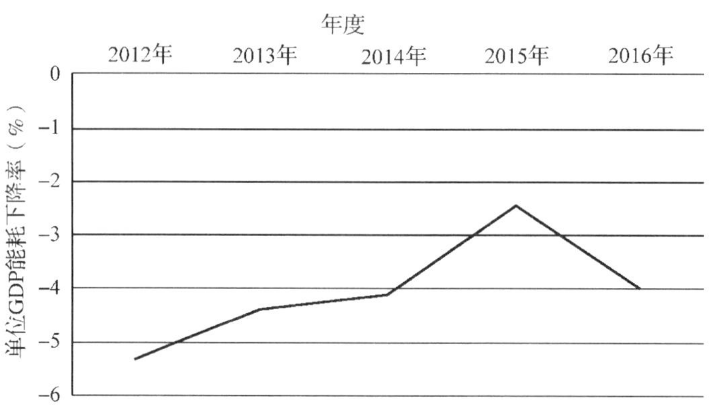

图 1-34　双鸭山市单位 GDP 能耗下降率

由图 1-34 可见，双鸭山市单位 GDP 能耗下降率在负象限整体上扬，但是在 2015 年度出现了明显的拐点。

(三)双鸭山市单位工业增加值能耗下降率

表 1-35　双鸭山市单位工业增加值能耗下降率(%)

年度	2012 年	2013 年	2014 年	2015 年	2016 年
单位工业增加值能耗下降率	-15.51	-2.6	74.75	1.62	12.6

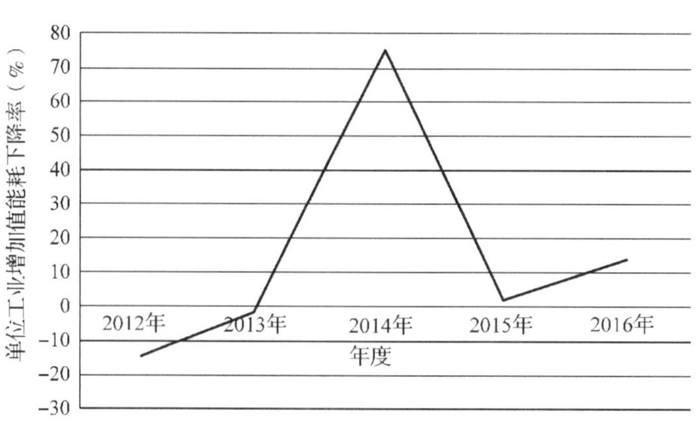

图 1-35　双鸭山市单位工业增加值能耗下降率

由图 1-35 可见，双鸭山市单位工业增加值能耗下降率整体呈现倒“U”形，2016 年度有望进一步上升。

（四）双鸭山市单位地区生产总值电耗

表 1-36 双鸭山市单位地区生产总值电耗（kW·h/万元）

年度	2012 年	2013 年	2014 年	2015 年	2016 年
单位地区生产总值电耗	873.9	884.6	991.9	1087.4	1037.9

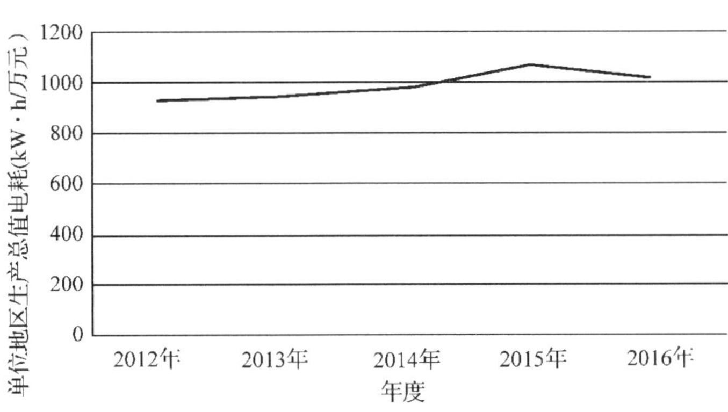

图 1-36 双鸭山市单位地区生产总值电耗

由图 1-36 可见，双鸭山市单位地区生产总值电耗呈现趋势平缓的上升，但是从 2015 年度开始出现了下降趋势。

（五）双鸭山市规模以上工业企业综合能源消费量

表 1-37 双鸭山市规模以上工业企业综合能源消费量（万吨标准煤）

年度	2012 年	2013 年	2014 年	2015 年	2016 年
综合能源消费量	461.8	436.2	392.8	372.3	402.2

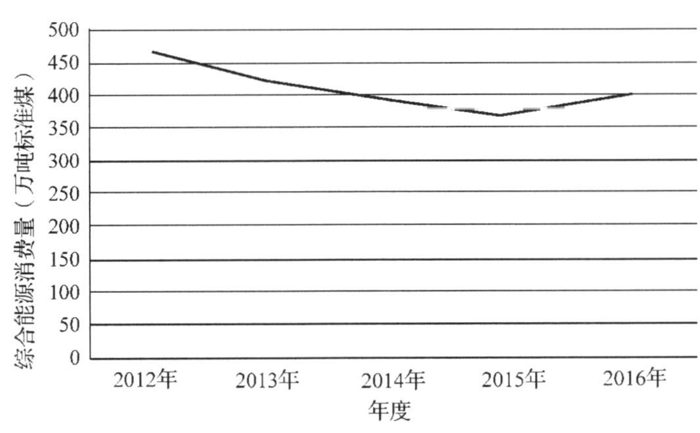

图 1-37 双鸭山市规模以上工业企业综合能源消费量

由图 1-37 可见，双鸭山市规模以上工业企业综合能源消费量整体下降，但是 2015 年度开始出现了上升趋势。

(六)双鸭山市生产用水量

表 1-38　双鸭山市生产用水量(万 m^3)

年度	2013 年	2014 年	2015 年	2016 年
生产用水量	678	678	678	802

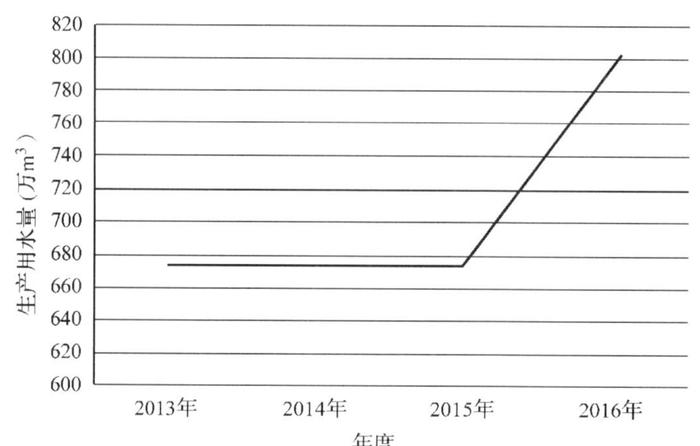

图 1-38　双鸭山市生产用水量

由图 1-38 可见，双鸭山市生产用水量 2013—2015 年度没有数值上的变化，2016 年度出现了极为明显的增长。

(七)双鸭山市人均日生活用水量

表 1-39　双鸭山市人均日生活用水量(L)

年度	2013 年	2014 年	2015 年	2016 年
人均日生活用水量	101.7	101.7	100.2	116.8

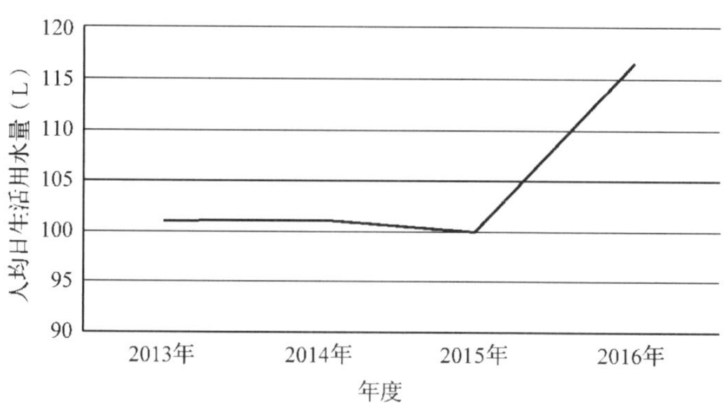

图 1-39　双鸭山市人均日生活用水量

由图1-39可见，双鸭山市人均日生活用水量2015年度前是缓慢下降，2016年出现了明显的大幅增长。

(八)双鸭山市有效灌溉面积

表1-40　双鸭山市有效灌溉面积(千 hm^2)

年度	2013年	2014年	2015年	2016年
有效灌溉面积	82.7	88.5	96.7	101.7

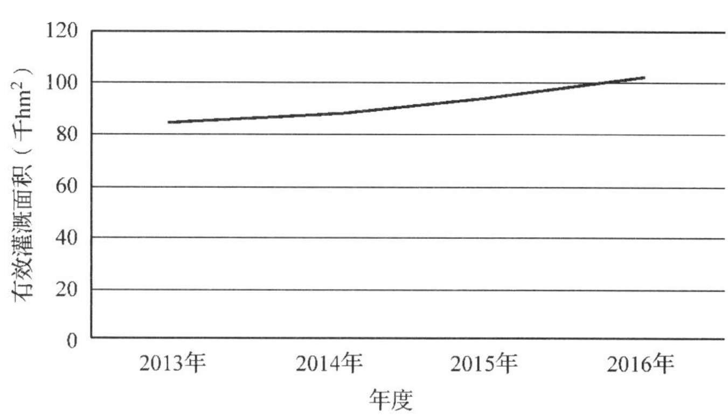

图1-40　双鸭山市有效灌溉面积

由图1-40可见，双鸭山市有效灌溉面积呈现平滑上升的曲线，增生趋势渐强。

六、大庆市资源利用情况二级指标单项分析结果

(一)大庆市单位地区生产总值能耗

表1-41　大庆市单位地区生产总值能耗(吨标准煤/万元)

年度	2012年	2013年	2014年	2015年	2016年
单位地区生产总值能耗	1.16	0.82	0.83	0.80	1.05

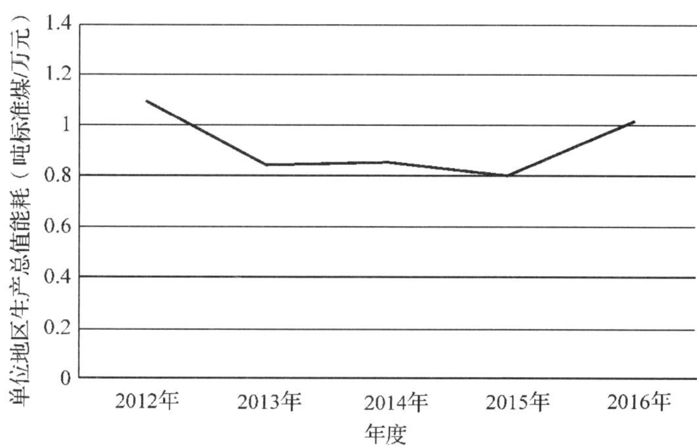

图1-41　大庆市单位地区生产总值能耗

由图 1-41 可见，大庆市单位地区生产总值能耗呈现近似正“U”形的分布，下阶段可能出现进一步小幅增长。

(二)大庆市单位 GDP 能耗下降率

表 1-42 大庆市单位 GDP 能耗下降率(%)

年度	2012 年	2013 年	2014 年	2015 年	2016 年
单位 GPD 能耗下降率	-3.9	-3.52	-3.3	-2.51	-3.2

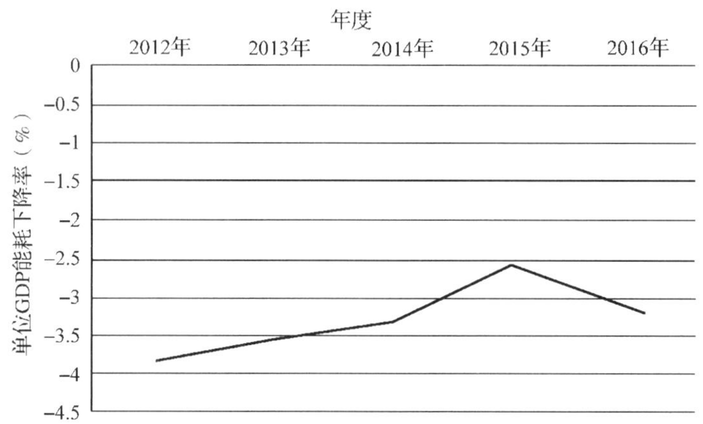

图 1-42 大庆市单位 GDP 能耗下降率

由图 1-42 可见，大庆市单位 GDP 能耗下降率 2013 年度和 2014 年度在负象限缓慢上升，从 2015 年度开始出现明显的拐点。

(三)大庆市单位工业增加值能耗下降率

表 1-43 大庆市单位工业增加值能耗下降率(%)

年度	2012 年	2013 年	2014 年	2015 年	2016 年
单位工业增加值能耗下降率	-5.1	-0.35	8.48	-4.33	7.22

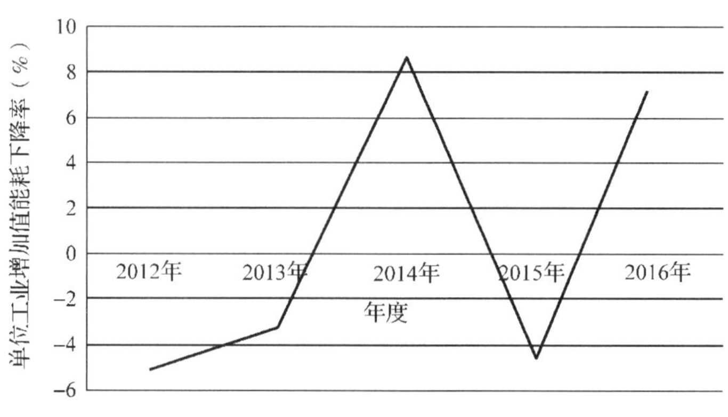

图 1-43 大庆市单位工业增加值能耗下降率

由图 1-43 可见，大庆市单位工业增加值能耗下降率在正、负象限均呈现出波浪形的巨幅波动。

(四)大庆市单位地区生产总值电耗

表 1-44 大庆市单位地区生产总值电耗(kW·h/万元)

年度	2012 年	2013 年	2014 年	2015 年	2016 年
单位地区生产总值电耗	636. 6	601. 6	579. 4	585. 3	779. 7

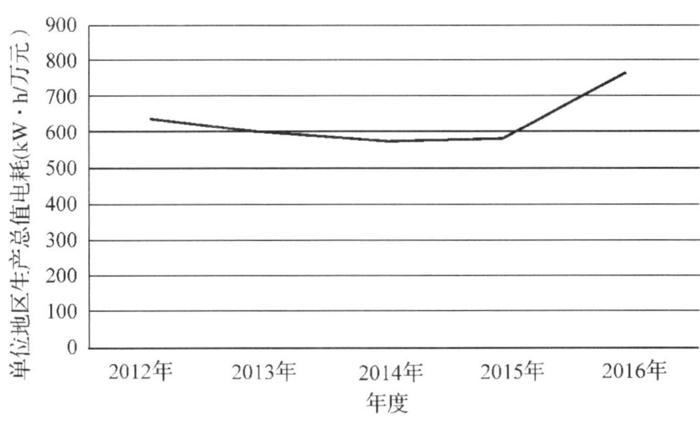

图 1-44 大庆市单位地区生产总值电耗

由图 1-44 可见，大庆市单位地区生产总值电耗前期曲线平滑，2015 年度出现了明显的增加。

(五)大庆市规模以上工业企业综合能源消费量

表 1-45 大庆市规模以上工业企业综合能源消费量(万吨标准煤)

年度	2012 年	2013 年	2014 年	2015 年	2016 年
综合能源消费量	1536. 4	1600. 6	1749. 5	1593. 6	1658. 1

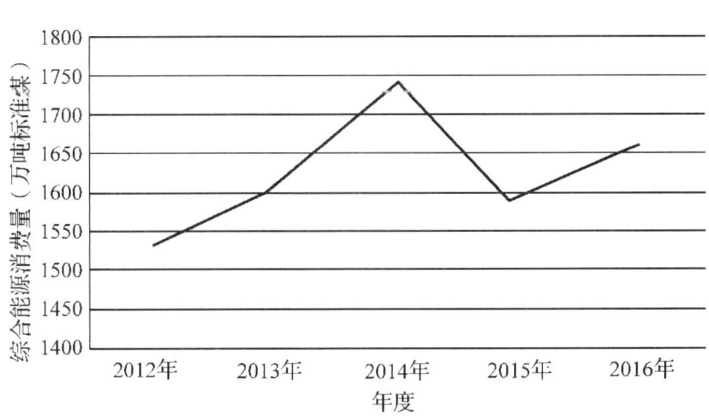

图 1-45 大庆市规模以上工业企业综合能源消费量

由图 1-45 可见，大庆市规模以上工业企业综合能源消费量前半程明显增长，2014 年出现拐点，之后又有小幅回升。

(六)大庆市生产用水量

表 1-46　大庆市生产用水量(万 m^3)

年度	2013 年	2014 年	2015 年	2016 年
生产用水量	20166.4	19282.1	18029.9	18652.1

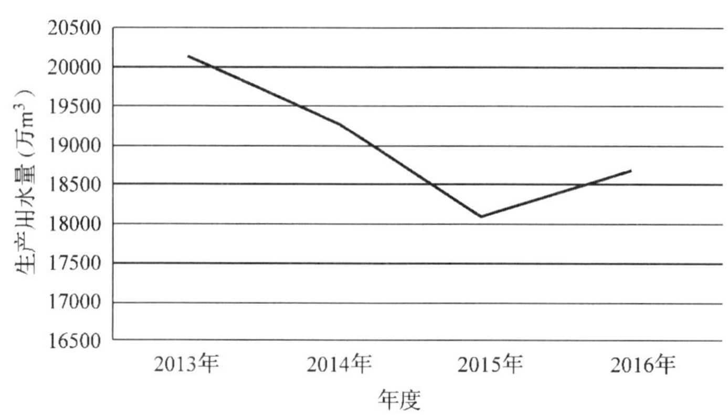

图 1-46　大庆市生产用水量

由图 1-46 可见，大庆市生产用水量前半程陡峭下降，2015 年开始出现明显上升。

(七)大庆市人均日生活用水量

表 1-47　大庆市人均日生活用水量(L)

年度	2013 年	2014 年	2015 年	2016 年
人均日生活用水量	115.2	139.3	116.4	113.7

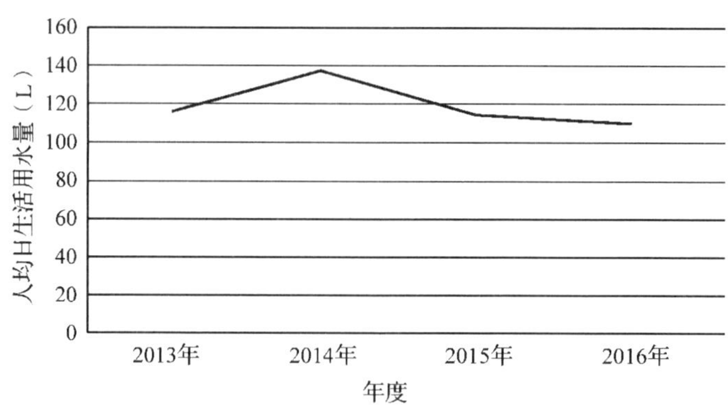

图 1-47　大庆市人均日生活用水量

如图 1-47 所示，大庆市人均日生活用水量前半程处于上升区间，2013 年度开始出现了缓慢下降。

(八)大庆市有效灌溉面积

表 1-48 大庆市有效灌溉面积(千 hm^2)

年度	2013 年	2014 年	2015 年	2016 年
有效灌溉面积	473	433.6	462.3	540

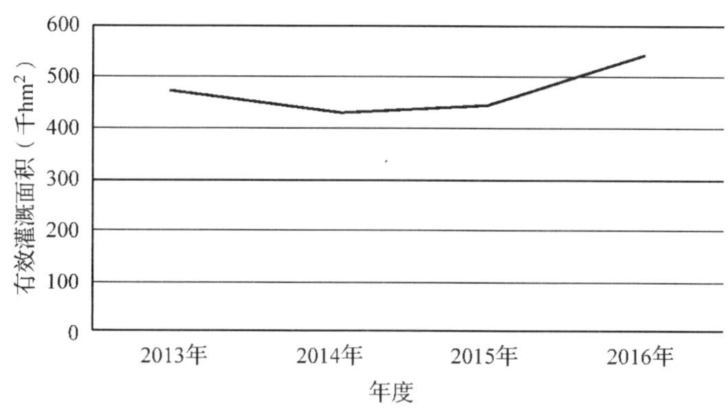

图 1-48 大庆市有效灌溉面积

如图 1-48 所示，大庆市有效灌溉面积 2014 年度开始出现了缓慢提升，但是整体数值波动不大。

七、伊春市资源利用情况二级指标单项分析结果

(一)伊春市单位地区生产总值能耗

表 1-49 伊春市单位地区生产总值能耗(吨标准煤/万元)

年度	2012 年	2013 年	2014 年	2015 年	2016 年
单位地区生产总值能耗	1.51	1.21	1.26	1.19	1.05

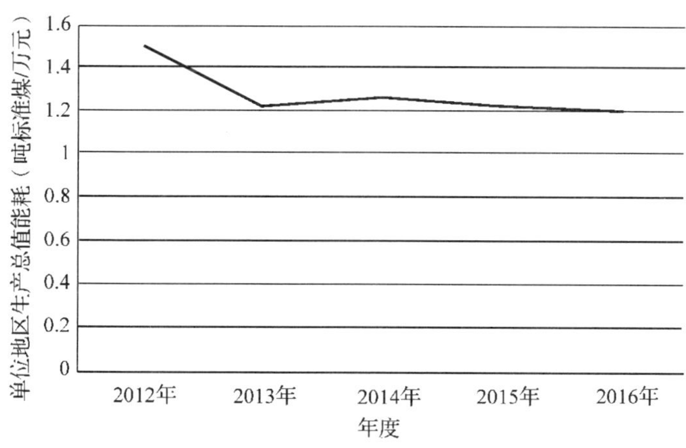

图 1-49 伊春市单位地区生产总值能耗

由图1-49可见，伊春市单位地区生产总值能耗2012—2013年度下降明显，2013—2016年间呈现接近倒“U”形平缓曲线。

（二）伊春市单位生产能耗下降率

表1-50 伊春市单位生产总值能耗下降率（%）

年度	2012年	2013年	2014年	2015年	2016年
单位生产能耗下降率	-3.67	-3.25	-3.95	-2.19	-3.55

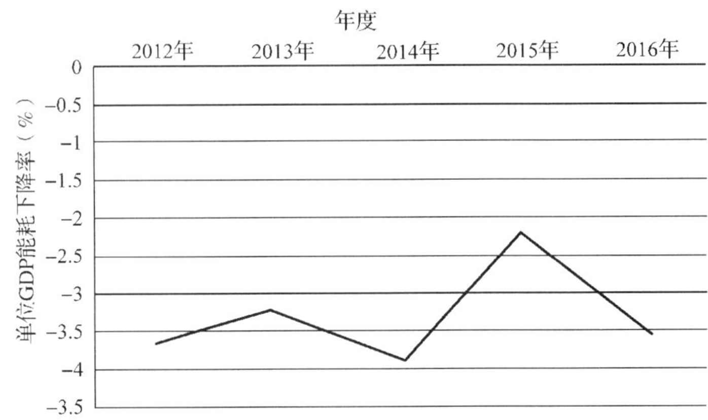

图1-50 伊春市单位GDP能耗下降率

由图1-50可见，伊春市单位生产能耗下降率在负象限呈现波浪式波动，且在2014年度到2016年度之间波动明显。

（三）伊春市单位工业增加值能耗下降率

表1-51 伊春市单位工业增加值能耗下降率（%）

年度	2012年	2013年	2014年	2015年	2016年
单位工业增加值能耗下降率	-11.35	5.47	-6.63	10.16	26.23

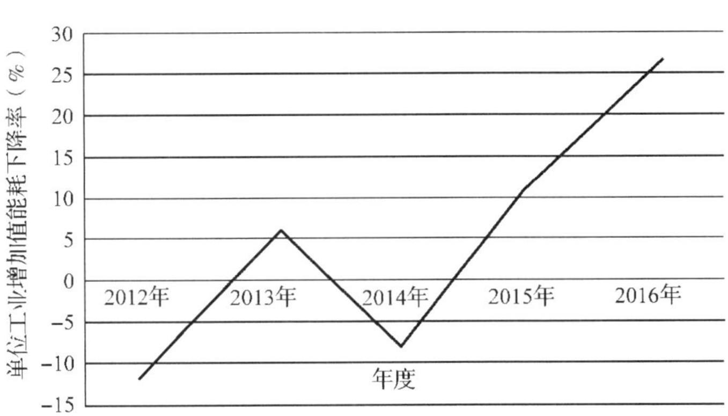

图1-51 伊春市单位工业增加值能耗下降率

由图1-51可见，伊春市单位工业增加值能耗下降率在正、负象限内呈现波浪式上升态势，且2014年度起涨势极为明显。

（四）伊春市单位地区生产总值电耗

表1-52 伊春市单位地区生产总值电耗（kW·h/万元）

年度	2012年	2013年	2014年	2015年	2016年
单位地区生产总值电耗	935.5	839.3	827	964.2	875.7

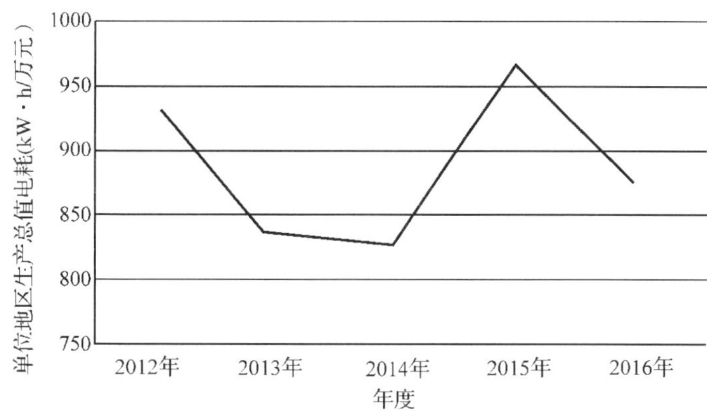

图1-52 伊春市单位地区生产总值电耗

由图1-52可见，伊春市单位地区生产总值电耗波动明显，2012年度到2015年度之间呈现近正“U”形曲线。

（五）伊春市规模以上工业企业综合能源消费量

表1-53 伊春市规模以上工业企业综合能源消费量（万吨标准煤）

年度	2012年	2013年	2014年	2015年	2016年
综合能源消费量	175.4	211.5	134.2	124.7	161.9

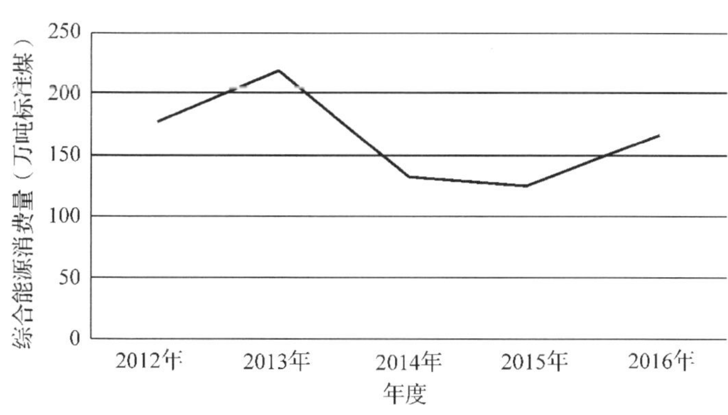

图1-53 伊春市规模以上工业企业综合能源消费量

由图 1-53 可见，伊春市规模以上工业企业综合能源消费量自 2013 年度开始出现了下降趋向，但是在 2015 年度再次出现了回升，且趋势明显。

(六)伊春市生产用水量

表 1-54　伊春市生产用水量(万 m^3)

年度	2013 年	2014 年	2015 年	2016 年
生产用水量	2052.3	1985.1	1498.4	1310

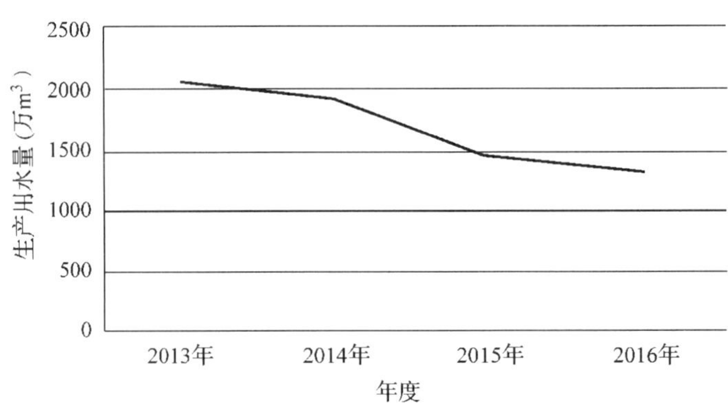

图 1-54　伊春市生产用水量

由图 1-54 可见，伊春市生产用水量一直处于平稳下降过程，且 2014 年度起下降趋势有所加强。

(七)伊春市人均日生活用水量

表 1-55　伊春市人均日生活用水量(L)

年度	2013 年	2014 年	2015 年	2016 年
人均日用水量	96.1	96.7	93.2	84.4

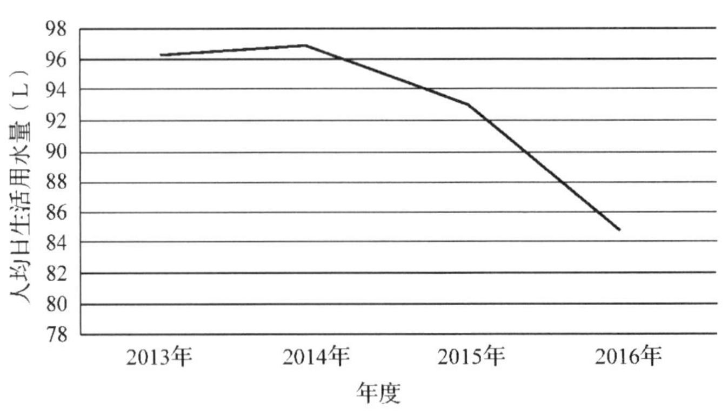

图 1-55　伊春市人均日生活用水量

由图 1-55 可见，伊春市人均日生活用水量从 2014 年度开始出现了较为明显的下降趋势，且 2015 年开始趋势渐强。

（八）伊春市有效灌溉面积

表 1-56　伊春市有效灌溉面积（千 hm^2）

年度	2013 年	2014 年	2015 年	2016 年
有效灌溉面积	48.2	50.4	48.8	52.6

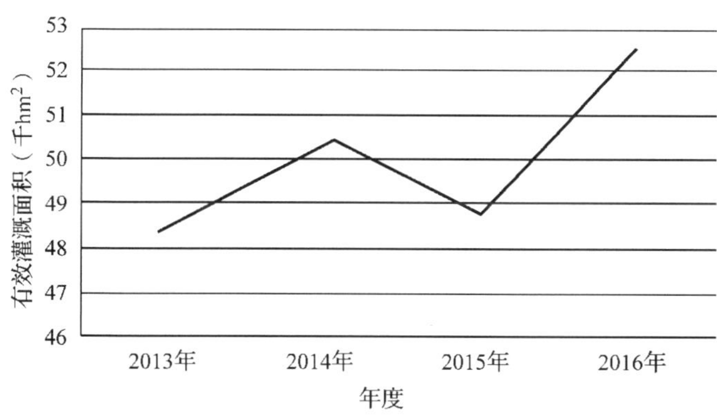

图 1-56　伊春市有效灌溉面积

由图 1-56 可见，2013 年到 2016 年间，伊春市有效灌溉面积呈现波浪式上升，且趋势逐渐加强。

八、佳木斯市资源利用情况二级指标单项分析结果

（一）佳木斯市单位地区生产总值能耗

表 1-57　佳木斯市单位地区生产总值能耗（吨标准煤/万元）

年度	2012 年	2013 年	2014 年	2015 年	2016 年
单位地区生产总值能耗	1.03	0.75	0.75	0.72	0.68

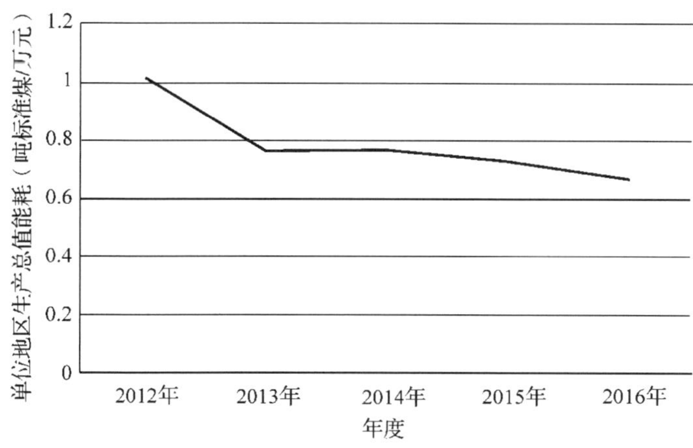

图 1-57　佳木斯市单位地区生产总值能耗

由图 1-57 可见，佳木斯市单位地区生产总值能耗 2012 年度到 2013 年度出现了较为明显的下降，此后下降趋势平缓。

(二)佳木斯市单位生产能耗下降率

表 1-58 佳木斯市单位生产总值能耗下降率(%)

年度	2012 年	2013 年	2014 年	2015 年	2016 年
单位生产总值能耗下降率	-4.24	-3.83	-3.52	-3.11	-5.30

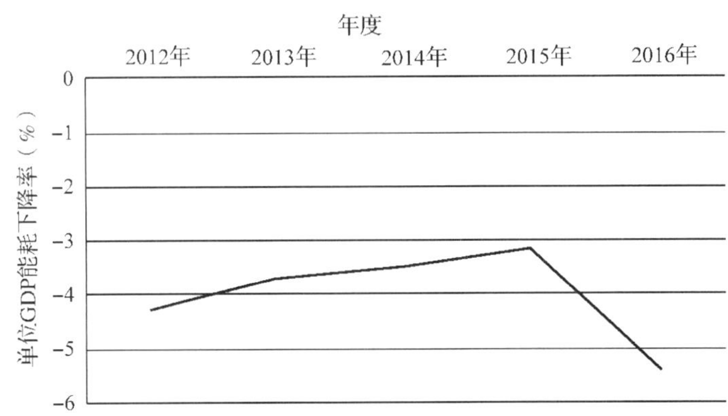

图 1-58 佳木斯市单位 GDP 能耗下降率

由图 1-58 可见，佳木斯市单位生产能耗下降率 2012 年度到 2015 年度在负象限整体上升，在 2015 年出现了明显拐点，且下降率较大。

(三)佳木斯市单位工业增加值能耗下降率

表 1-59 佳木斯市单位工业增加值能耗下降率(%)

年度	2012 年	2013 年	2014 年	2015 年	2016 年
单位工业增加值能耗下降率	-17.17	-21.69	-11.95	5.69	-2.69

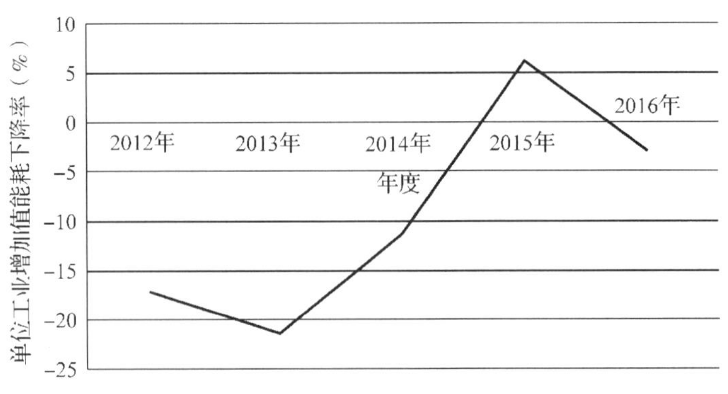

图 1-59 佳木斯市单位工业增加值能耗下降率

由图 1-59 可见，佳木斯市单位工业增加值能耗下降率在正、负象限出现了较大波动，2015 年度之前整体呈现上升态势，2015 年度再次转为下降，且趋势较为明显。

(四)佳木斯市单位地区生产总值电耗

表 1-60 佳木斯市单位地区生产总值电耗(kW·h/万元)

年度	2012 年	2013 年	2014 年	2015 年	2016 年
单位地区生产总值电耗	520. 7	546. 4	504. 9	481. 1	467. 0

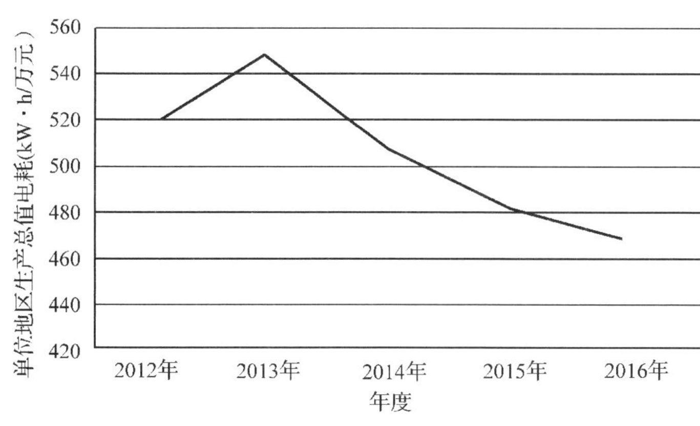

图 1-60 佳木斯市单位地区生产总值电耗

由图 1-60 可见，佳木斯市单位地区生产总值电耗 2012 年度到 2013 年度呈上升状态，2013 年度开始稳步下降，趋势有望保持。

(五)佳木斯市规模以上工业企业综合能源消费量

表 1-61 佳木斯规模以上工业企业综合能源消费量(万吨标准煤)

年度	2012 年	2013 年	2014 年	2015 年	2016 年
综合能源消费量	183. 0	166. 6	153. 1	144. 1	138. 7

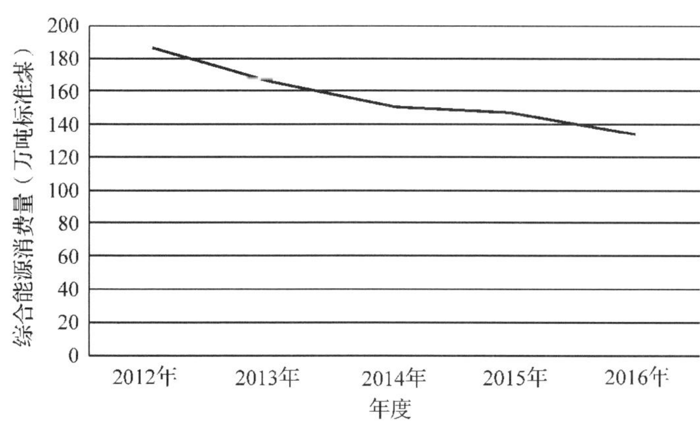

图 1-61 佳木斯市规模以上工业企业综合能源消费量

由图 1-61 可见，佳木斯市规模以上工业企业综合能源消费量呈现较为平滑的下降曲线，数值稳步下降。

(六)佳木斯市生产用水量

表 1-62 佳木斯市生产用水量(万 m^3)

年度	2013 年	2014 年	2015 年	2016 年
生产用水量	2226. 0	2167. 9	1499. 7	1519. 6

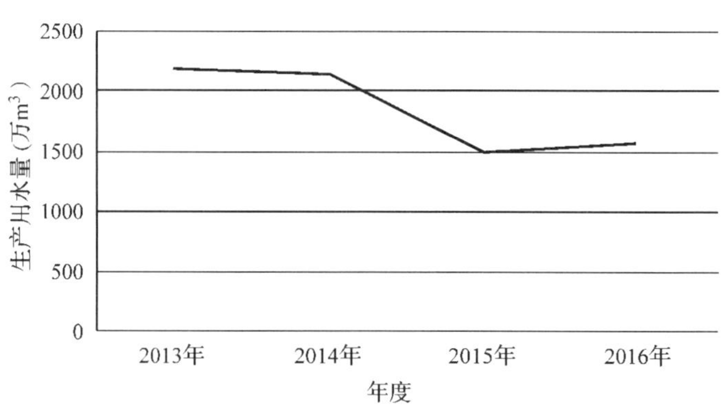

图 1-62 佳木斯市生产用水量

由图 1-62 可见，佳木斯市生产用水量呈现阶梯式下降的特点，且具体数值下降明显。

(七)佳木斯市人均日生活用水量

表 1-63 佳木斯市人均日生活用水量(L)

年度	2013 年	2014 年	2015 年	2016 年
人均日生活用水量	103	100. 6	112. 8	123. 7

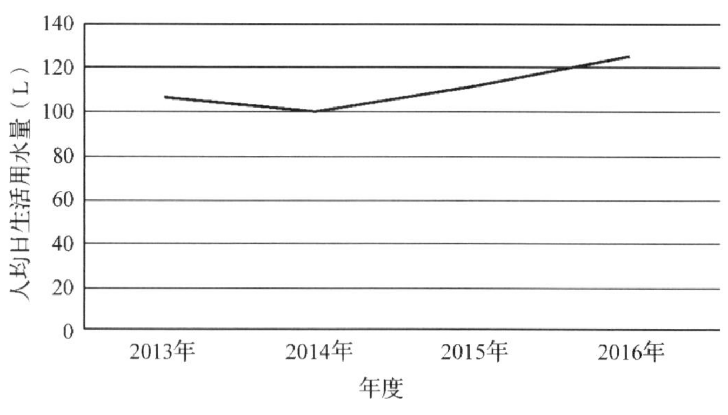

图 1-63 佳木斯市人均日生活用水量

由图1-63可见，佳木斯市人均日生活用水量2013年度到2014年度出现了微小幅度的下降，随后出现了较为稳定的上涨。

（八）佳木斯市有效灌溉面积

表1-64 佳木斯市有效灌溉面积（千 hm^2）

年度	2013年	2014年	2015年	2016年
有效灌溉面积	444.8	462.8	458.7	462.2

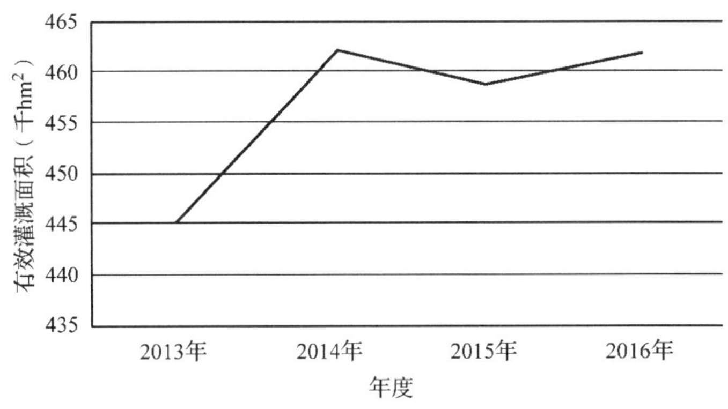

图1-64 佳木斯市有效灌溉面积

由图1-64可见，佳木斯市有效灌溉面积2013年度到2014年度出现过较为明显的增长，随后处于小幅度波动之中，但是总体数值变动不大。

九、七台河市资源利用情况二级指标单项分析结果

（一）七台河市单位地区生产总值能耗

表1-65 七台河市单位地区生产总值能耗（吨标准煤/万元）

年度	2012年	2013年	2014年	2015年	2016年
单位地区生产总值能耗	1.72	1.30	1.36	1.25	1.72

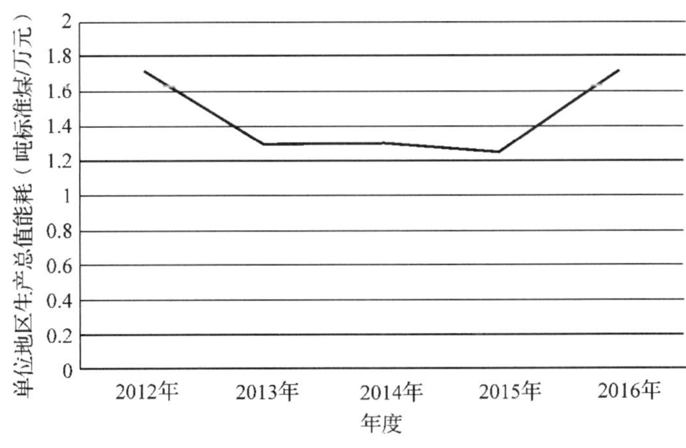

图1-65 七台河市单位地区生产总值能耗

由图1-65可见，七台河市单位地区生产总值能耗整体呈现近似正“U”形的分布，2015—2016年度出现了明显的增长。

(二)七台河市单位生产能耗下降率

表1-66 七台河市单位生产总值能耗下降率(%)

年度	2012年	2013年	2014年	2015年	2016年
单位生产总值能耗下降率	-4.75	-4.50	-4.30	-4.34	-4.51

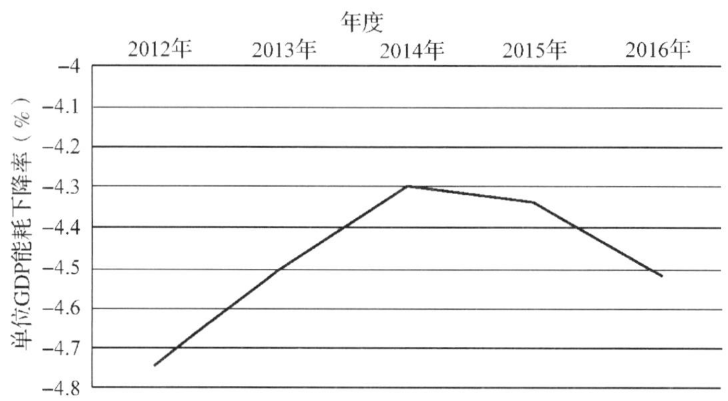

图1-66 七台河市单位GDP能耗下降率

由图1-66可见，七台河市单位生产能耗下降率整体呈现倒“U”形分布，且2016年度的后续数据存在较大的下行迹象。

(三)七台河市单位工业增加值能耗下降率

表1-67 七台河市单位工业增加值能耗下降率(%)

年度	2012年	2013年	2014年	2015年	2016年
单位工业增加值能耗下降率	-7.91	10.72	3.99	-6.04	-3.31

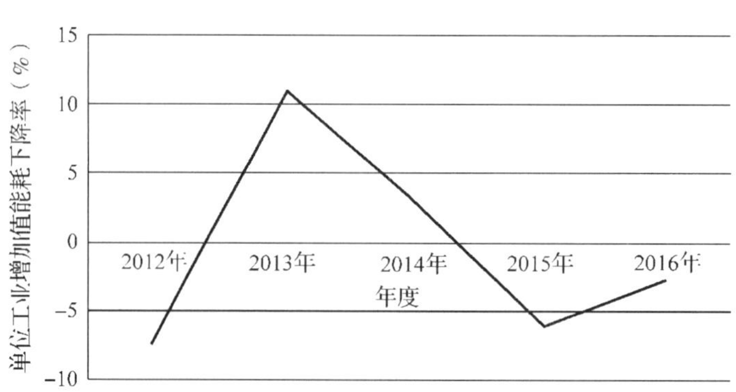

图1-67 七台河市单位工业增加值能耗下降率

由图 1-67 可见，七台河市单位工业增加值能耗下降率在正、负象限之间存在巨大波动，2015 年度到 2016 年度出现了比较柔缓的回升态势。

(四)七台河市单位地区生产总值电耗

表 1-68 七台河市单位地区生产总值电耗(kW · h/万元)

年度	2012 年	2013 年	2014 年	2015 年	2016 年
单位地区生产总值电耗	888.9	984.2	956.4	876.5	1142.6

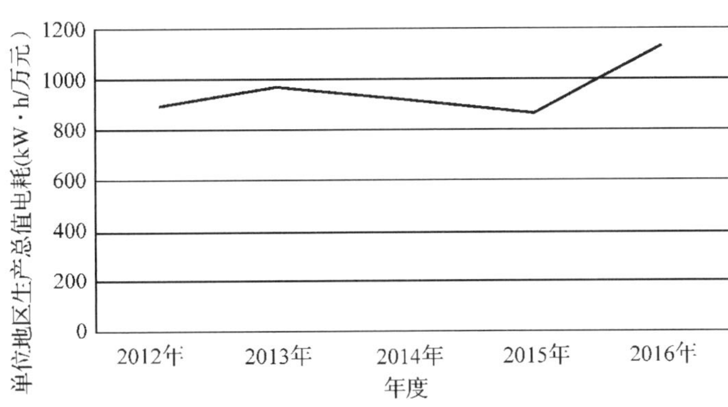

图 1-68 七台河市单位地区生产总值电耗

由图 1-68 可见，七台河市单位地区生产总值电耗在 2012 年度到 2015 年度的数值整体波动不大，在 2015 年度出现了明显的增加态势，趋势明显。

(五)七台河市规模以上工业企业综合能源消费量

表 1-69 七台河市规模以上工业企业综合能源消费量(万吨标准煤)

年度	2012 年	2013 年	2014 年	2015 年	2016 年
综合能源消费量	534.5	427.1	442.8	427.3	411.9

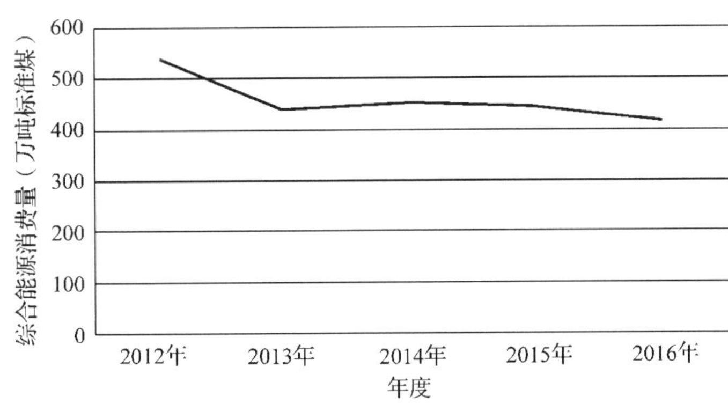

图 1-69 七台河市规模以上工业企业综合能源消费量

由图 1-69 可见，七台河市规模以上工业企业综合能源消费量在 2012—2013 年之间下降明显，但是在 2013 年度之后的具体数值变动不大。

（六）七台河市生产用水量

表 1-70 七台河市生产用水量（万 m^3）

年度	2013 年	2014 年	2015 年	2016 年
生产用水量	2191.0	2919.0	2930.5	2153.0

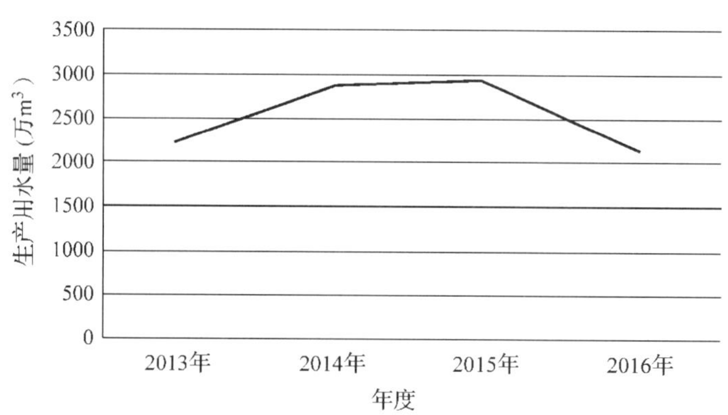

图 1-70 七台河市生产用水量

由图 1-70 可见，七台河市生产用水量呈现较为清晰的倒“U”形分布，数值在 2000～3000 万 m^3 之间。

（七）七台河市人均日生活用水量

表 1-71 七台河市人均日生活用水量（L）

年度	2013 年	2014 年	2015 年	2016 年
人均日生活用水量	88.9	89.3	92.5	95.2

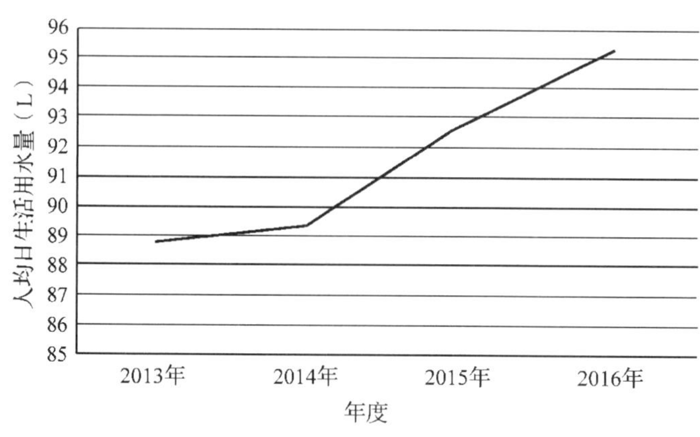

图 1-71 七台河市人均日生活用水量

由图 1-71 可见，七台河市人均日生活用水量从 2014 年度开始出现了较为明显的增长，且未来阶段的增长态势明显。

(八)七台河市有效灌溉面积

表 1-72 七台河市有效灌溉面积(千 hm^2)

年度	2013 年	2014 年	2015 年	2016 年
有效灌溉面积	19.7	19.2	19.6	19.6

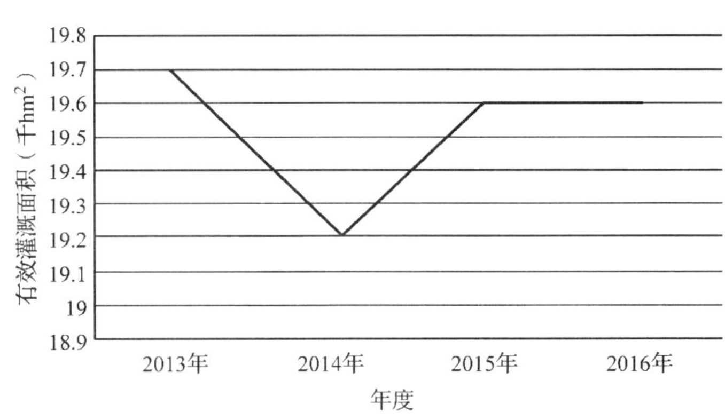

图 1-72 七台河市有效灌溉面积

由图 1-72 可见，七台河市有效灌溉面积 2014 年出现了拐点，从下降趋势转向增长，但是 2015 年度进入了阶梯式发展状态，与 2016 年度数据持平。

十、牡丹江市资源利用情况二级指标单项分析结果

(一)牡丹江市单位地区生产总值能耗

表 1-73 牡丹江市单位地区生产总值能耗(吨标准煤/万元)

年度	2012 年	2013 年	2014 年	2015 年	2016 年
单位地区生产总值能耗	0.97	0.69	0.72	0.67	0.61

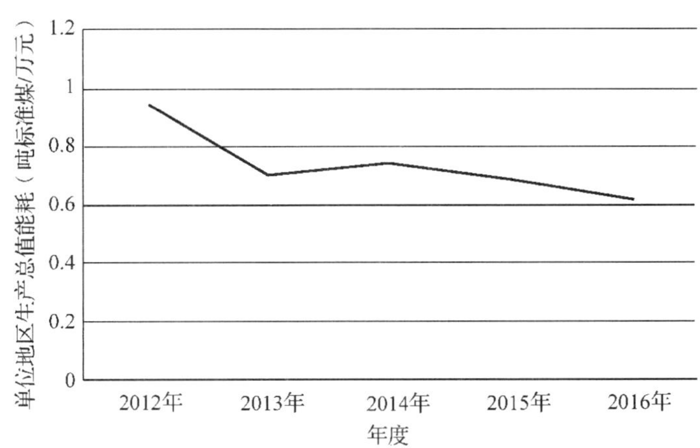

图 1-73 牡丹江市单位地区生产总值能耗

由图 1-73 可见，牡丹江市单位地区生产总值能耗在 2013 年之前的下降趋势明显，在 2013 年后出现小幅波动，具体数值小范围变化。

(二)牡丹江市单位生产能耗下降率

表 1-74 牡丹江市单位生产总值能耗下降率(%)

年度	2012 年	2013 年	2014 年	2015 年	2016 年
单位生产总值能耗下降率	-9.82	-3.81	-3.79	-4.01	-3.63

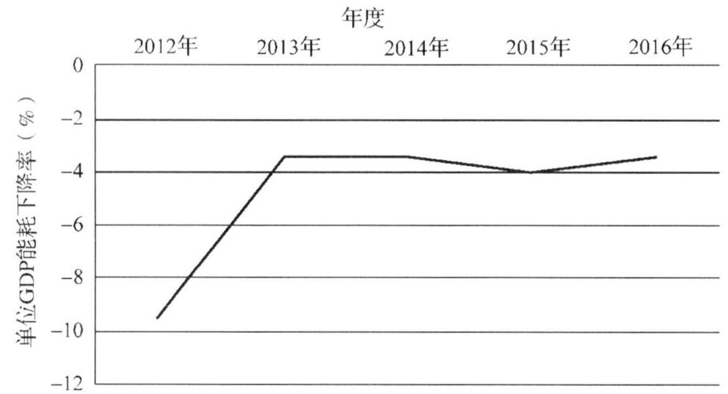

图 1-74 牡丹江市单位 GDP 能耗下降率

由图 1-74 可见，牡丹江市单位生产能耗下降率 2013 年之前在负象限的上升趋势显著，2013 年后小范围变化，整体呈现微弱上升态势。

(三)牡丹江市单位工业增加值能耗下降率

表 1-75 牡丹江市单位工业增加值能耗下降率(%)

年度	2012 年	2013 年	2014 年	2015 年	2016 年
单位工业增加值能耗下降率	-18.33	-24.95	-27.80	-10.04	-6.74

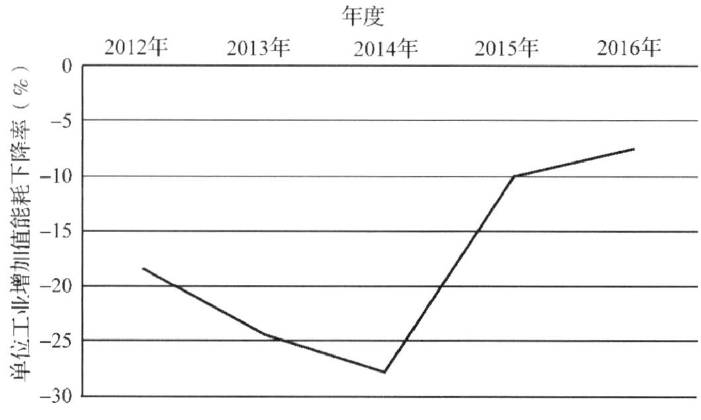

图 1-75 牡丹江市单位工业增加值能耗下降率

由图 1-75 可见，牡丹江市单位工业增加值能耗下降率在负象限的波动较大，2014 年是拐点，前半程下降，后半程呈现明显的上升态势。

(四)牡丹江市单位地区生产总值电耗

表 1-76 牡丹江市单位地区生产总值电耗(kW · h/万元)

年度	2012 年	2013 年	2014 年	2015 年	2016 年
单位地区生产总值电耗	497. 4	441. 9	399. 5	362. 8	346. 9

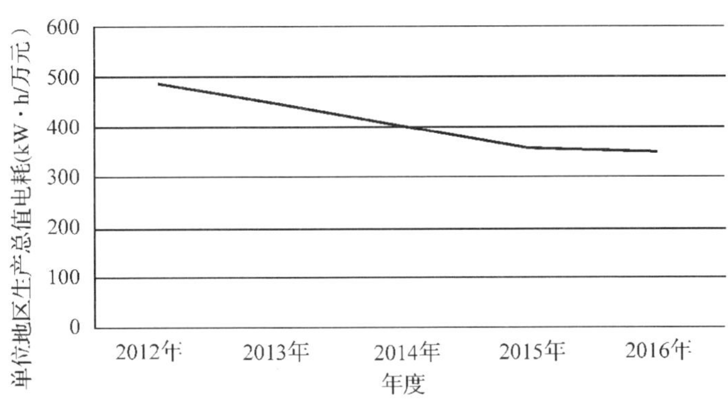

图 1-76 牡丹江市单位地区生产总值电耗

由图 1-76 可见，牡丹江市单位地区生产总值电耗整体呈现较为柔和平缓的下降态势。

(五)牡丹江市规模以上工业企业综合能源消费量

表 1-77 牡丹江市规模以上工业企业综合能源消费量(万吨标准煤)

年度	2012 年	2013 年	2014 年	2015 年	2016 年
综合能源消费量	298. 7	260. 2	203. 2	191. 1	189. 5

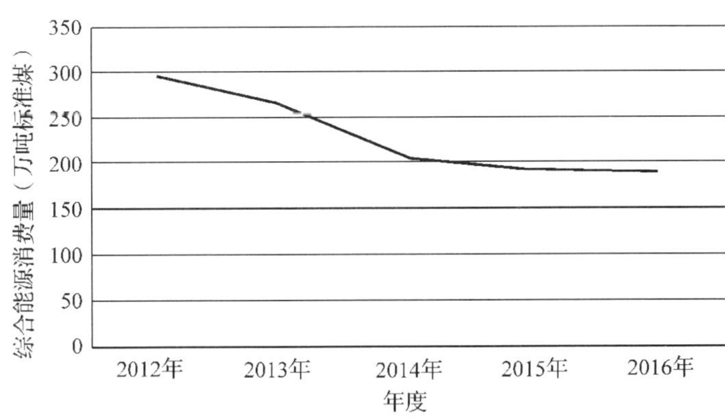

图 1-77 牡丹江市规模以上工业企业综合能源消费量

由图 1-77 可见，牡丹江市规模以上工业企业综合能源消费量总体呈现下降态势，以 2014 年度为标志，前半程下降趋势强于后半程。

（六）牡丹江市生产用水量

表 1-78　牡丹江市生产用水量（万 m^3）

年度	2013 年	2014 年	2015 年	2016 年
生产用水量	15268.5	16394.5	16325.9	9704.7

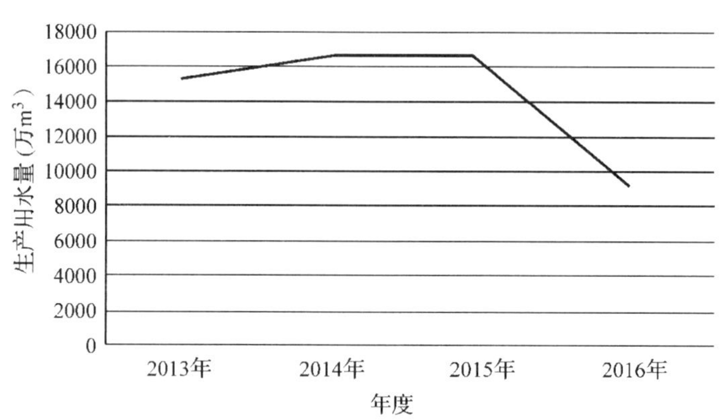

图 1-78　牡丹江市生产用水量

由图 1-78 可见，牡丹江市生产用水量 2015 年度之前缓慢上升，2015 年度出现了趋势明显的下降，且具体数据下降较大。

（七）牡丹江市人均日生活用水量

表 1-79　牡丹江市人均日生活用水量（L）

年度	2013 年	2014 年	2015 年	2016 年
人均日生活用水量	92.4	106.9	109.0	116.8

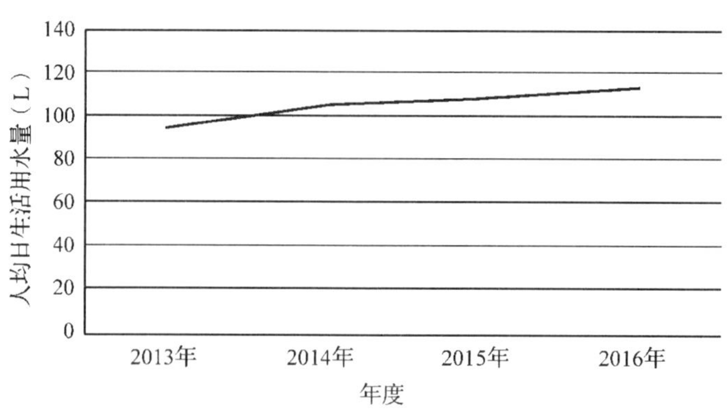

图 1-79　牡丹江市人均日生活用水量

由图1-79可见，牡丹江市人均日生活用水量呈现总体上升的态势，但是实际数值增长较为平缓。

(八)牡丹江市有效灌溉面积

表1-80　牡丹江市有效灌溉面积(千 hm^2)

年度	2013年	2014年	2015年	2016年
有效灌溉面积	83.1	84.2	92.2	100.7

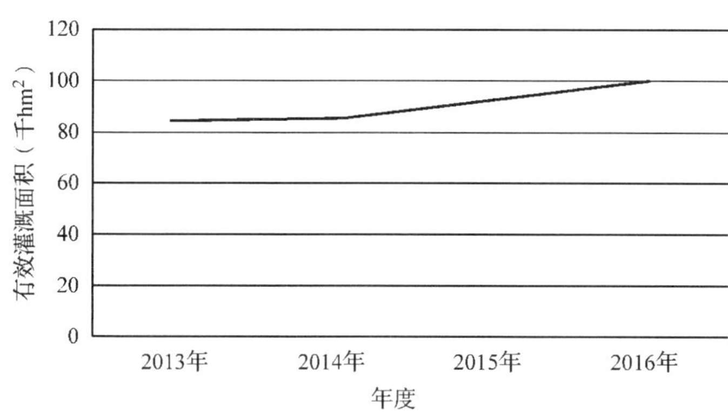

图1-80　牡丹江市有效灌溉面积

由图1-80可见，牡丹江市有效灌溉面积整体上扬，且从2014年度开始趋势渐强。

十一、黑河市资源利用情况二级指标单项分析结果

(一)黑河市单位地区生产总值能耗

表1-81　黑河市单位地区生产总值能耗(吨标准煤/万元)

年度	2012年	2013年	2014年	2015年	2016年
单位地区生产总值能耗	0.81	0.64	0.67	0.62	0.51

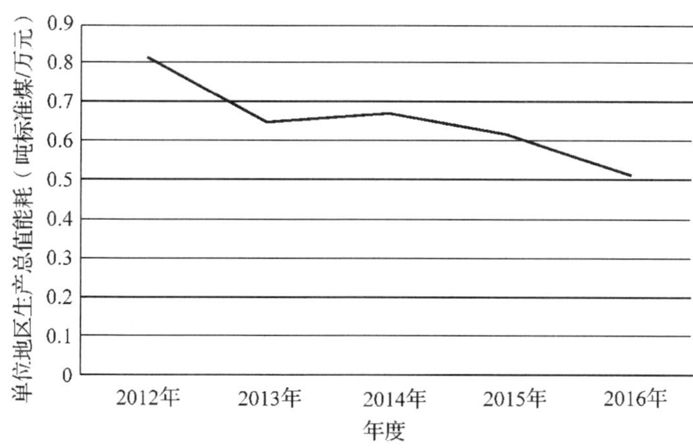

图1-81　黑河市单位地区生产总值能耗

由图 1-81 可见，黑河市单位地区生产总值能耗整体呈下降态势，2013 年度之前趋势明显，2013 年度之后出现了小幅度回升后的平稳下降。

（二）黑河市单位生产总值能耗下降率

表 1-82 黑河市单位生产总值能耗下降率（%）

年度	2012 年	2013 年	2014 年	2015 年	2016 年
单位生产总值能耗下降率	-4.35	-3.42	-3.42	-3.09	-8.99

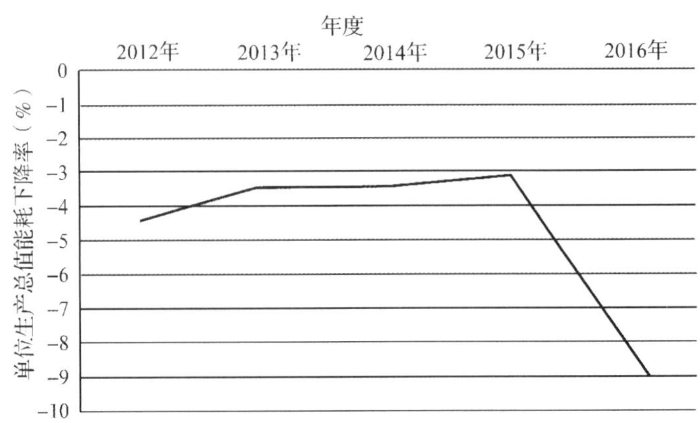

图 1-82 黑河市单位 GDP 能耗下降率

由图 1-82 可见，黑河市单位生产能耗下降率 2012—2015 年度之间上升趋势平缓，2015 年度出现了极为明显的下降。

（三）黑河市单位工业增加值能耗下降率

表 1-83 黑河市单位工业增加值能耗下降率（%）

年度	2012 年	2013 年	2014 年	2015 年	2016 年
单位工业增加值能耗下降率	-10.22	-11.66	-5.30	-0.91	-12.54

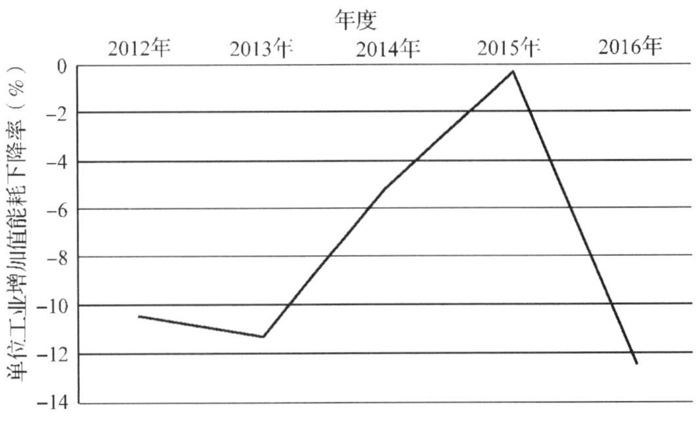

图 1-83 黑河市单位工业增加值能耗下降率

由图1-83可见，黑河市单位工业增加值能耗下降率在负象限的波动较大，前半程整体上升，但是2015年度出现了极为明显的下降。

(四)黑河市单位地区生产总值电耗

表1-84 黑河市单位地区生产总值电耗(kW·h/万元)

年度	2012年	2013年	2014年	2015年	2016年
单位地区生产总值电耗	973.9	990.5	961.1	831.2	611.0

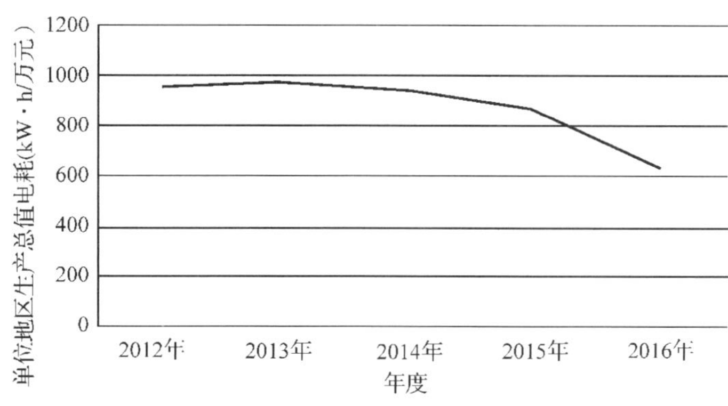

图1-84 黑河市单位地区生产总值电耗

由图1-84可见，黑河市单位地区生产总值电耗一直处于下降过程，且曲线平缓，趋势渐强。

(五)黑河市规模以上工业企业综合能源消费量

表1-85 黑河市规模以上工业企业综合能源消费量(万吨标准煤)

年度	2012年	2013年	2014年	2015年	2016年
综合能源消费量	86.7	89.5	87.6	90.3	81.1

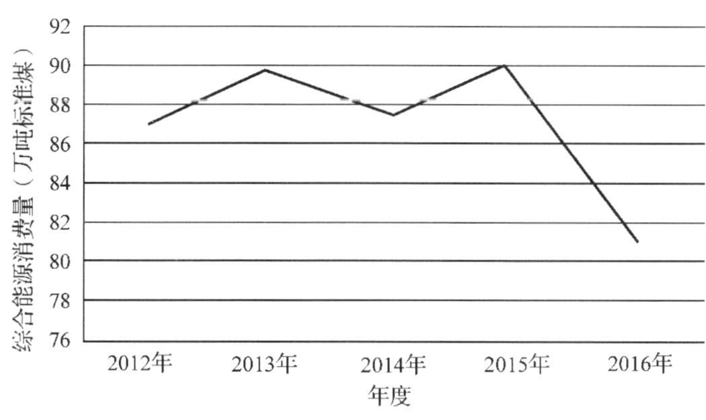

图1-85 黑河市规模以上工业企业综合能源消费量

由图 1-85 可见，黑河市规模以上工业企业综合能源消费量在 2015 年度之前呈现小范围波动的波浪式前进，而 2015 年度出现了极为明显的下降。

(六)黑河市生产用水量

表 1-86　黑河市生产用水量(万 m^3)

年度	2013 年	2014 年	2015 年	2016 年
生产用水量	317.0	295.0	196.4	169.0

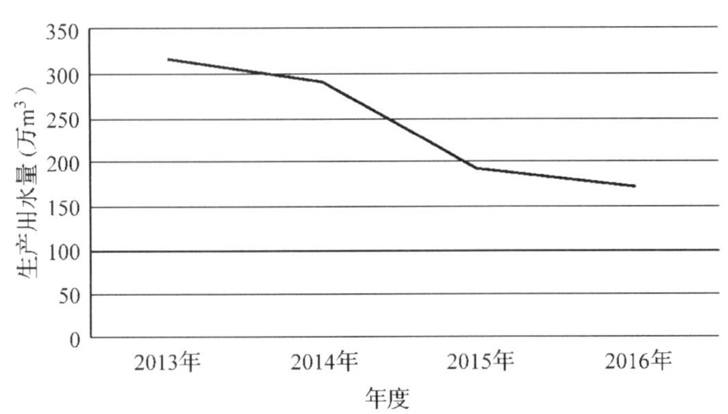

图 1-86　黑河市生产用水量

由图 1-86 可见，黑河市生产用水量整体呈现下降态势，且曲线呈现近阶梯式下降方式。

(七)黑河市人均日生活用水量

表 1-87　黑河市人均日生活用水量(L)

年度	2013 年	2014 年	2015 年	2016 年
人均日生活用水量	94.6	93.9	98.5	102.6

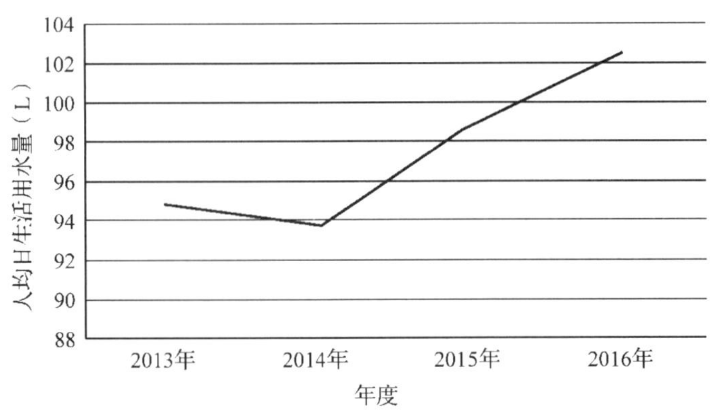

图 1-87　黑河市人均日生活用水量

由图 1-87 可见，黑河市人均日生活用水量 2014 年度前是小幅度下降，2014 年度开始呈现明显的整体上扬态势。

(八)黑河市有效灌溉面积

表 1-88 黑河市有效灌溉面积(千 hm^2)

年度	2013 年	2014 年	2015 年	2016 年
有效灌溉面积	62.5	66.6	84.2	92.2

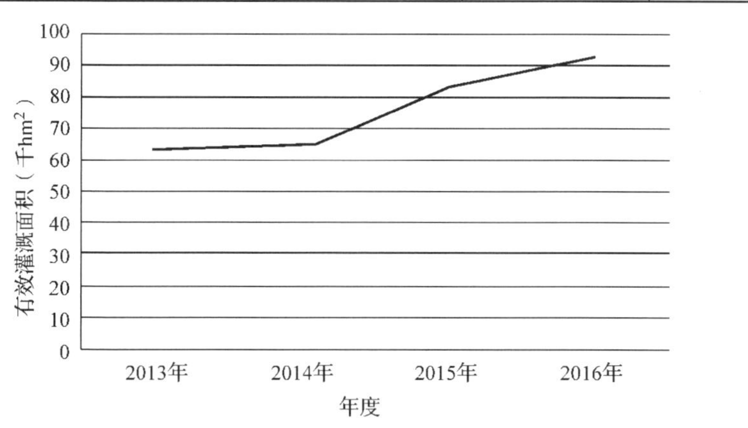

图 1-88 黑河市有效灌溉面积

由图 1-88 可见，黑河市有效灌溉面积整体呈现较为明显上升态势，且曲线较为平缓。

十二、绥化市资源利用情况二级指标单项分析结果

(一)绥化市单位地区生产总值能耗

表 1-89 绥化市单位地区生产总值能耗(吨标准煤/万元)

年度	2012 年	2013 年	2014 年	2015 年	2016 年
单位地区生产总值能耗	0.78	0.58	0.61	0.56	0.51

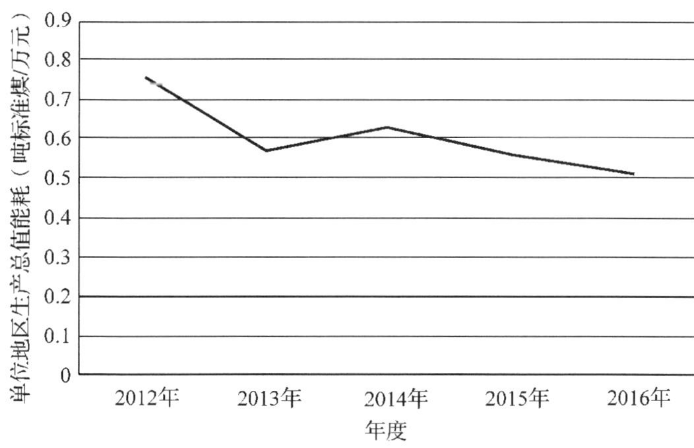

图 1-89 绥化市单位地区生产总值能耗

由图1-89可见，绥化市单位地区生产总值能耗在2013年之前下降趋势强于2013年度之后，目前呈现较为稳定下降态势。

（二）绥化市单位生产总值能耗下降率

表1-90　绥化市单位生产总值能耗下降率（%）

年度	2012年	2013年	2014年	2015年	2016年
单位生产总值能耗下降率	-3.23	-3.23	-3.45	-3.42	-3.31

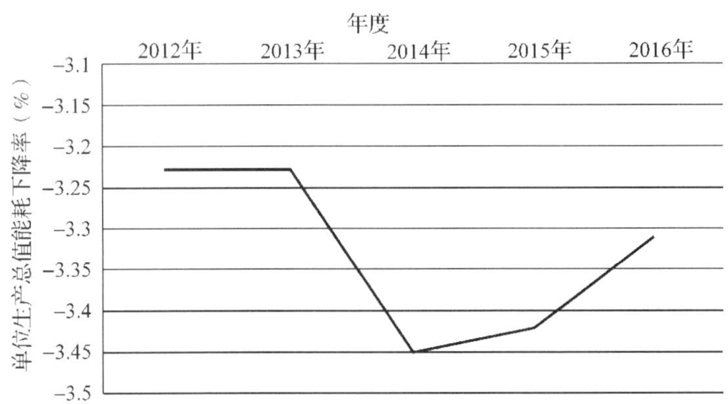

图1-90　绥化市单位GDP能耗下降率

由图1-90可见，绥化市单位生产能耗下降率前期持平，2013年度开始出现近正"U"形分布，未来呈现上升态势。

（三）绥化市单位工业增加值能耗下降率

表1-91　绥化市单位工业增加值能耗下降率（%）

年度	2012年	2013年	2014年	2015年	2016年
单位工业增加值能耗下降率	-19.80	-13.32	-9.67	-5.66	-5.93

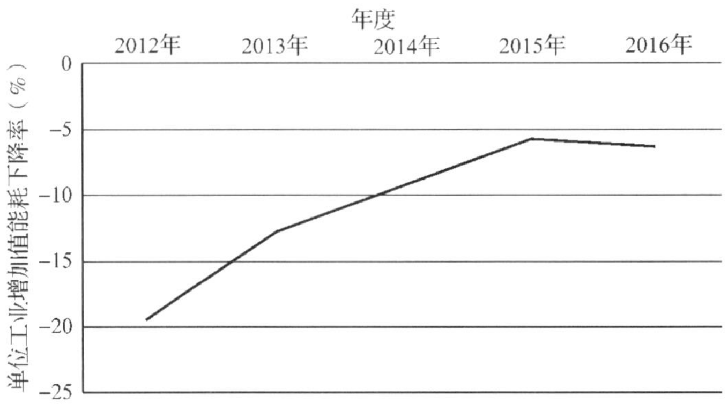

图1-91　绥化市单位工业增加值能耗下降率

由图 1-91 可见，绥化市单位工业增加值能耗下降率在负象限整体上扬，在 2015 年度到 2016 年度之间出现了小幅度下降。

（四）绥化市单位地区生产总值电耗

表 1-92　绥化市单位地区生产总值电耗（kW·h/万元）

年度	2012 年	2013 年	2014 年	2015 年	2016 年
单位地区生产总值电耗	455.0	463.5	479.9	486.3	462.1

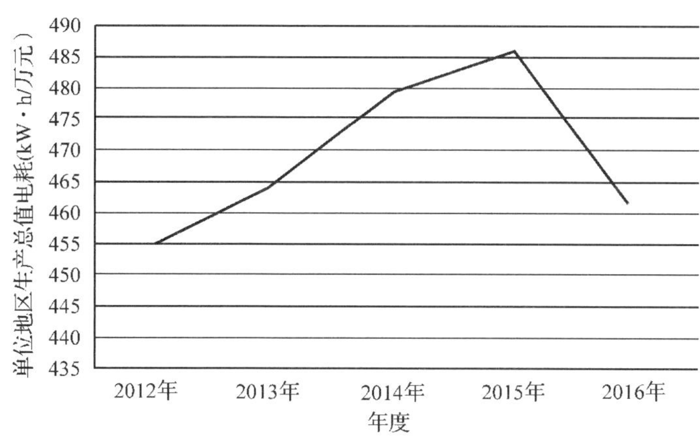

图 1-92　绥化市单位地区生产总值电耗

由图 1-92 可见，绥化市单位地区生产总值电耗整体呈现倒“U”形，且在 2015—2016 年度下降趋势渐强。

（五）绥化市规模以上工业企业综合能源消费量

表 1-93　绥化市规模以上工业企业综合能源消费量（万吨标准煤）

年度	2012 年	2013 年	2014 年	2015 年	2016 年
综合能源消费量	159.6	181.9	191.1	217.0	234.7

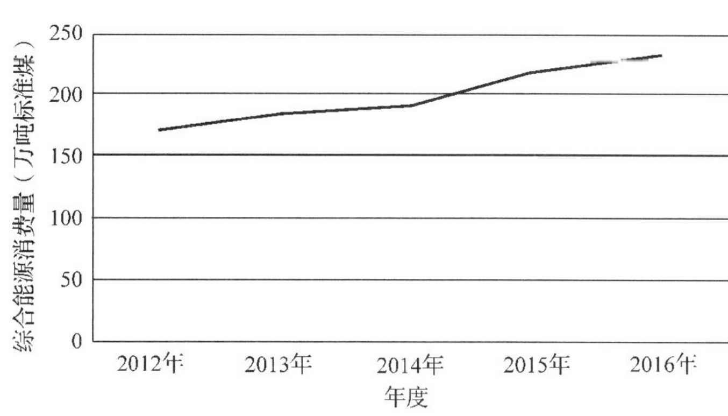

图 1-93　绥化市规模以上工业企业综合能源消费量

由图 1-93 可见，绥化市规模以上工业企业综合能源消费量整体上扬，曲线平滑，趋势明显。

(六)绥化市生产用水量

表 1-94 绥化市生产用水量(万 m^3)

年度	2013 年	2014 年	2015 年	2016 年
生产用水量	448.2	428.0	1112.9	1107.4

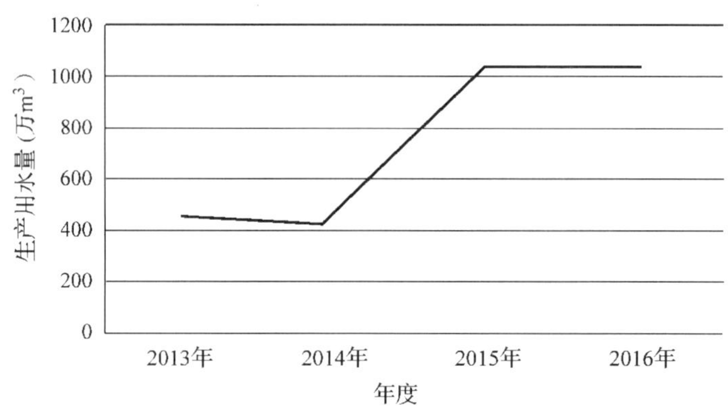

图 1-94 绥化市生产用水量

由图 1-94 可见，绥化市生产用水量呈现较为典型的阶梯式上涨，数值变动较大。

(七)绥化市人均日生活用水量

表 1-95 绥化市人均日生活用水量(L)

年度	2013 年	2014 年	2015 年	2016 年
人均日生活用水量	112.2	106.7	195.2	192.2

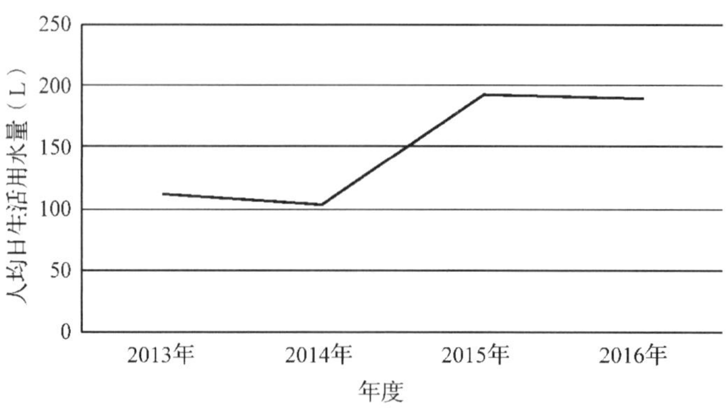

图 1-95 绥化市人均日生活用水量

由图 1-95 可见，绥化市人均日生活用水量呈现较为典型的阶梯式上涨，未来趋势待定。

（八）绥化市有效灌溉面积

表 1-96 绥化市有效灌溉面积（千 hm^2）

年度	2013 年	2014 年	2015 年	2016 年
有效灌溉面积	479.5	483.1	520.0	575.7

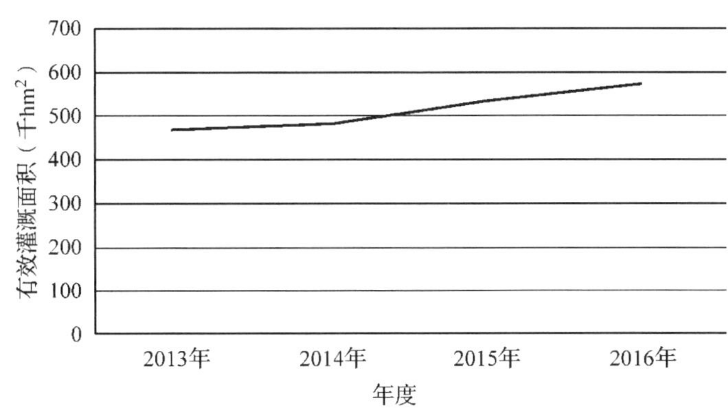

图 1-96 绥化市有效灌溉面积

由图 1-96 可见，绥化市有效灌溉面积整体上扬，曲线平滑，且从 2015 年度开始趋势渐强。

十三、大兴安岭地区资源利用情况二级指标单项分析结果

（一）大兴安岭地区单位地区生产总值能耗

表 1-97 大兴安岭地区单位地区生产总值能耗（吨标准煤/万元）

年度	2012 年	2013 年	2014 年	2015 年	2016 年
单位地区生产总值能耗	0.88	0.86	0.91	0.84	0.70

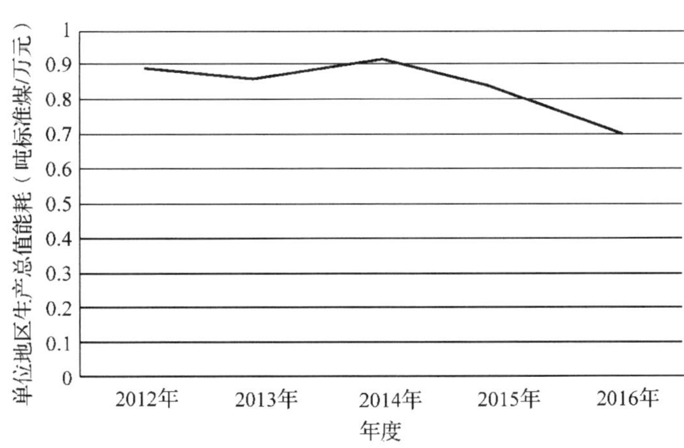

图 1-97 大兴安岭地区单位地区生产总值能耗

由图 1-97 可见，大兴安岭地区单位地区生产总值能耗整体下降，前半程曲线平滑，2015 年度开始趋势渐强。

（二）大兴安岭地区单位生产能耗下降率

表 1-98　大兴安岭地区单位生产总值能耗下降率（%）

年度	2012 年	2013 年	2014 年	2015 年	2016 年
单位生产总值能耗下降率	-3.31	-3.51	-3.21	-2.53	-3.24

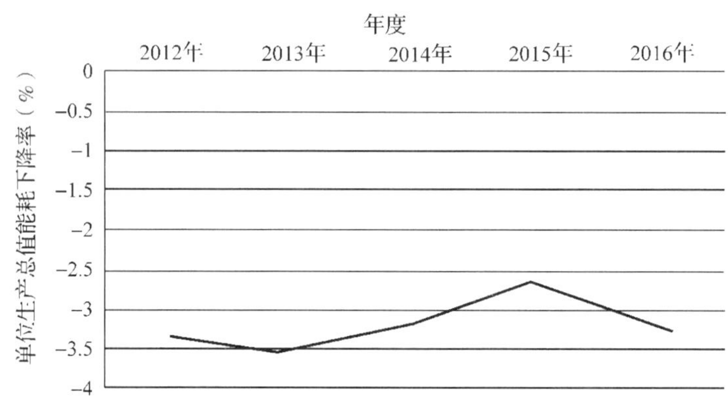

图 1-98　大兴安岭地区单位 GDP 能耗下降率

由图 1-98 可见，大兴安岭地区单位生产能耗下降率在负象限波浪式前进，2015 年度前的整体趋势上扬，在 2015 年度之后下降明显。

（三）大兴安岭地区单位工业增加值能耗下降率

表 1-99　大兴安岭地区单位工业增加值能耗下降率（%）

年度	2012 年	2013 年	2014 年	2015 年	2016 年
单位工业增加值能耗下降率	-5.00	-16.66	35.09	-4.01	-17.14

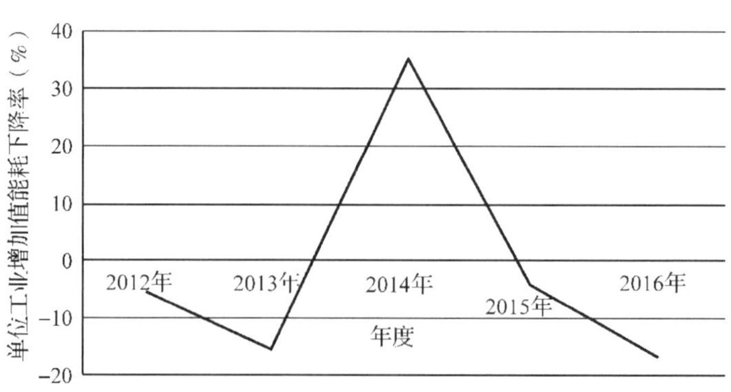

图 1-99　大兴安岭地区单位工业增加值能耗下降率

由图 1-99 可见，大兴安岭地区单位工业增加值能耗下降率在正、负象限波动极大，2015—2016 年度呈现更为明显的下降态势。

(四)大兴安岭地区单位地区生产总值电耗

表 1-100 大兴安岭地区单位地区生产总值电耗(kW · h/万元)

年度	2012 年	2013 年	2014 年	2015 年	2016 年
单位地区生产总值电耗	406. 4	423. 8	376. 8	405. 9	321. 8

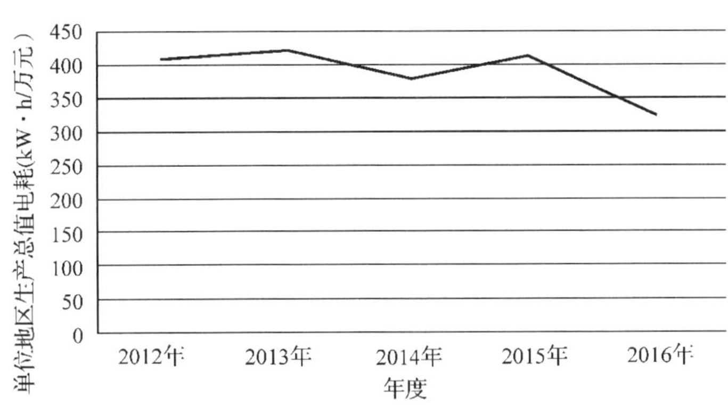

图 1-100 大兴安岭地区单位地区生产总值电耗

由图 1-100 可见，大兴安岭地区单位地区生产总值电耗整体趋势下降，但其中包含小范围波动。

(五)大兴安岭地区规模以上工业企业综合能源消费量

表 1-101 大兴安岭地区规模以上工业企业综合能源消费量(万吨标准煤)

年度	2012 年	2013 年	2014 年	2015 年	2016 年
综合能源消费量	28. 5	25. 7	21. 6	20. 9	19. 3

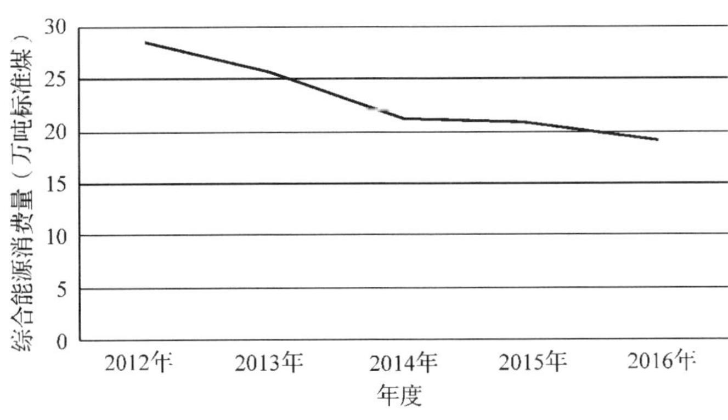

图 1-101 大兴安岭地区规模以上工业企业综合能源消费量

由图 1-101 可见，大兴安岭地区规模以上工业企业综合能源消费量整体下降，在 2014 年度开始趋势渐缓。

(六)大兴安岭地区生产用水量

因统计年鉴中缺少数据，本项目数据欠奉。

(七)大兴安岭地区人均日生活用水量

因统计年鉴中缺少数据，本项目数据欠奉。

(八)大兴安岭地区有效灌溉面积

表 1-102　大兴安岭地区有效灌溉面积(千 hm^2)

年度	2013 年	2014 年	2015 年	2016 年
有效灌溉面积	2.0	2.0	4.1	9.4

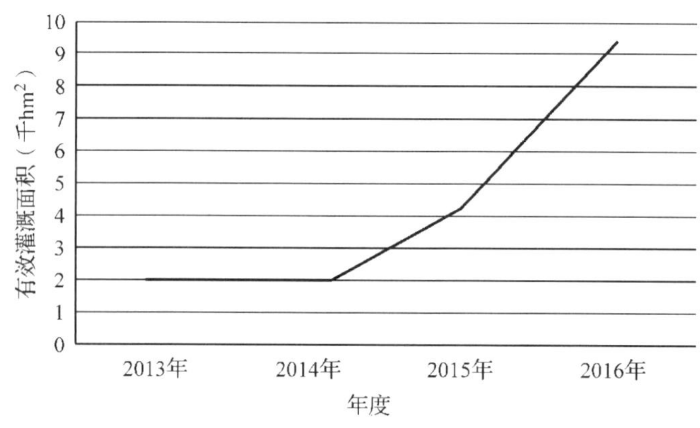

图 1-102　大兴安岭地区有效灌溉面积

由图 1-102 可见，大兴安岭地区有效灌溉面积整体上升，2013 年度到 2014 年度涨势平缓，2014—2016 年度涨势渐强。

第二节　资源利用情况对比分析

为了对黑龙江省各地市资源利用情况进行对比分析，以表格形式对各地市的资源利用情况进行了排名，并按照生态文明向好为优的原则对各二级指标以 25 分的目标得分进行了赋值。

一、各项二级指标排名情况

(一)各地市单位地区生产总值能耗排名情况

表 1-103 各地市单位地区生产总值能耗(吨标准煤/万元)排名

排序	地市	单位地区生产总值能耗(吨标准煤/万元)
1	黑河	0.51
1	绥化	0.51
3	牡丹江	0.61
3	哈尔滨	0.61
5	齐齐哈尔	0.64
6	佳木斯	0.68
7	大兴安岭	0.70
8	双鸭山	0.83
9	鸡西	1.01
10	大庆	1.05
11	伊春	1.05
12	鹤岗	1.13
13	七台河	1.72

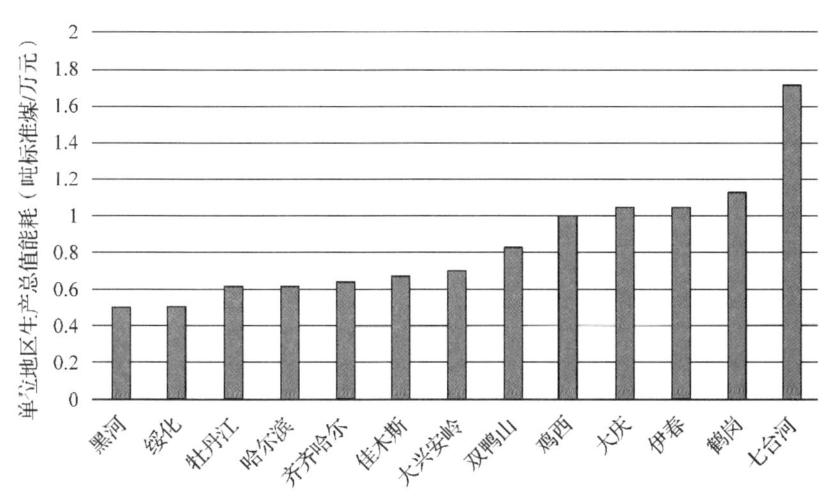

图 1-103 各地市单位地区生产总值能耗排名

(二)各地市单位生产总值能耗下降率排名情况

表 1-104　各地市单位生产总值能耗下降率(%)排名

排序	地市	单位生产总值能耗下降率/%
1	黑河	-8.99
2	鸡西	-7.34
3	齐齐哈尔	-7.29
4	佳木斯	-5.30
5	七台河	-3.55
6	双鸭山	-4.03
7	鹤岗	-3.85
8	牡丹江	-3.63
9	伊春	-3.55
10	哈尔滨	-3.31
10	绥化	-3.31
12	大兴安岭	-3.24
13	大庆	-3.20

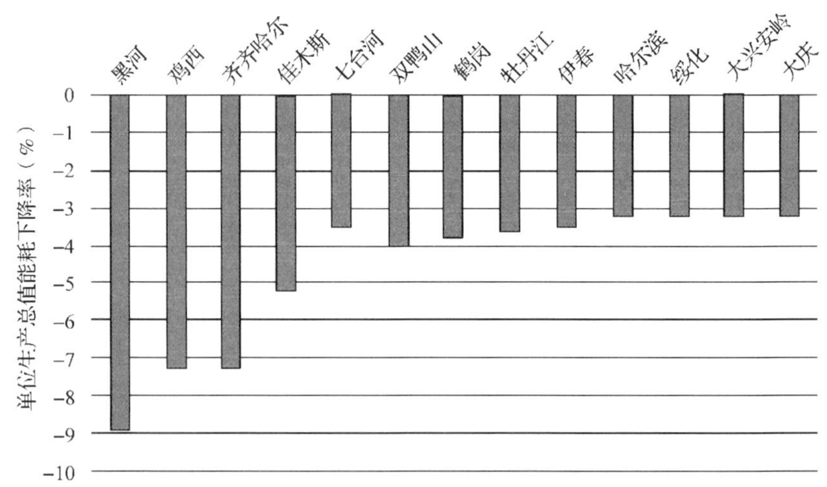

图 1-104　各地市单位生产总值能耗下降率排名

(三)各地市单位工业增加值能耗下降率排名情况

表 1-105 各地市单位工业增加值能耗下降率排名

排序	地市	单位工业增加值能耗下降率/%
1	齐齐哈尔	-21.77
2	鸡西	-18.26
3	大兴安岭	-17.14
4	黑河	-12.54
5	牡丹江	-6.74
6	绥化	-5.93
7	哈尔滨	-3.63
8	七台河	-3.31
9	佳木斯	-2.69
10	大庆	7.22
11	双鸭山	12.60
12	鹤岗	16.76
13	伊春	26.23

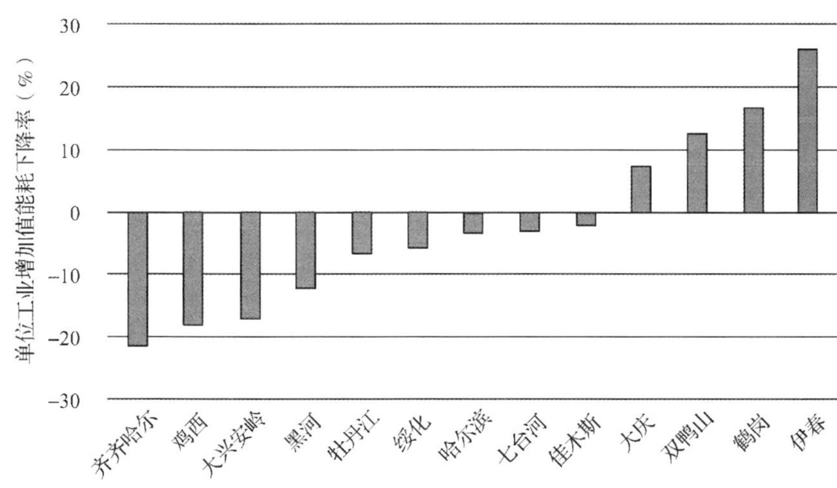

图 1-105 各地市单位工业增加值能耗下降率排名

(四)各地市单位地区生产总值电耗排名情况

表 1-106　各地市单位地区生产总值电耗排名

排序	地市	单位地区生产总值电耗/(kW·h/万元)
1	大兴安岭	321.8
2	牡丹江	346.9
3	哈尔滨	348.8
4	绥化	462.1
5	佳木斯	467.0
6	齐齐哈尔	602.0
7	黑河	611.0
8	鸡西	767.4
9	大庆	779.7
10	伊春	875.7
11	双鸭山	1037.9
12	七台河	1142.6
13	鹤岗	1525.0

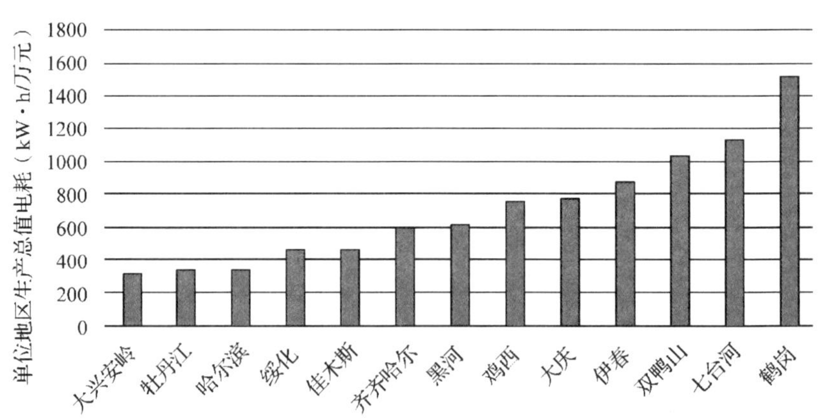

图 1-106　各地市单位地区生产总值电耗排名

（五）各地市规模以上工业企业综合能源消费量排名情况

表 1-107　各地市规模以上工业企业综合能源消费量排名

排序	地市	综合能源消费量/万吨标准煤
1	大兴安岭	19.3
2	黑河	81.1
3	佳木斯	138.7
4	伊春	161.9
5	牡丹江	189.5
6	绥化	234.7
7	鸡西	245.9
8	鹤岗	272.1
9	齐齐哈尔	384.7
10	双鸭山	402.2
11	七台河	411.9
12	哈尔滨	715.6
13	大庆	1658.1

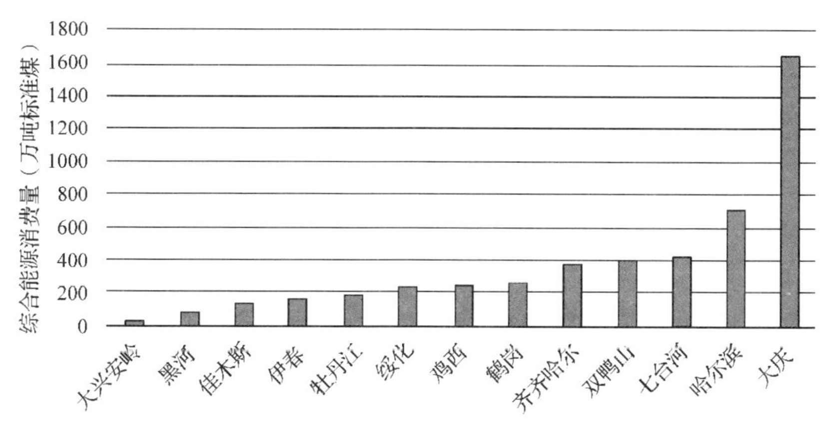

图 1-107　各地市规模以上工业企业综合能源消费量排名

(六)各地市生产用水量排名情况

表 1-108 各地市生产用水量排名

排序	地市	生产用水量/万 m^3
1	黑河	169. 0
2	双鸭山	802. 0
3	绥化	1107. 4
4	伊春	1310. 0
5	鹤岗	1380. 7
6	齐齐哈尔	1389. 0
7	佳木斯	1519. 6
8	七台河	2153. 0
9	鸡西	2188. 5
10	牡丹江	9704. 7
11	哈尔滨	5672. 6
12	大庆	18652. 1

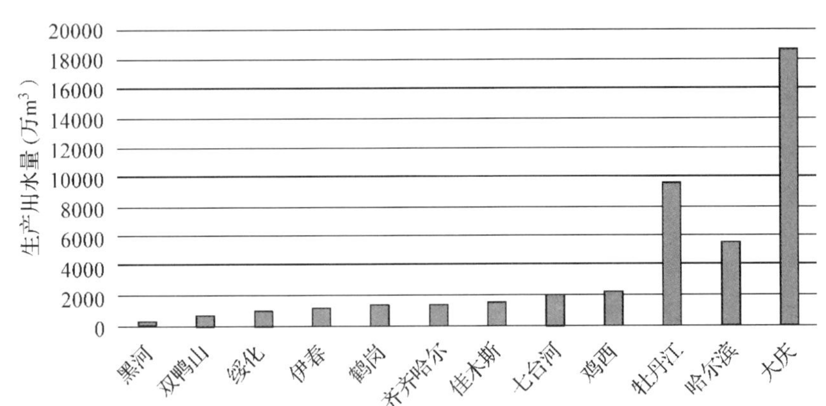

图 1-108 各地市生产用水量排名

(七)各地市人均日生活用水量排名情况

表 1-109　各地市人均日生活用水量排名

排序	地市	人均日生活用水量/L
1	伊春	84.4
2	鹤岗	87.6
3	七台河	95.2
4	黑河	102.6
5	鸡西	100.3
6	齐齐哈尔	109.4
7	大庆	113.7
8	双鸭山	116.8
8	牡丹江	116.8
10	佳木斯	123.7
11	哈尔滨	131.6
12	绥化	192.2

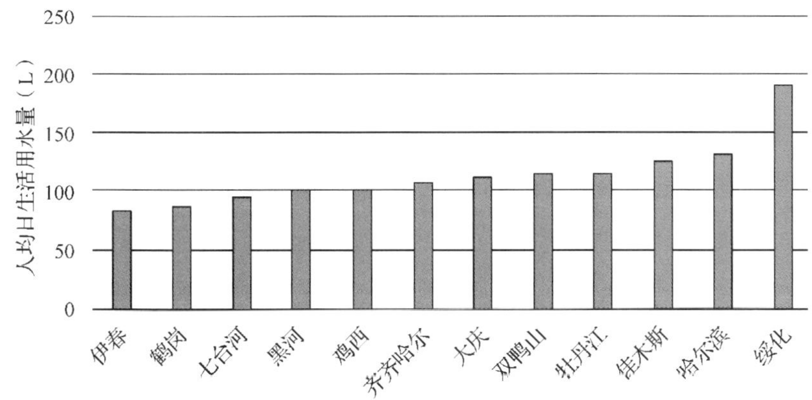

图 1-109　各地市人均日生活用水量排名

(八)各地市有效灌溉面积排名情况

表 1-110 各地市有效灌溉面积排名

排序	地市	有效灌溉面积/千 hm^2
1	齐齐哈尔	849.8
2	哈尔滨	785.3
3	绥化	575.7
4	大庆	540.0
5	佳木斯	462.2
6	鸡西	166.9
7	鹤岗	156.2
8	双鸭山	101.7
9	牡丹江	100.7
10	黑河	92.2
11	伊春	52.6
12	七台河	19.6
13	大兴安岭	9.4

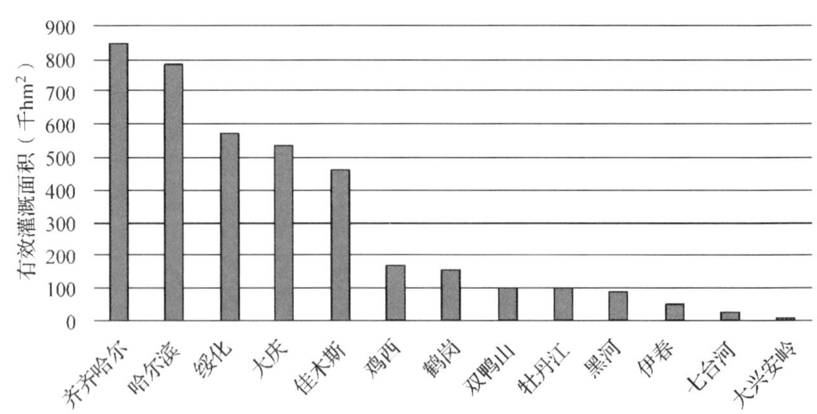

图 1-110 各地市有效灌溉面积排名

二、各地市资源利用情况

(一)哈尔滨市资源利用情况总体分析结果

表 1-111　2016 年度哈尔滨市资源利用情况省内排名表

二级指标	1	2	3	4	5	6	7	8
二级指标权重	4	4	4	2	3	2	3	3
2016 年度排名	3	10	7	3	12	11	11	2
得分情况	3. 384	1. 228	2. 152	1. 692	0. 459	0. 46	0. 690	2. 538
总分	12. 603							

(二)齐齐哈尔市资源利用情况总体分析结果

表 1-112　2016 年度齐齐哈尔市利用情况省内排名表

二级指标	1	2	3	4	5	6	7	8
二级指标权重	4	4	4	2	3	2	3	3
2016 年度排名	5	3	2	6	9	6	6	1
得分情况	2. 768	3. 384	3. 692	1. 230	1. 152	1. 230	1. 845	2. 769
总分	18. 07							

(三)鸡西市资源利用情况总体分析结果

表 1-113　2016 年度鸡西市资源利用情况省内排名表

二级指标	1	2	3	4	5	6	7	8
二级指标权重	4	4	4	2	3	2	3	3
2016 年度排名	9	2	3	8	7	9	5	6
得分情况	1. 536	3. 692	3. 384	0. 922	1. 614	0. 768	2. 076	1. 845
总分	15. 837							

(四)鹤岗市资源利用情况总体分析结果

表 1-114　2016 年度鹤岗市资源利用情况省内排名表

二级指标	1	2	3	4	5	6	7	8
二级指标权重	4	4	4	2	3	2	3	3
2016 年度排名	12	7	5	13	8	5	2	7
得分情况	0. 612	2. 152	2. 768	0. 152	1. 383	1. 384	2. 769	1. 614
总分	12. 834							

(五)双鸭山市资源利用情况总体分析结果

表 1-115　2016 年度双鸭山市资源利用情况省内排名表

二级指标	1	2	3	4	5	6	7	8
二级指标权重	4	4	4	2	3	2	3	3
2016 年度排名	8	6	6	11	10	2	8	8
得分情况	1. 844	2. 460	2. 460	0. 460	0. 921	1. 846	1. 383	1. 383
总分	12. 757							

(六)大庆市资源利用情况总体分析结果

表 1-116　2016 年度大庆市资源利用情况省内排名表

二级指标	1	2	3	4	5	6	7	8
二级指标权重	4	4	4	2	3	2	3	3
2016 年度排名	10	13	8	9	13	12	10	4
得分情况	1. 228	0. 304	1. 844	0. 768	0. 228	0. 306	0. 921	2. 307
总分	7. 906							

(七)伊春市资源利用情况总体分析结果

表 1-117　2016 年度伊春市资源利用情况省内排名表

二级指标	1	2	3	4	5	6	7	8
二级指标权重	4	4	4	2	3	2	3	3
2016 年度排名	10	9	1	10	4	4	1	11
得分情况	1. 228	1. 536	4. 000	0. 614	2. 307	1. 538	3. 000	0. 690
总分	14. 913							

(八)佳木斯市资源利用情况总体分析结果

表 1-118　2016 年度佳木斯市资源利用情况省内排名表

二级指标	1	2	3	4	5	6	7	8
二级指标权重	4	4	4	2	3	2	3	3
2016 年度排名	6	4	13	5	3	7	10	5
得名情况	2. 460	3. 076	0. 304	1. 384	2. 538	1. 076	0. 921	2. 076
总分	13. 835							

(九)七台河市资源利用情况总体分析结果

表 1-119 2016 年度七台河市资源利用情况省内排名表

二级指标	1	2	3	4	5	6	7	8
二级指标权重	4	4	4	2	3	2	3	3
2016 年度排名	13	5	12	12	11	8	3	12
得分情况	0. 304	2. 768	0. 312	0. 306	0. 690	0. 922	2. 538	0. 459
总分	8. 299							

(十)牡丹江市资源利用情况总体分析结果

表 1-120 2016 年度牡丹江市资源利用情况省内排名表

二级指标	1	2	3	4	5	6	7	8
二级指标权重	4	4	4	2	3	2	3	3
2016 年度排名	3	8	9	2	5	10	8	9
得分情况	3. 384	1. 844	1. 536	1. 846	2. 076	0. 614	1. 383	1. 152
总分	13. 835							

(十一)黑河市资源利用情况总体分析结果

表 1-121 2016 年度黑河市资源利用情况省内排名表

二级指标	1	2	3	4	5	6	7	8
二级指标权重	4	4	4	2	3	2	3	3
2016 年度排名	1	1	7	7	2	1	4	10
得分情况	4. 000	4. 000	2. 152	1. 076	2. 769	2. 000	2. 307	0. 921
总分	19. 225							

(十二)绥化市资源利用情况总体分析结果

表 1-122 2016 年度绥化市资源利用情况省内排名表

二级指标	1	2	3	4	5	6	7	8
二级指标权重	4	4	4	2	3	2	3	3
2016 年度排名	1	10	10	4	6	3	12	3
得分情况	4. 000	1. 228	1. 228	1. 538	1. 845	1. 692	0. 459	2. 538
总分	14. 528							

（十三）大兴安岭地区资源利用情况总体分析结果

表 1-123　2016 年度大兴安岭地区资源利用情况省内排名表

二级指标	1	2	3	4	5	6	7	8
二级指标权重	4	4	4	2	3	2	3	3
2016 年度排名	7	12	4	1	1	—	—	13
得分情况	2. 152	0. 612	3. 076	2. 000	3. 000	1. 076	1. 614	0. 512
总分	14. 042							

注：二级指标中无官方统计数据的两个指标取 13 名次的中间位置第 7 名的分数。

三、各地市资源利用总体排名情况

表 1-124　各地市资源利用总体排名

排序	地市	总分
1	黑河	19. 225
2	齐齐哈尔	18. 07
3	鸡西	15. 837
4	伊春	14. 913
5	绥化	14. 528
6	大兴安岭	14. 042
7	佳木斯	13. 835
7	牡丹江	13. 835
9	鹤岗	12. 834
10	双鸭山	12. 757
11	哈尔滨	12. 603
12	七台河	8. 299
13	大庆	7. 906

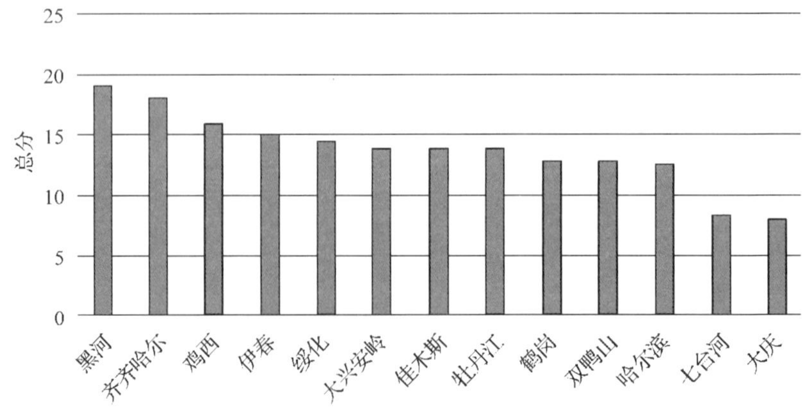

图 1-111　各地市资源利用总体排名

第三节 资源利用情况总体分析及对策建议

(一)各地市二级指标项目总体情况

观察哈尔滨市8项二级指标的具体数据，可以看出，哈尔滨市的单位生产总值能耗下降率和单位工业增加值能耗下降率曲线均呈现“U”形，其中单位生产总值能耗下降率一直在全省平均值附近波动不明显，2016年度排名第10；单位工业增加值能耗下降率具体数值波动较大，2016年度出现较为明显的减势放缓；单位地区生产总值能耗、单位地区生产总值电耗、规模以上企业综合能源消费量和人均日生活用水量都呈现平缓下降的趋势，其中，单位地区生产总值能耗、单位地区生产总值电耗在全省2016年度的排名情况均为第三，而规模以上企业综合能源消费量和人均日生活用水量的排名在第12和第11位，显得落后；同时，随着地方经济总量的持续增长，哈尔滨市生产用水总量2014年度出现一次激增，但是在2015年明显回落，且下降趋势稳定；有效灌溉面积持续增长，且位居第2位。

齐齐哈尔市的单位地区生产总值能耗2016年度处于第5位；单位生产总值能耗下降率下降过程出现有小幅回升；单位工业增加值能耗下降率下降趋势明显；单位地区生产总值电耗平稳下降；规模以上工业企业综合能源消费量从2014年度开始下降趋势明显；生产用水量呈现倒“U”形下降；人均日生活用水量均呈现“U”形上升，但是绝对值不大，且处于第6位的居中水平；有效灌溉面积2016年度居于全省第1位，超过上一年度的冠军哈尔滨市，上升趋势明显。

鸡西市的单位地区生产总值能耗近年来一直平稳下降；单位生产总值能耗下降率绝对值增长明显，尤其是在2016年度位居第2位，成绩明显；单位工业增加值能耗下降率连年波浪式前进，2016年度能耗下降明显；2015年之前，单位地区生产总值电耗下降明显，但是在2016年度出现了小幅回升，处于全省第8位；规模以上工业企业综合能源消费量、生产用水量和人均日生活用水量都呈现平稳下降态势，居于中间水平；有效灌溉面积小幅增长。

鹤岗市单位地区生产总值能耗近年来一直处于平稳的下降状态；单位生产总值能耗下降率出现小幅减缓；单位工业增加值能耗下降率波动较大，2016年度能耗明显增长；单位地区生产总值电耗缓慢上升；规模以上工业企业综合能源消费量呈现“U”形，正在经历上升过程；生产用水量和人均日生活用水量都呈现平稳下降态势；有效灌溉面积增长明显，但是总排名第7位处于中等偏后位置。

双鸭山市的单位地区生产总值能耗近年来一直平缓下降，但是2016年的数值仍然高于全省整体水平；单位生产总值能耗下降率位于第6位，下降平缓；单位工业增加值能耗下降率出现了明显的反弹，位于第11位，有待改善；单位地区生产总值电耗和规模以上工业企业综合能源消费量均出现小幅上涨，分别居于第11和第10位；生产用水量和人均日生活用水量均在2016度出现了明显的增长，但数值处于中等水平；有效灌溉面积平缓上升。

大庆市的单位地区生产总值能耗呈“U”形分布，2016年度正处于上升过程；单位生产总值能耗下降率波动不大，改善趋势初步显现；单位工业增加值能耗下降率波动明显，2016年度出现正值，位于第10名，有待改善；单位地区生产总值电耗2016年度明显上升；规模以上工业企业综合能源消费量和生产用水量均处于上升过程，且排名靠后，有待改善；人均日生活用水量缓慢下降，趋势良好；有效灌溉面积稳步上升。

伊春市的单位地区生产总值能耗稳步下降，排名第10位，比较靠后；单位生产总值能耗下降率呈波浪式前进，在2016年度排名第9位；单位工业增加值能耗下降率2014年度到2016年度的数据不降反升，2016年度数值排名第13位，亟待改善；单位地区生产总值电耗处于正“U”形过后的下降过程，2016年度处于中等偏下的水平；规模以上工业企业综合能源消费量虽然正处于“U”形上升过程，但是2016年度第4名的具体数值仍处于可控区间；生产用水量和人均日生活用水量下降趋势均明显，分别在2016年度排名第4和第1位；有效灌溉面积处于波浪式上升过程。

通过佳木斯市8项二级指标的具体数据，可以看出，单位地区生产总值能耗平缓下降，2016年的数值略低于黑龙江省整体水平；单位生产总值能耗下降率2016年度处于第4位，处于下降过程，且趋势逐步加强；单位工业增加值能耗下降率波动较大，2015年出现正值，2016年重回负值，但是排名第9位，略显靠后；单位地区生产总值电耗出现趋势明显的平稳下降；规模以上工业企业综合能源消费量平稳下降；生产用水量呈现阶梯式下降；人均日生活用水量明显上升，导致2016年度排名第10位；有效灌溉面积稳步上升，处于第5位。

七台河市单位地区生产总值能耗处于“U”形上升过程，2016年度处于第13位，具体数值为1.72吨标准煤/万元，远高于全省0.77吨标准煤/万元的整体水平；单位生产总值能耗下降率具体数值变动不大，2016年度处于第5位；单位工业增加值能耗下降率波动明显，2016年度为负值，排名第12位；单位地区生产总值电耗平稳上升；规模以上工业企业综合能源消费量平缓下降；生产用水量呈现倒“U”形，处于下降过程中；人均日生活用水量有明显的上升态势，2016

年度处于第3位；有效灌溉面积具体数值变动不大，2015年度和2016年度数值持平。

牡丹江市8项二级指标的具体数据中，单位地区生产总值能耗平稳下降，且未来下降趋势依然明显；单位生产总值能耗下降率有所回升，但仍处于负值区间，2016年度排名第8位；单位工业增加值能耗下降率2014年度开始出现明显倒退；单位地区生产总值电耗和规模以上工业企业综合能源消费量平缓下降；生产用水量前期缓步提升，2016年度出现明显下降，但是具体排名仍然偏后；人均日生活用水量高于黑龙江省整体水平且处于缓步上升区间；有效灌溉面积稳步上升。

黑河市的单位地区生产总值能耗平稳下降，趋势渐强；单位生产总值能耗下降率处于负值区间，2016年度改善明显；单位工业增加值能耗下降率处于负值区，但是波动较大，2016年度改善明显；单位地区生产总值电耗平稳下降，趋势渐强；生产用水量稳步下降；人均日生活用水量继续上升，排名第4位；有效灌溉面积平稳上升。

绥化市的单位地区生产总值能耗稳步下降，2016年度0.51吨标准煤/万元的数值低于全省整体水平0.77吨标准煤/万元；单位生产总值能耗下降率在负值区间波动不大；单位工业增加值能耗下降率改善趋势明显；单位地区生产总值电耗处于倒"U"形曲线下降过程中；规模以上工业企业综合能源消费量平缓上升，趋势渐强；生产用水量和人均日生活用水量均呈现阶梯式上升；有效灌溉面积排名第3位，平稳上升。

从大兴安岭地区的8项二级指标的具体数据，可以看出，单位地区生产总值能耗缓慢下降；单位生产总值能耗下降率在负值区间，波动不大；单位工业增加值能耗下降率2014年度为正值，2015年度进入明显改善的负值区；单位地区生产总值电耗波浪式下降；规模以上工业企业综合能源消费量平稳下降；有效灌溉面积明显上升。

（二）存在问题

1. 各地市资源利用情况整体差异较大

观察总体排名情况可以看出，黑龙江省各地市在二级指标各项目中存在较大的差异，但是综合情况的个体差异没有呈现单项指标中严重的两极分化，总体分值在可控制区间。其中整体表现最优的是黑河市，总成绩为19.225分，列第1位；紧随其后的齐齐哈尔市，总分为18.07分；鸡西市列第3位，成绩为15.837分；伊春市以14.913分列第4位；绥化市和大兴安岭地区分别为14.528分和14.042分，以微弱的差距列第5和第6位；佳木斯市和牡丹江市分别以

13.835 分的相同分排并列第 7 位；鹤岗市和双鸭山市分别以 12.834 分和 12.757 分的总成绩列第 9 和第 10 位；哈尔滨市以 12.603 分的微弱差距列第 11 位；存在较大分差的七台河市以 8.299 分排名第 12 位；最后一位的大庆市总成绩为 7.906 分，与第 1 位存在 11.319 分的较大分差。

2. 二级指标内部差异明显

从各二级指标总体来看，各地市单位地区生产总值能耗的绝对值差异较大，排名第一的黑河市、绥化市只有 0.51 吨标准煤/万元，而最后一名的七台河高达 1.72 吨标准煤/万元，约为第一名的 3.37 倍，是黑龙江省整体水平 0.77 吨标准煤/万元的约 2.23 倍。各地市单位生产总值能耗下降率的整体都处于负值空间，说明黑龙江省 2016 年度的单位生产总值能耗全部处于下降状态，是资源利用率整体提高的表现。其中，下降最为明显的黑河市（-8.99%）是排名最后的大庆市（-3.20%）的约 2.8 倍，说明地市间存在明显差异。2016 年度，黑龙江省单位工业增加值能耗下降率有 8 个地市处于负值空间，4 个地市处于不降反升的正值空间，黑龙江省整体水平为 -1.45%，整体情况向好，但是处于正值部分的大庆市、双鸭山市、鹤岗市和伊春市有待改善。2016 年度，黑龙江省各地市单位地区生产总值电耗中用电量最大的鹤岗市达到 1525.0 千瓦时/万元，是大兴安岭地区（321.8 千瓦时/万元）的约 4.74 倍，是黑龙江省整体水平（560.5 千瓦时/万元）的约 2.72 倍，充分证明这一二级指标存在各地市差异明显的情况。各地市规模以上工业企业综合能源消费量是所有二级指标中个体差异较为明显的一项，排在最后一位的大庆市达到 1658.1 万吨标准煤，是排在第一位的大兴安岭地区（19.3 万吨标准煤）的约 85.91 倍。各地市生产用水情况是所有二级指标中个体差异最为巨大的一项，排在最后一位的大庆市（18652.1 万 m^3）是排在第一位的黑河市（169.0 万 m^3）的约 109.83 倍。充分证明在生产领域，因为产业格局、产业规模的影响，不同地市在具体生产用水量上存在巨大差异。各地市人均日生活用水量二级指标中的各地市整体差异不大，但是在趋势图中可以看出其发展呈现不同走向，这与当地政府城市供水管道建设、居民日常使用习惯等因素密切相关，也能够从一个侧面反映当地居民的生态文明发展状态，尤其是其节约用水的意识是否在不断加强。具体到 2016 年的数据，可以看出排在最后一位的绥化市人均日用水量达到了 192.2L，是排在第一位的伊春市（84.4L）的约 2.28 倍，说明个体差异仍然存在，个别地市的配套设施和节水宣传都有待改善和加强。有效灌溉面积从一个侧面反映了当地农业生产过程中是否高效利用了水资源。在本项目排名中，可以看出个体差异是十分巨大的，排在第一位的齐齐哈尔市（849.8 千 hm^2）是最后一位大兴安岭地区（9.4 千 hm^2）的约 90.4 倍。这一项目的最后成绩与当地的原有基础和地理环境等自然情况有密切关系，从趋势分析中可以看出，各地市均呈现缓慢、稳步上升的态势，整体发展情况向好。

（三）对策建议

在未来的发展过程中，黑龙江省在资源利用方面应该着重从以下几个角度进行调整：

1. 制定统筹兼顾的产业政策

兼顾不同产业和地区的生产特点，制定符合行业发展需要的相关标准。优化能源生产方式，通过能源供需与储备间的自平衡体，实现各地市与全省整体情况之间的友好互动和最优，在能源产生过程中形成集中式与分布式协调发展、相辅相成的供应模式。

2. 加大清洁能源的使用比例

黑龙江省内除了煤和石油这样的传统能源，还蕴藏着石墨、铁矿石等新型能源，有着广阔的市场前景。因此，应该开发符合当地需求的，符合行业和地区需要的清洁能源，积极响应国家号召，大力开发省内天然气资源，投资天然气或液态天然气设施建设，着手取代依赖原煤的小型工厂，加大对清洁煤技术的研究和开发，加大对风能、太阳能等清洁能源技术的发展，引入市场机制，在政策主导下，将经济成本与能源稀缺性挂钩，促进资源利用效率的整体提升。

3. 缩小指标内部与各地市间的差异

各地市间资源使用情况的巨大差异与黑龙江省各地市发展重点有着密切联系，结合当地产业结构、GDP 水平、工业以上企业数量等经济发展因素可知黑龙江省在发展过程中，不同地市有所侧重。兼顾不同产业和地区的生产特点，开发符合地区实际的项目；在进行资源利用整体评估时，应该全面考虑到各地市的产业布局，并重点考评其发展趋势；通过信息、技术、资源、政策调整，平衡和缩小各地市之间的差距，实现黑龙江省资源利用情况的整体改善。

在研究过程中，本章选取的少数数据存在某一地市数据欠奉的情况，在动态分析过程中，也存在数据跨度不够大的情况，数据分析没有扩大到与其他省份及全国整体水平的比较，这些都是今后的研究中需要不断调整和完善的。

第二章
各地市生态环境保护情况

近年来，黑龙江省以打造“两座金山银山”为抓手。推进生态文明建设，全面推动绿色发展，坚决打好污染防治攻坚战，着力解决大气、水、土壤、乡村人居环境等突出生态环境问题。提高环境治理水平，着力推进生态文明体制改革，压紧压实领导责任，完善考核评价体系，加强环保队伍建设，营造浓厚社会氛围，确保生态环境保护各项工作和目标落到实处、取得环境保护实效。坚持保护优先、自然恢复为主，统筹山水林田湖草治理，把生态环境风险纳入了常态化管理，着力加强生态环境保护与修复，着力推动绿色发展。几年来，黑龙江省加快构建本省生态安全体系，逐步提升黑龙江省生态系统质量和稳定性。生态文明建设迈上了新台阶。

本章研究对象为黑龙江省生态环境保护情况，下设十二项二级指标：1. 地级及以上城市空气质量达标天数比率；2. 地级及以上城市细颗粒物(PM2.5)浓度；3. 地级及以上城市水资源总量(亿 m^3)；4. 地级及以上城市废水排放量(万吨)；5. 地级及以上城市化学需氧量 COD 排放量(吨)；6. 地级及以上城市氨氮排放量(吨)；7. 地级及以上城市二氧化硫排放量(吨)；8. 地级及以上城市氮氧化物排放量(吨)；9. 地级及以上城市烟粉排放量(吨)；10. 地级及以上城市园林绿地面积(hm^2)；11. 地级及以上城市建成区绿化覆盖率(%)；12. 地级及以上城市清扫保洁面积(万 m^2)。

本章数据来源为：黑龙江省统计局发布的 2013 年到 2017 年的《黑龙江统计年鉴》，其统计数据为 2012 年度到 2016 年度黑龙江省环境保护相关统计数据。黑龙江省生态环境厅发布的 2013 年到 2017 年《黑龙江省环境状况公报》，其发布数据为 2012 年度到 2016 年度黑龙江省环境保护相关统计数据。

本章第一节经过对数据统计、分析、对比，以图表及折线图的形式对黑龙江省 13 个地市近年来生态环境保护状况进行评价。第二节通过赋值排名，对黑龙江省 13 个地市进行生态环境保护评价。

第一节 生态环境保护状况二级指标分析

一、哈尔滨市生态环境保护

哈尔滨市生态环境保护二级指标单项分析结果如下。

1. 哈尔滨市空气质量达标天数比例

表 2-1 哈尔滨市空气质量达标天数比(%)

年度	2012 年	2013 年	2014 年	2015 年	2016 年
达标天数比例	—	78.4	66.3	63.1	77.0

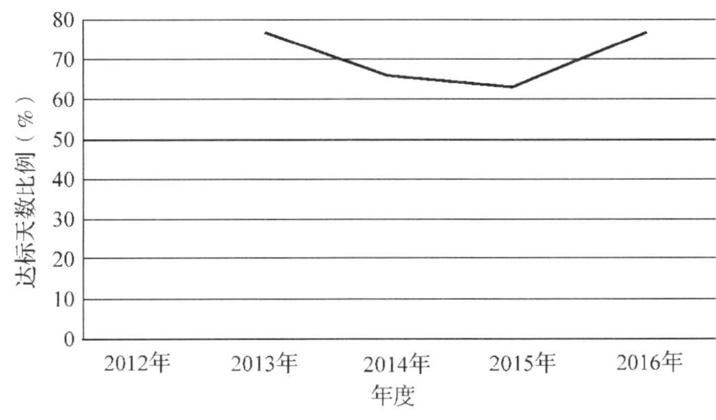

图 2-1 哈尔滨市空气质量达标天数比例

由图 2-1 可见，哈尔滨市自 2013 年空气质量达标天数不断下降，从 2015 年开始空气质量达标天数呈上升趋势。

2. 哈尔滨市细颗粒物(PM2.5)浓度

表 2-2 哈尔滨市细颗粒物(PM2.5)浓度(μg/m³)

年度	2012 年	2013 年	2014 年	2015 年	2016 年
PM2.5 浓度	—	—	—	70	—

3. 哈尔滨市水资源总量

表 2-3 哈尔滨市水资源总量(亿 m³)

年度	2012 年	2013 年	2014 年	2015 年	2016 年
水资源总量	114.58	193.3	121.56	111.5	142.0

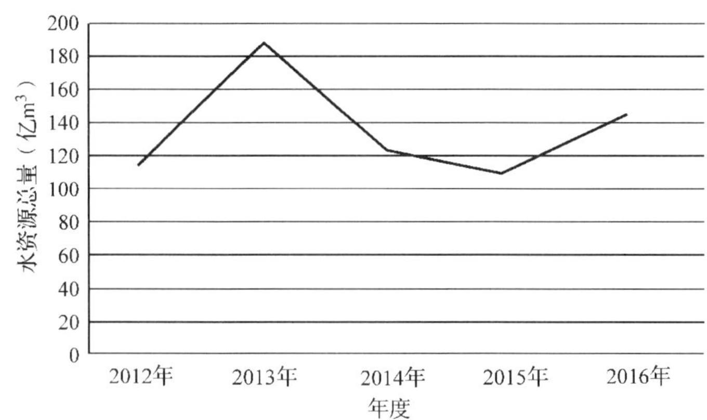

图 2-2 哈尔滨市水资源总量

由图 2-2 可见，自 2012 年以来，哈尔滨市水资源总量除 2013 年有较大升幅之外，其余年份水资源总量总体平稳。

4. 哈尔滨市废水排放量

表 2-4 哈尔滨市废水排放量(万 t)

年度	2012 年	2013 年	2014 年	2015 年	2016 年
废水排放量	40049. 8	38141. 1	39673. 4	41257. 2	41992. 76

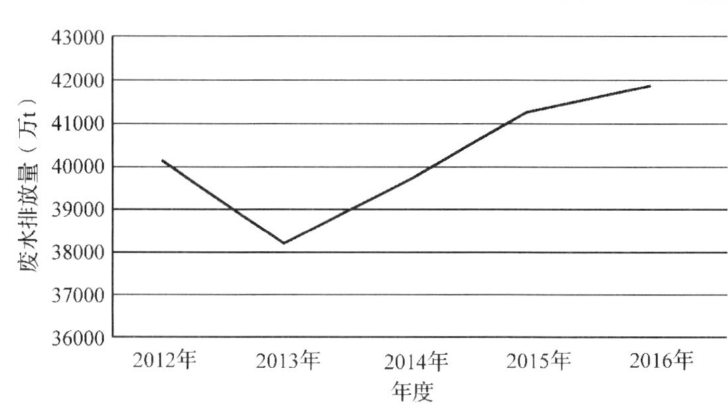

图 2-3 哈尔滨市废水排放量

由图 2-3 可见，哈尔滨市废水排放量 2013 年有明显下降，但此后几年，哈尔滨市废水排放量呈逐年上升趋势。

5. 哈尔滨市化学需氧量 COD 排放量

表 2-5 哈尔滨市化学需氧量 COD 排放量(t)

年度	2012 年	2013 年	2014 年	2015 年	2016 年
COD 排放量	314687. 8	299376. 2	294365. 1	280440. 3	70972. 4

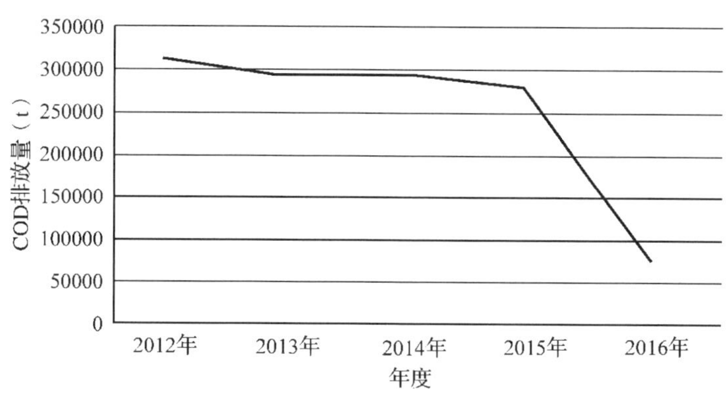

图 2-4 哈尔滨市化学需氧量 COD 排放量

如图 2-4 所示，自 2012 年以来，哈尔滨市化学需氧量排放量呈逐年下降趋势，尤其是 2015 年到 2016 年，下降趋势明显。

6. 哈尔滨市氨氮排放量

表 2-6 哈尔滨市氨氮排放量(t)

年度	2012 年	2013 年	2014 年	2015 年	2016 年
氨氮排放量	22802. 4	21207. 5	19759. 01	17688. 60	11161. 83

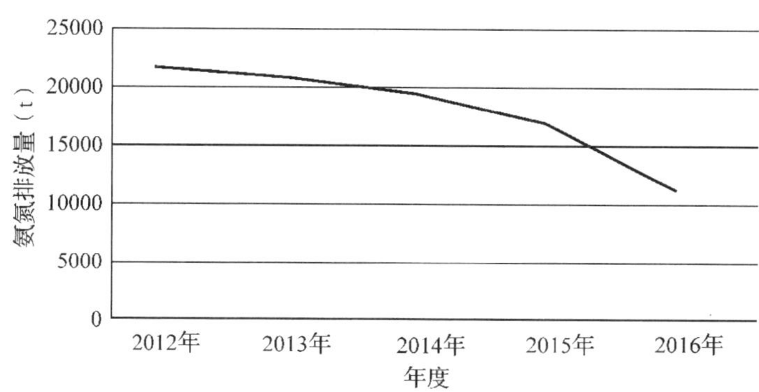

图 2-5 哈尔滨市氨氮排放量

如图 2-5 所示，自 2012 年以来，哈尔滨市氨氮排放量呈逐年下降趋势，尤其是 2015 年到 2016 年，下降趋势明显。

7. 哈尔滨市二氧化硫排放量

表 2-7 哈尔滨市二氧化硫排放量(t)

年度	2012 年	2013 年	2014 年	2015 年	2016 年
二氧化硫排放量	112758. 0	116000	120111	115261	110215. 9

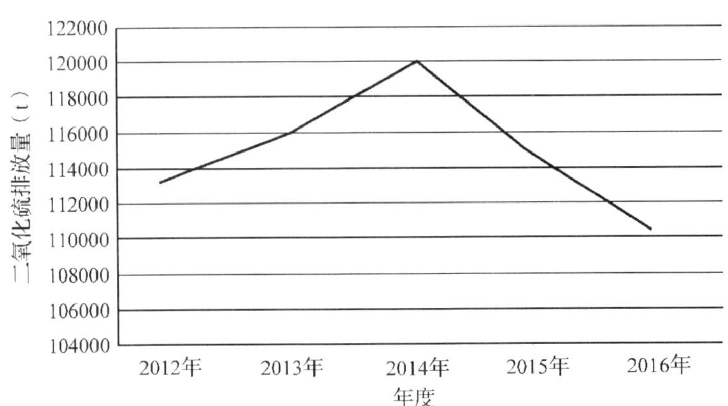

图 2-6　哈尔滨市二氧化硫排放量

如图 2-6 所示，哈尔滨市二氧化硫排放量自 2012 年开始逐年上升，到 2014 年出现拐点，二氧化硫排放量开始明显下降。

8. 哈尔滨市氮氧化物排放量

表 2-8　哈尔滨市氮氧化物排放量(t)

年度	2012 年	2013 年	2014 年	2015 年	2016 年
氮氧化物排放量	150179	146504. 3	146343	146343	126371. 7

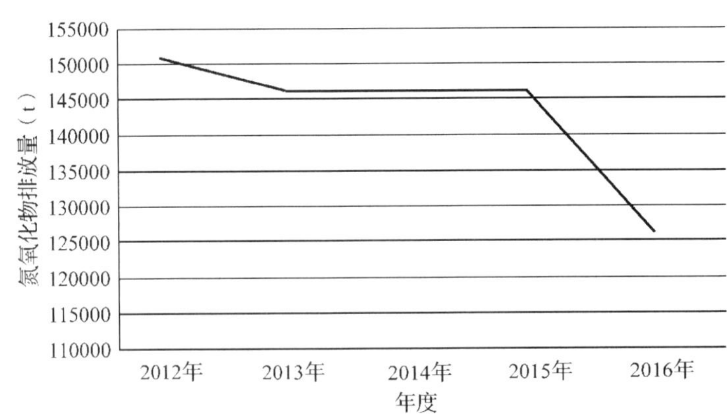

图 2-7　哈尔滨市氮氧化物排放量

由图 2-7 可见，2012 年至 2015 年哈尔滨市氮氧化物排放总量变化不大，在 2015 年出现拐点，氮氧化物的排放明显减少。

9. 哈尔滨市烟粉排放量

表 2-9　哈尔滨市烟粉排放量(t)

年度	2012 年	2013 年	2014 年	2015 年	2016 年
烟粉排放量	143123. 6	167668. 8	235684. 5	185739. 2	180189. 6

图 2-8　哈尔滨市烟粉排放量

如图 2-8 所示，哈尔滨市烟粉排放量自 2012 年开始逐年上升，在 2014 年出现拐点，烟粉排放量呈现下降趋势。

10. 哈尔滨市城市园林绿地面积

表 2-10　哈尔滨市城市园林面积（hm^2）

年度	2012 年	2013 年	2014 年	2015 年	2016 年
园林绿地面积	13177	13333	13452.0	13514.0	13797.0

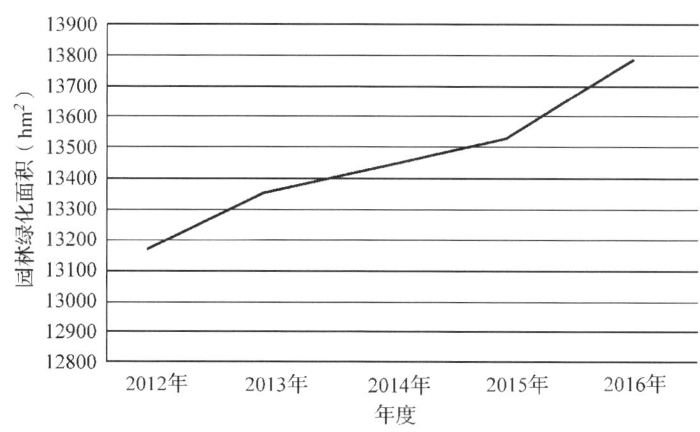

图 2-9　哈尔滨市城市园林绿地面积

如图 2-9 所示，哈尔滨市城市园林绿地面积 2012 年开始逐年上升，尤其是自 2015 年开始，哈尔滨市城市园林绿地面积上升趋势明显。

11. 哈尔滨市建成区绿化覆盖率

表 2-11　哈尔滨市建成区绿化覆盖率（%）

年度	2012 年	2013 年	2014 年	2015 年	2016 年
绿化覆盖率	37.0	36.1	35.5	35.4	33.6

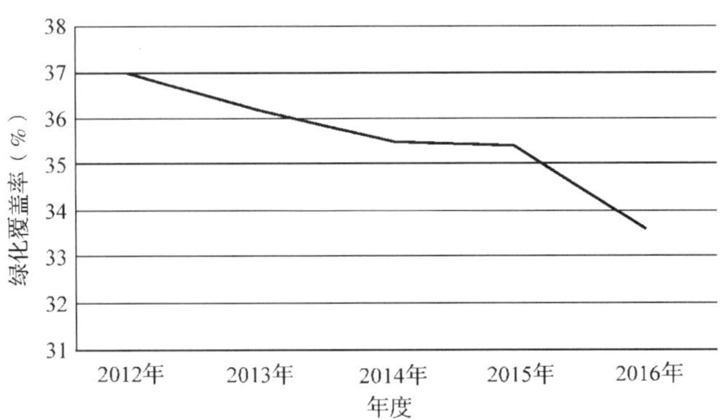

图 2-10　哈尔滨市建成区绿化覆盖率

如图 2-10 所示，哈尔滨市建成区绿化覆盖率自 2012 年开始逐年下降，尤其是 2015 年到 2016 年哈尔滨市建成区绿化覆盖率下降明显。

12. 哈尔滨市清扫保洁面积

表 2-12　哈尔滨市清扫保洁面积（万 m^2）

年度	2012 年	2013 年	2014 年	2015 年	2016 年
清扫保洁面积	6689	7125	7945	8255	8980

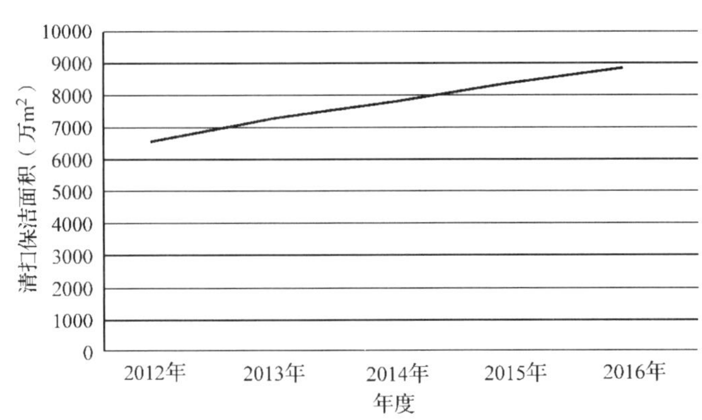

图 2-11　哈尔滨市清扫保洁面积

由图 2-11 可见，自 2012 年开始至 2016 年，哈尔滨市清扫保洁面积呈逐年缓慢上升趋势。

二、齐齐哈尔市生态环境保护

齐齐哈尔市生态环境保护二级指标单项分析结果如下。

1. 齐齐哈尔市空气质量达标天数比例

表 2-13　齐齐哈尔市空气质量达标天数比例（%）

年度	2012 年	2013 年	2014 年	2015 年	2016 年
达标天数比例	—	94. 5	85. 6	86. 8	91. 0

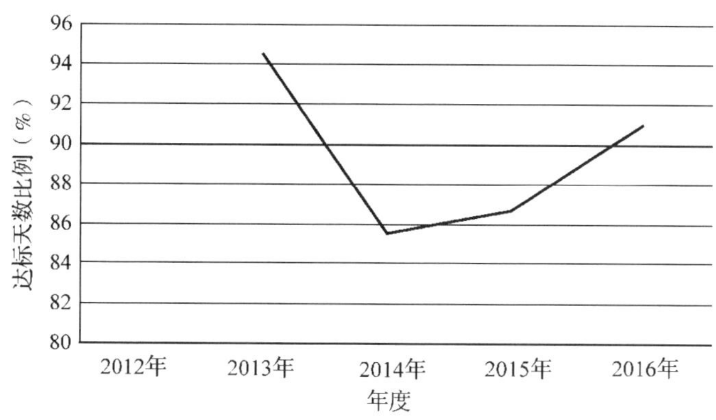

图 2-12 齐齐哈尔市空气质量达标天数比例

由图 2-12 可见，齐齐哈尔市空气质量达标天数自 2013 年到 2014 年下降明显，之后从 2014 年开始空气质量达标天数缓慢上升。

2. 齐齐哈尔市细颗粒物(PM2.5)浓度

表 2-14 齐齐哈尔市细颗粒物(PM2.5)浓度(μg/m³)

年度	2012 年	2013 年	2014 年	2015 年	2016 年
PM2.5 浓度	—	—	—	38	—

3. 齐齐哈尔市水资源总量

表 2-15 齐齐哈尔市水资源总量(亿 m³)

年度	2012 年	2013 年	2014 年	2015 年	2016 年
水资源总量	59. 50	83.6	24.9	45.6	33.1

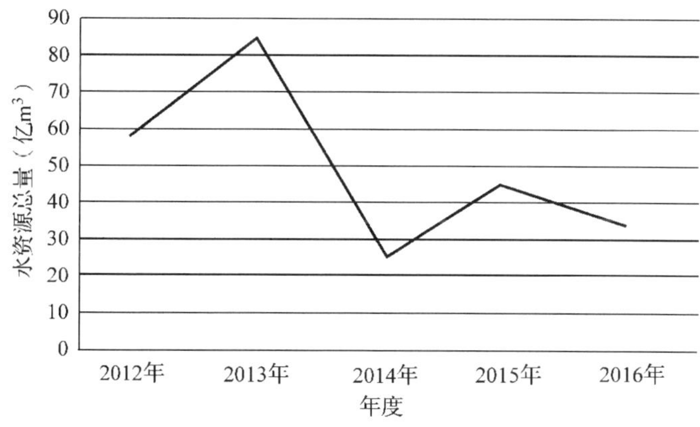

图 2-13 齐齐哈尔市水资源总量

由图 2-13 可见，齐齐哈尔市水资源总量 2012 年到 2013 年呈上升趋势，2013 年到 2014 年下降明显，2014 年到 2015 年略微回升。

4. 齐齐哈尔市废水排放量

表 2-16　齐齐哈尔市废水排放量(万 t)

年度	2012 年	2013 年	2014 年	2015 年	2016 年
废水排放量	26295. 68	21052. 7	17686. 6	17193. 9	12098. 7

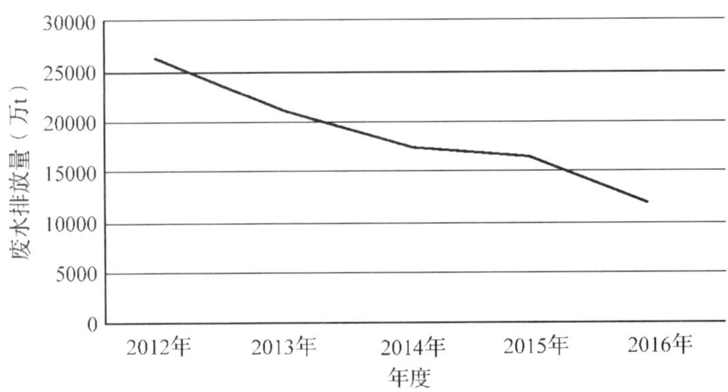

图 2-14　齐齐哈尔市废水排放量

由图 2-14 可见，齐齐哈尔市废水排放量(万吨)自 2012 年开始逐年下降，其中 2014 年到 2015 年下降幅度不大。

5. 齐齐哈尔市化学需氧量 COD 排放量

表 2-17　齐齐哈尔市化学需氧量 COD 排放量(t)

年度	2012 年	2013 年	2014 年	2015 年	2016 年
COD 排放量	235419	226241. 5	223198. 9	219338. 0	38189. 2

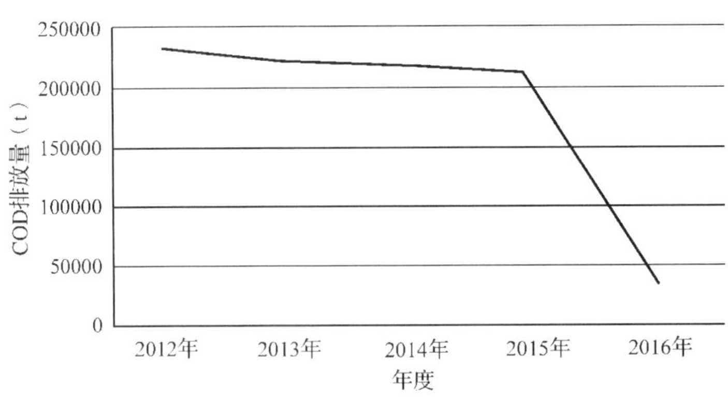

图 2-15　齐齐哈尔市化学需氧量 COD 排放量

如图 2-15 所示，2012 年至 2016 年，齐齐哈尔市化学需氧量 COD 排放量逐年下降，尤其是 2015 年到 2016 年下降明显。

6. 齐齐哈尔市氨氮排放量

表 2-18　齐齐哈尔市氨氮排放量(t)

年度	2012 年	2013 年	2014 年	2015 年	2016 年
氨氮排放量	12244	11607.8	11472.3	10908.0	4960.8

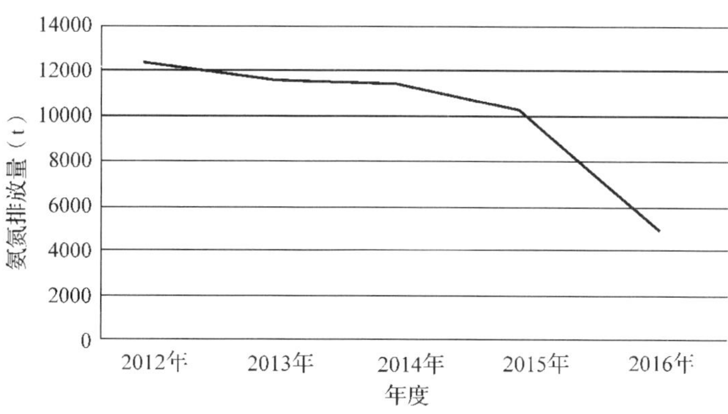

图 2-16　齐齐哈尔市氨氮排放量

如图 2-16 所示，2012 年至 2016 年，齐齐哈尔市氨氮排放量逐年下降，尤其是 2015 年到 2016 年下降明显。

7. 齐齐哈尔市二氧化硫排放量

表 2-19　齐齐哈尔市二氧化硫排放量(t)

年度	2012 年	2013 年	2014 年	2015 年	2016 年
二氧化硫排放量	83313.7	79401.0	69530.3	62281.3	39957.7

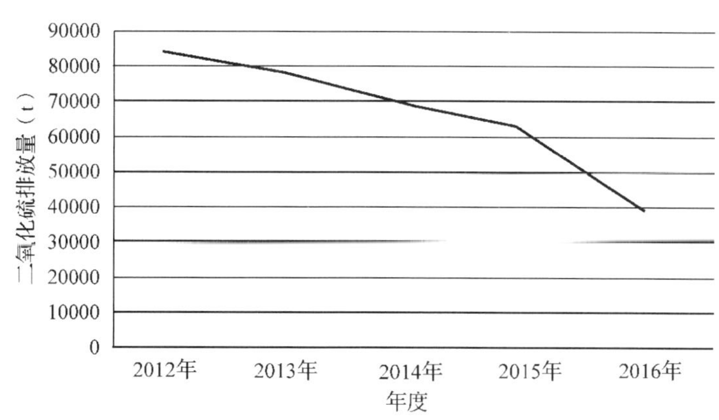

图 2-17　齐齐哈尔市二氧化硫排放量

如图 2-17 所示，2012 年至 2016 年，齐齐哈尔市二氧化硫排放量逐年下降，其中 2015 年到 2016 年齐齐哈尔市二氧化硫排放量下降明显。

8. 齐齐哈尔市氮氧化物排放量

表 2-20　齐齐哈尔市氮氧化物排放量(t)

年度	2012 年	2013 年	2014 年	2015 年	2016 年
氮氧化物排放量	117717.96	107164	103460	95304.2	66661.8

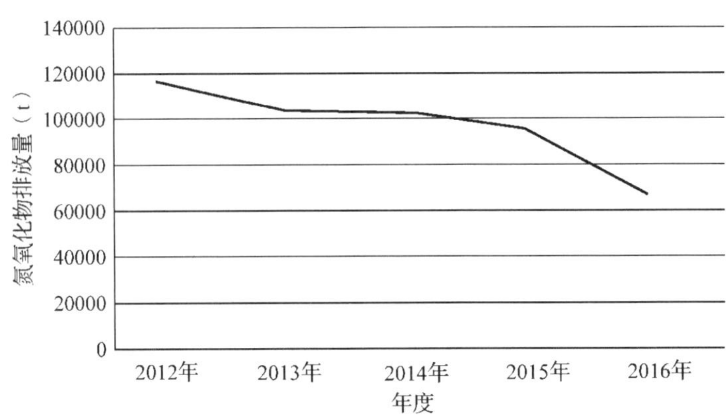

图 2-18　齐齐哈尔市氮氧化物排放量

如图 2-18 所示，2012 年至 2016 年，齐齐哈尔市氮氧化物排放量逐年下降，其中 2015 年到 2016 年齐齐哈尔市氮氧化物排放量下降趋势较明显。

9. 齐齐哈尔市烟粉排放量

表 2-21　齐齐哈尔市烟粉排放量(t)

年度	2012 年	2013 年	2014 年	2015 年	2016 年
烟粉排放量	132403.14	111084.2	117442.1	88988.0	23505.8

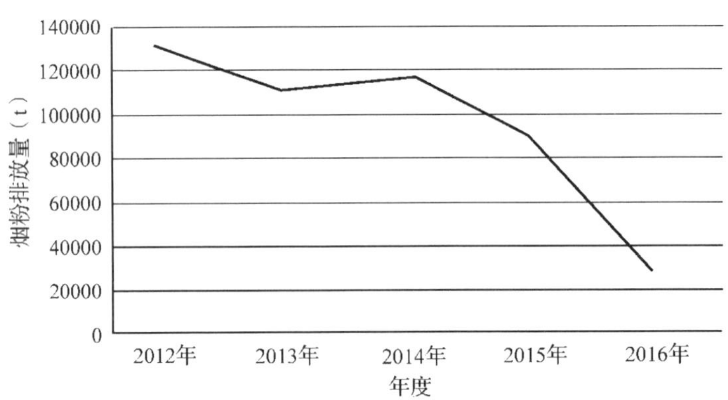

图 2-19　齐齐哈尔市烟粉排放量

由图 2-19 可见，2012 年至 2016 年期间，除 2013 年到 2014 年齐齐哈尔市烟粉排放量略有增加外，其他年份齐齐哈尔市烟粉排放量都呈下降趋势，且下降趋势较明显。

10. 齐齐哈尔市城市园林绿地面积

表 2-22 齐齐哈尔市城市园林绿地面积(hm^2)

年度	2012 年	2013 年	2014 年	2015 年	2016 年
园林绿地面积	6097	6097	6097.0	6097.0	6097.0

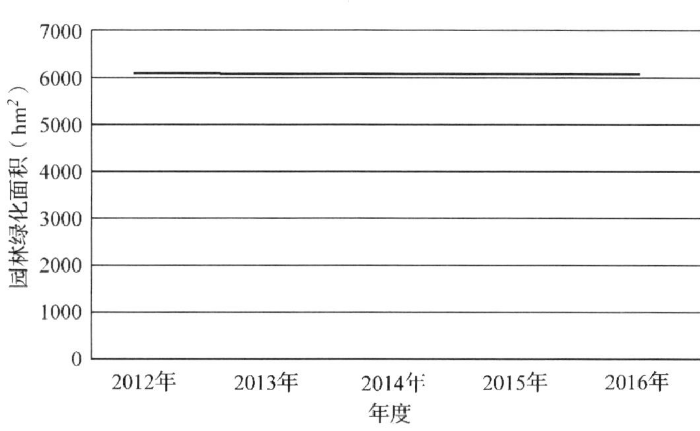

图 2-20 齐齐哈尔市城市园林绿地面积

由图 2-20 可见，齐齐哈尔市城市园林绿地面积自 2012 年以来数据未发生变化。

11. 齐齐哈尔市建成区绿化覆盖率

表 2-23 齐齐哈尔市建成区绿化覆盖率(%)

年度	2012 年	2013 年	2014 年	2015 年	2016 年
绿化覆盖率	38.6	38.6	38.6	38.6	38.6

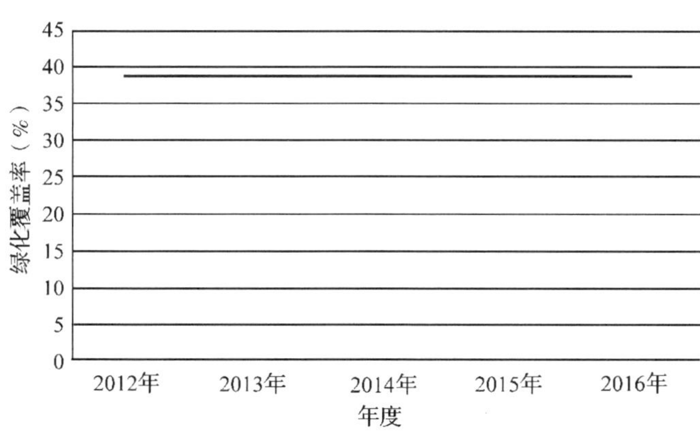

图 2-21 齐齐哈尔市建成区绿化覆盖率

由图 2-21 可见，齐齐哈尔市建成区绿化覆盖率自 2012 年至 2016 年数据未发生变化。

12. 齐齐哈尔市清扫保洁面积

表 2-24 齐齐哈尔市清扫保洁面积(万 m^2)

年度	2012 年	2013 年	2014 年	2015 年	2016 年
清扫保洁面积	1007	1051	1394	1599	1676

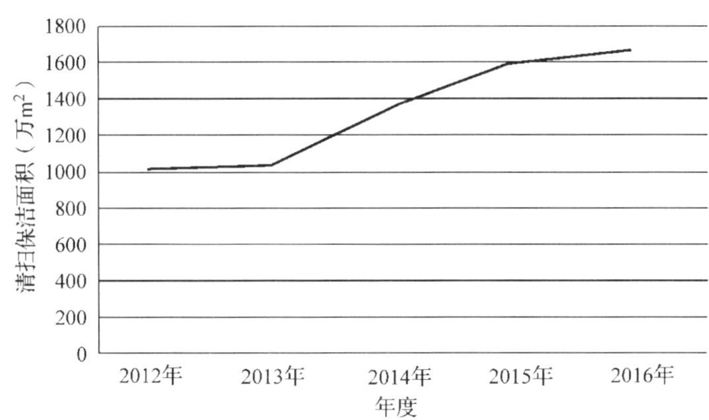

图 2-22 齐齐哈尔市清扫保洁面积

由图 2-22 可见，自 2012 年至 2016 年，齐齐哈尔市清扫保洁面积稳步上升，自 2013 年之后，上升趋势明显。

三、大庆市生态环境保护

大庆市生态环境保护二级指标单项分析结果如下。

1. 大庆市空气质量达标天数比例

表 2-25 大庆市空气质量达标天数比例(%)

年度	2012 年	2013 年	2014 年	2015 年	2016 年
达标天数比例	—	97.8	87.1	87.3	89.1

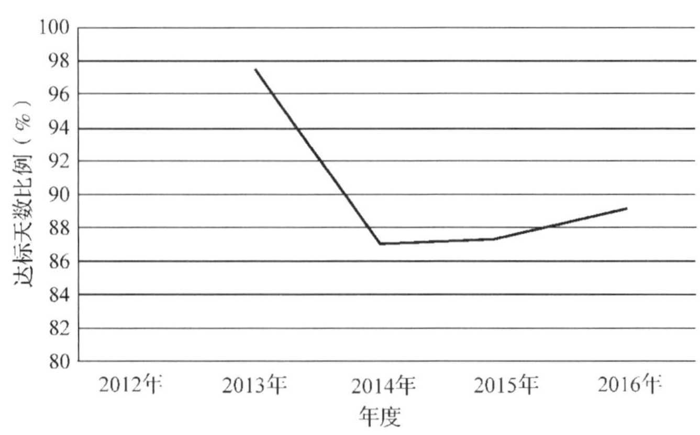

图 2-23 大庆市空气质量达标天数比例

由图 2-23 可见，2013 年至 2014 年大庆市空气质量达标天数比例下降明显，从 2014 年开始空气质量达标天数比例呈上升趋势，但变化不大。

2. 大庆市细颗粒物(PM2.5)浓度

表 2-26 大庆市细颗粒物(PM2.5)浓度(μg/m³)

年度	2012 年	2013 年	2014 年	2015 年	2016 年
PM2.5 浓度	—	—	—	45	—

3. 大庆市水资源总量

表 2-27 大庆市水资源总量(亿 m³)

年度	2012 年	2013 年	2014 年	2015 年	2016 年
水资源总量	17.24	21.9	3.2	19.3	16.7

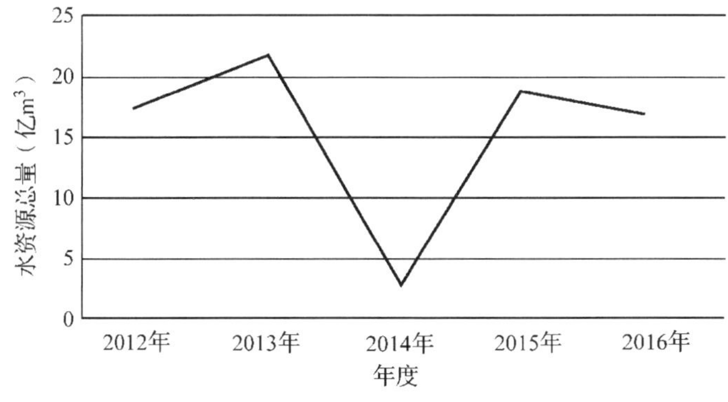

图 2-24 大庆市水资源总量

由图 2-24 可见，大庆市水资源总量在 2014 年下降明显，其余年份水资源总量数值变化不明显。

4. 大庆市废水排放量

表 2-28 大庆市废水排放量(万 t)

年度	2012 年	2013 年	2014 年	2015 年	2016 年
废水排放量	15401.0	14506.2	13450.3	14014.6	14229.7

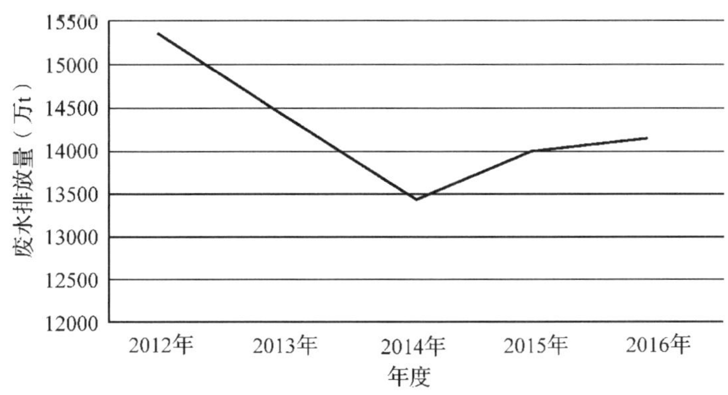

图 2-25 大庆市废水排放量

由图 2-25 可见，2012 年至 2014 年大庆市废水排放量呈下降趋势，以 2014 年为拐点，自 2014 年开始，废水排放量重新开始回升。

5. 大庆市化学需氧量 COD 排放量

表 2-29 大庆市化学需氧量 COD 排放量(t)

年度	2012 年	2013 年	2014 年	2015 年	2016 年
COD 排放量	145112.3	142792.2	138945.0	136779.0	4641.5

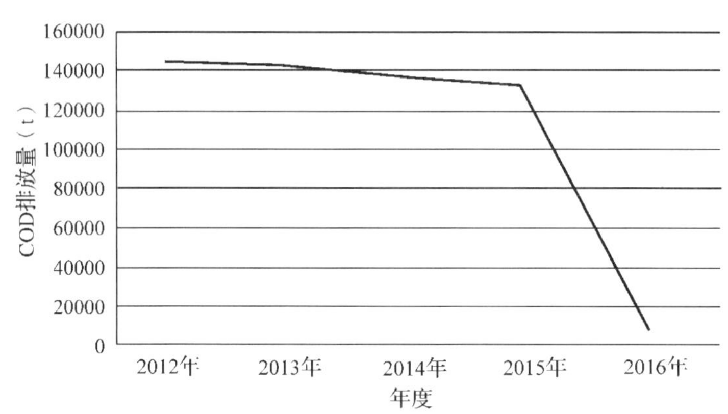

图 2-26 大庆市化学需氧量 COD 排放量

由图 2-26 可见，2012 年至 2015 年大庆市化学需氧量 COD 排放量变化不大，2015 年出现拐点，化学需氧量 COD 排放量急剧下降。

6. 大庆市氨氮排放量

表 2-30 大庆市氨氮排放量(t)

年度	2012 年	2013 年	2014 年	2015 年	2016 年
氨氮排放量	5887.8	5658.2	5443.0	5299.0	1166.9

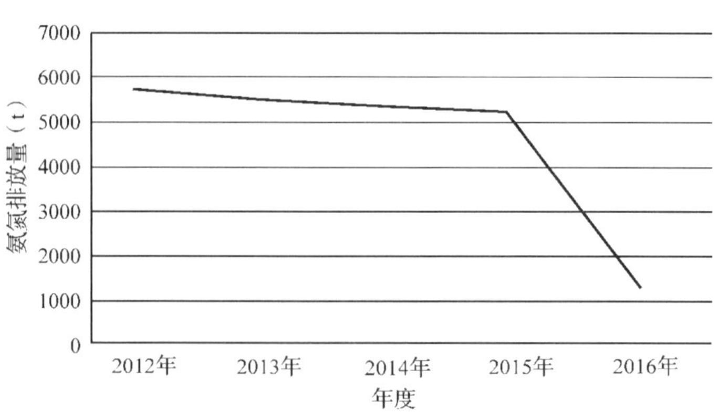

图 2-27 大庆市氨氮排放量

由图 2-27 可见，2012 年至 2015 年大庆市氨氮排放量变化不大，2015 年出现拐点，氨氮排放量下降明显。

7. 大庆市二氧化硫排放量

表 2-31 大庆市二氧化硫排放量(t)

年度	2012 年	2013 年	2014 年	2015 年	2016 年
二氧化硫排放量	57140.0	49120.0	40522.0	39346.0	22041.6

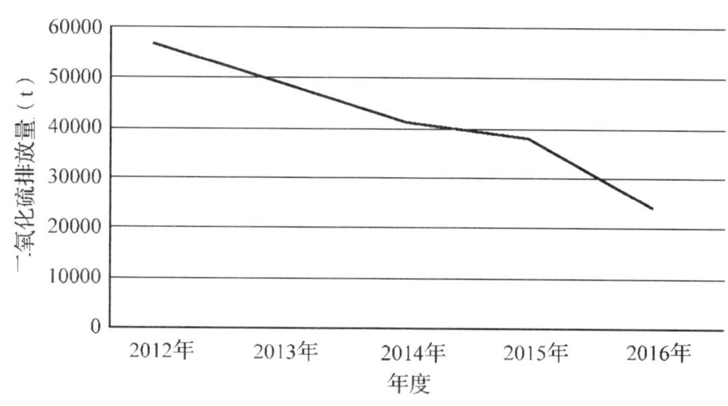

图 2-28 大庆市二氧化硫排放量

由图 2-28 可见，自 2012 年开始至 2016 年，大庆市二氧化硫排放量呈逐年下降趋势，其中 2014 年至 2015 年下降不明显，2015 年至 2016 年下降趋势明显。

8. 大庆市氮氧化物排放量

表 2-32 大庆市氮氧化物排放量(t)

年度	2012 年	2013 年	2014 年	2015 年	2016 年
氮氧化物排放量	98895.0	96924.9	95728.8	74443.0	63154.2

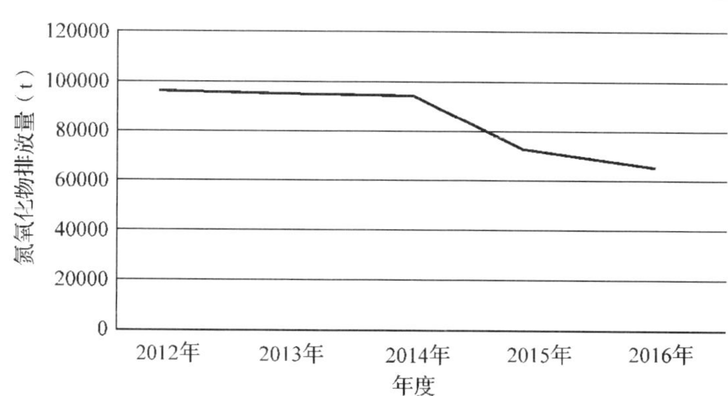

图 2-29 大庆市氮氧化物排放量

由图 2-29 可见，2012 年至 2016 年，大庆市氮氧化物排放量总体呈下降趋势，其中 2012 年至 2014 年下降趋势不明显，自 2014 年开始下降趋势明显。

9. 大庆市烟粉排放量

表 2-33 大庆市烟粉排放量(t)

年度	2012 年	2013 年	2014 年	2015 年	2016 年
烟粉排放量	38378.0	33930.2	47271.4	33824.9	26138.2

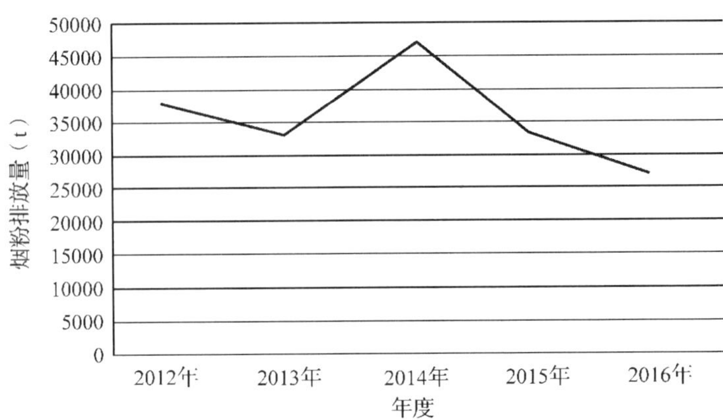

图 2-30 大庆市烟粉排放量

由图 2-30 可见，2012 年至 2013 年大庆市烟粉排放量下降，2013 年至 2014 年烟粉排放量明显上升，此后两年呈下降趋势。

10. 大庆市城市园林绿地面积

表 2-34 大庆市城市园林绿地面积(hm^2)

年度	2012 年	2013 年	2014 年	2015 年	2016 年
园林绿地面积	21576	22172	22355.0	22410.0	22455.6

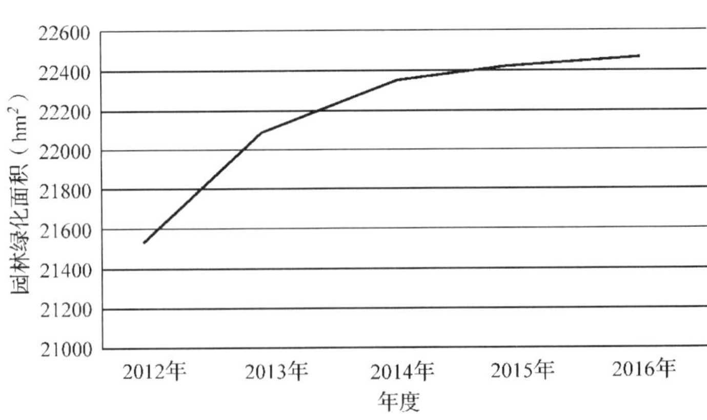

图 2-31 大庆市城市园林绿地面积

由图 2-31 可见，2012 年开始，大庆市城市园林绿地面积逐年上升，其中 2012 年至 2013 年上升趋势明显，2014 年之后增速减缓。

11. 大庆市建成区绿化覆盖率

表 2-35 大庆市建成区绿化覆盖率(%)

年度	2012 年	2013 年	2014 年	2015 年	2016 年
绿化覆盖率	43.2	45.3	45.4	45.6	45.5

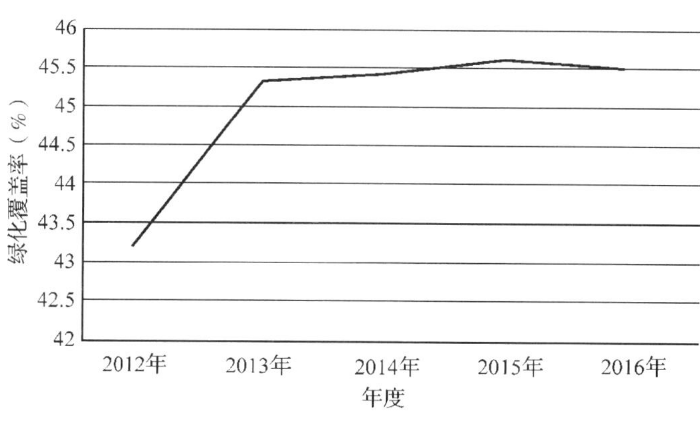

图 2-32 大庆市建成区绿化覆盖率

由图 2-32 可见，2012 年开始，大庆市建成区绿化覆盖率逐年上升，其中 2012 年至 2013 年上升趋势明显，2014 年之后增速减缓，2015 年至 2016 年略有下降。

12. 大庆市清扫保洁面积

表 2-36 大庆市清扫保洁面积(万 m^2)

年度	2012 年	2013 年	2014 年	2015 年	2016 年
清扫保洁面积	2600	3502	3502	3542	3542

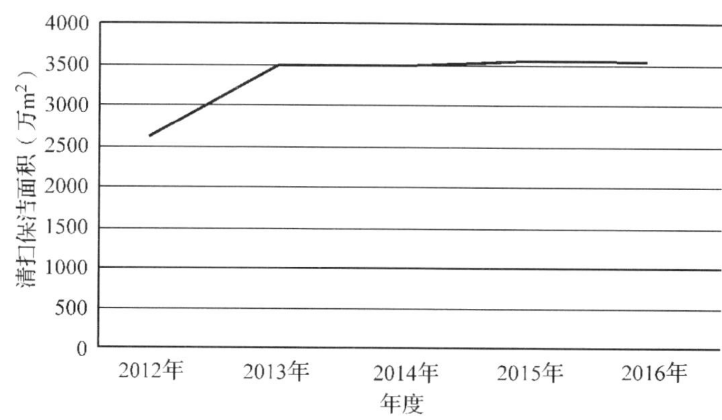

图 2-33 大庆市清扫保洁面积

由图 2-33 可见，2012 年至 2013 年大庆市清扫保洁面积明显上升，2013 年、2014 年清扫保洁面积未发生变动，2015 年至 2016 年清扫保洁面积未发生变动。

四、牡丹江市生态环境保护

牡丹江市生态环境保护二级指标单项分析结果如下。

1. 牡丹江市空气质量达标天数比例

表 2-37 牡丹江市空气质量达标天数比例(%)

年度	2012 年	2013 年	2014 年	2015 年	2016 年
达标天数比例	—	98.1	73.2	79.7	89.9

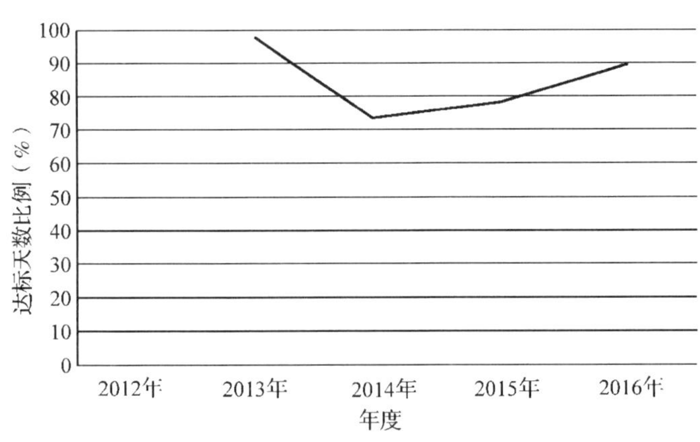

图 2-34 牡丹江市空气质量达标天数比例

由图 2-34 可见，2013 年至 2014 年，牡丹江市空气质量达标天数比例自 2013 年急剧下降，自 2014 年开始呈缓慢上升趋势。

2. 牡丹江市细颗粒物(PM2.5)浓度

表 2-38 牡丹江市细颗粒物(PM2.5)浓度(μg/m³)

年度	2012 年	2013 年	2014 年	2015 年	2016 年
PM2.5 浓度	—	—	—	48	—

3. 牡丹江市水资源总量

表 2-39 牡丹江市水资源总量(亿 m³)

年度	2012 年	2013 年	2014 年	2015 年	2016 年
水资源总量	92.14	133.3	116.8	88.3	101.0

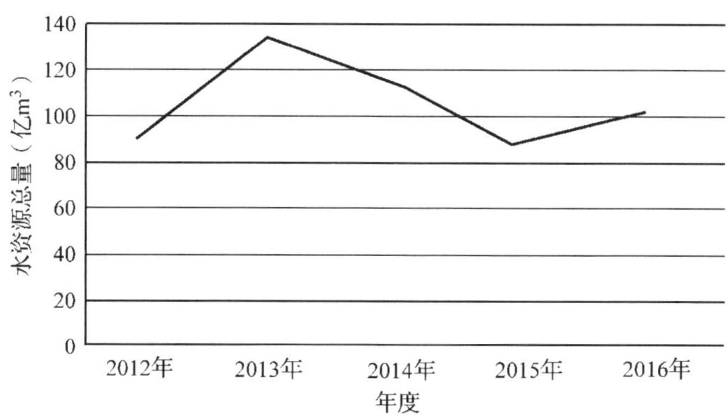

图 2-35　牡丹江市水资源总量

由图 2-35 可见，牡丹江市水资源总量 2012 年至 2013 年呈上升趋势，之后开始呈下降趋势，2015 年开始重新上升。

4. 牡丹江市废水排放量

表 2-40　牡丹江市废水排放量(万 t)

年度	2012 年	2013 年	2014 年	2015 年	2016 年
废水排放量	9672. 0	9162. 0	8512. 8	8455. 3	9904. 3

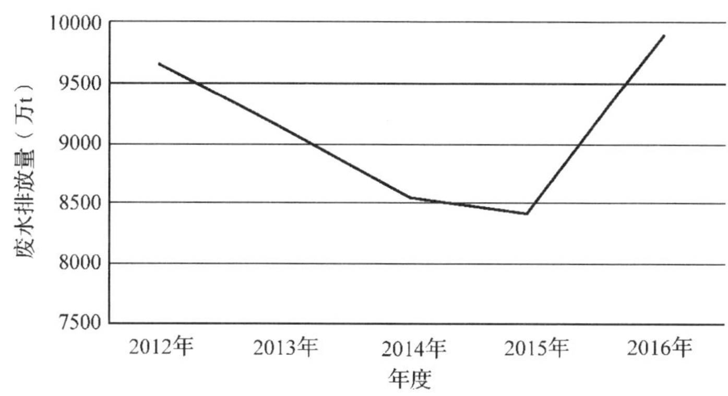

图 2-36　牡丹江市废水排放量

由图 2-36 可见，2012 年至 2014 年牡丹江市废水排放量呈下降趋势，2014 年至 2015 年废水排放量较平稳，2015 年至 2016 年废水排放量急剧上升。

5. 牡丹江市化学需氧量 COD 排放量

表 2-41　牡丹江市化学需氧量 COD 排放量(t)

年度	2012 年	2013 年	2014 年	2015 年	2016 年
COD 排放量	51218. 1	48995. 9	48565. 2	48776. 7	19874. 8

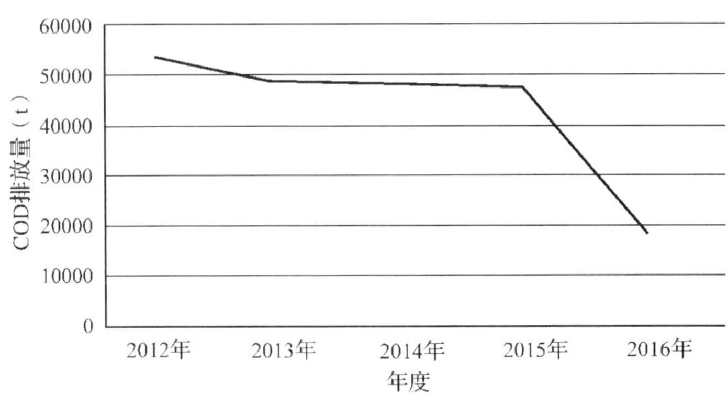

图 2-37　牡丹江市化学需氧量 COD 排放量

由图 2-37 可见，2012 年至 2015 年，牡丹江市化学需氧量 COD 排放量呈下降趋势，但下降趋势不明显，2015 年至 2016 年化学需氧量 COD 排放量下降明显。

6. 牡丹江市氨氮排放量

表 2-42　牡丹江市氨氮排放量(t)

年度	2012 年	2013 年	2014 年	2015 年	2016 年
氨氮排放量	5168. 0	4951. 6	4893. 3	4837. 8	3478. 7

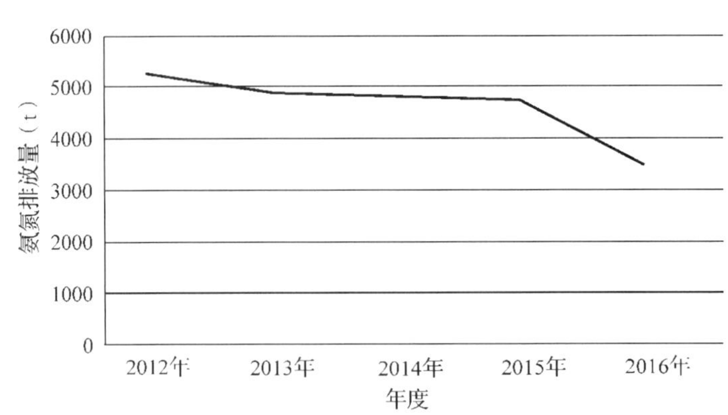

图 2-38　牡丹江市氨氮排放量

由图 2-38 可见，2012 年至 2015 年，牡丹江市氨氮排放量下降缓慢，以 2015 年为拐点，2016 年氨氮排放量下降明显。

7. 牡丹江市二氧化硫排放量

表 2-43　牡丹江市二氧化硫排放量(t)

年度	2012 年	2013 年	2014 年	2015 年	2016 年
二氧化硫排放量	33462. 2	34732. 2	33157. 0	37049. 8	19825. 6

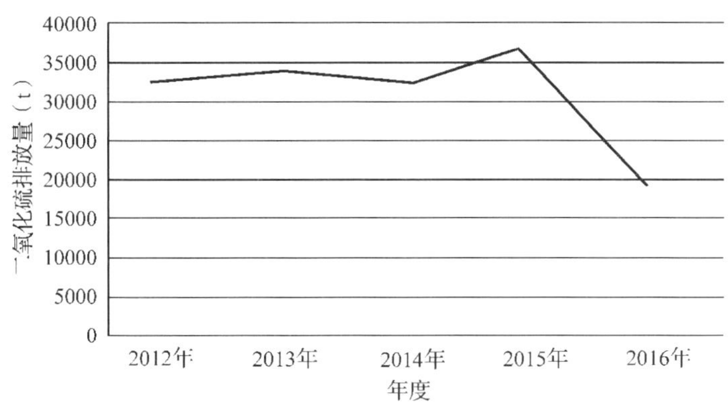

图 2-39 牡丹江市二氧化硫排放量

由图 2-39 可见，2012 年至 2014 年，牡丹江市二氧化硫排放量变化不大，2014 年至 2015 年二氧化硫排放量略有上升，2016 年明显下降。

8. 牡丹江市氮氧化物排放量

表 2-44 牡丹江市氮氧化物排放量(t)

年度	2012 年	2013 年	2014 年	2015 年	2016 年
氮氧化物排放量	64667. 7	59361. 1	54885. 0	52525. 1	33729. 0

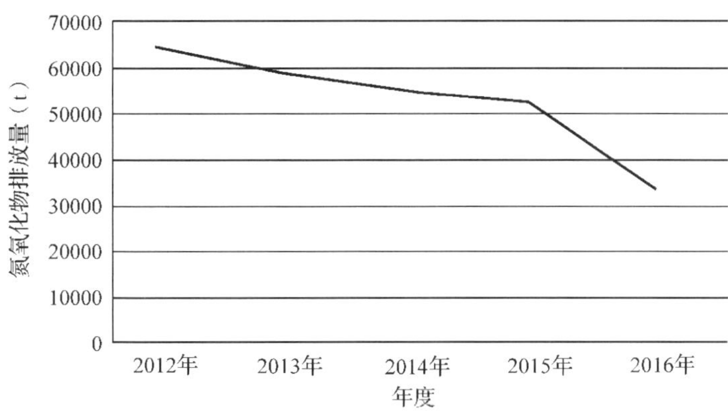

图 2-40 牡丹江市氮氧化物排放量

由图 2-40 可见，2012 年至 2015 年，牡丹江市氮氧化物排放量缓慢下降，2015 年至 2016 年氮氧化物排放量明显下降。

9. 牡丹江市烟粉排放量

表 2-45 牡丹江市烟粉排放量(t)

年度	2012 年	2013 年	2014 年	2015 年	2016 年
烟粉排放量	47597. 5	55887. 6	69001. 6	42419. 9	17987. 4

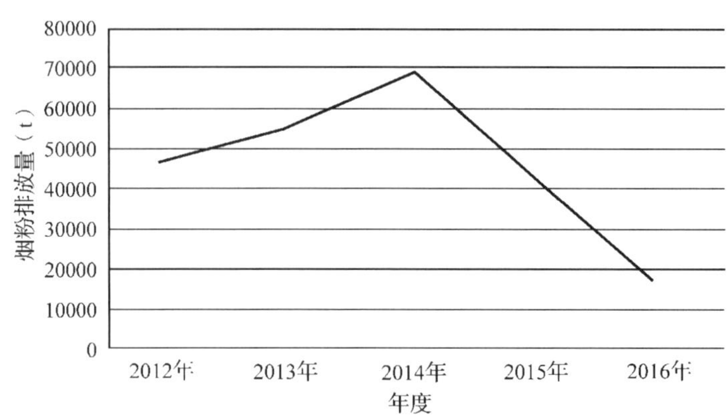

图 2-41 牡丹江市烟粉排放量

由图 2-41 可见，2012 年至 2014 年牡丹江市烟粉排放量逐年上升，2014 年出现拐点，烟粉排放量稳步下降。

10. 牡丹江市城市园林绿地面积

表 2-46 牡丹江市城市园林绿地面积(hm^2)

年度	2012 年	2013 年	2014 年	2015 年	2016 年
园林绿地面积	5080	5105	5182.0	5155.0	5160.0

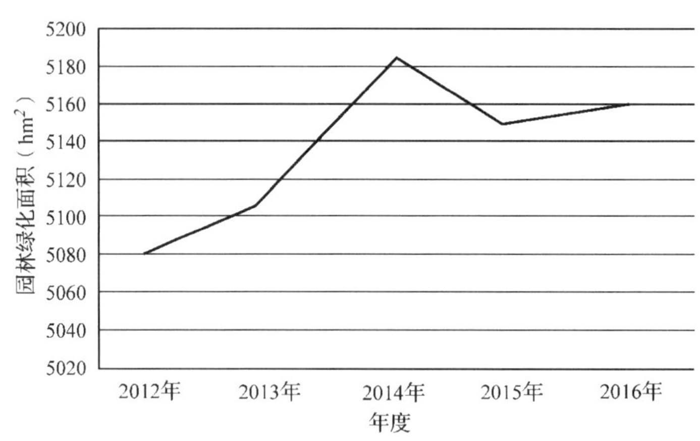

图 2-42 牡丹江市城市园林绿地面积

由图 2-42 可见，2012 年至 2014 年牡丹江市城市园林绿地面积呈上升趋势，其中 2013 年到 2014 年上升明显，2014 年后出现回落，2016 年牡丹江市城市园林绿地面积较上年变化不大。

11. 牡丹江市建成区绿化覆盖率

表 2-47 牡丹江市建成区绿化覆盖率(%)

年度	2012 年	2013 年	2014 年	2015 年	2016 年
绿化覆盖率	38.8	38.8	37.6	20.6	21.0

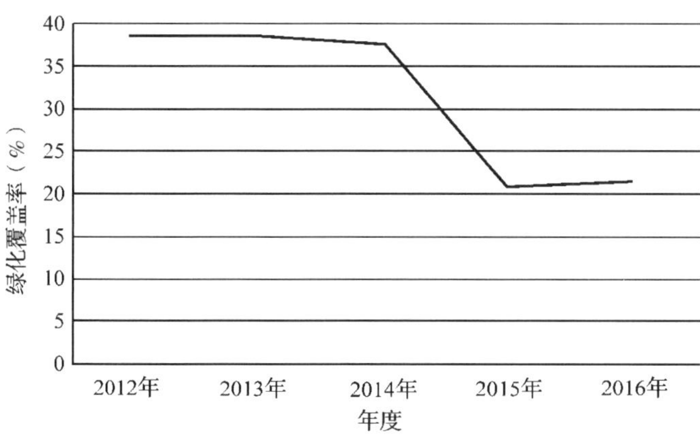

图 2-43 牡丹江市建成区绿化覆盖率

由图 2-43 可见，2012 年至 2014 年牡丹江市建成区绿化覆盖率变化不大，2014 年出现拐点，下降明显，2016 年较 2015 年略有增加。

12. 牡丹江市清扫保洁面积

表 2-48 牡丹江市清扫保洁面积(万 m^2)

年度	2012 年	2013 年	2014 年	2015 年	2016 年
清扫保洁面积	1204	1400	1300	1300	1399

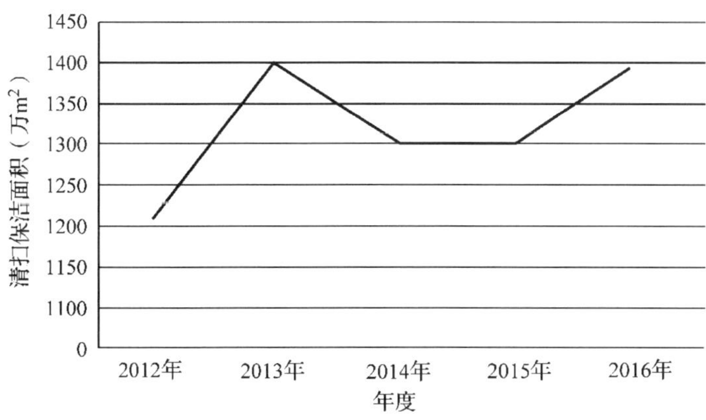

图 2-44 牡丹江市清扫保洁面积

由图 2-44 可见，2013 年，牡丹江市清扫保洁面积上升明显，2013 年之后回落，2014 年至 2015 年数值变化不明显，2016 年牡丹江市清扫保洁面积重新上升。

五、鸡西市生态环境保护

鸡西市生态环境保护二级指标单项分析结果如下。

1. 鸡西市空气质量达标天数比例

表 2-49 鸡西市空气质量达标天数比例(%)

年度	2012 年	2013 年	2014 年	2015 年	2016 年
达标天数比例	—	91.5	96.2	93.4	94.0

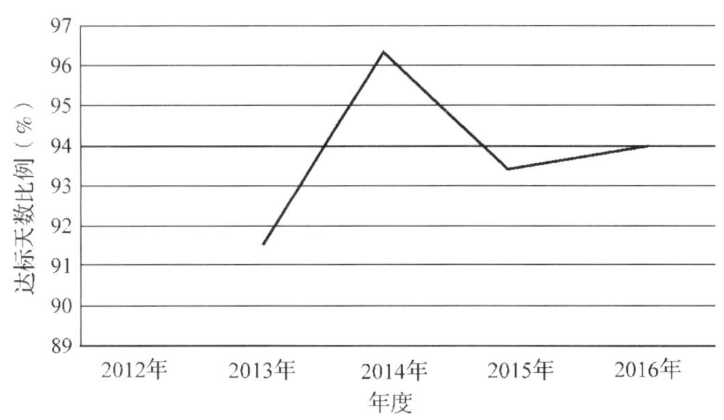

图 2-45 鸡西市空气质量达标天数比例

如图 2-45 所示，2014 年度鸡西市空气质量达标天数比例明显上升，2015 年达标天数比例回落，2016 年略有好转。

2. 鸡西市细颗粒物(PM2.5)浓度

表 2-50 鸡西市细颗粒物(PM2.5)浓度(μg/m³)

年度	2012 年	2013 年	2014 年	2015 年	2016 年
PM2.5 浓度	—	—	—	29	—

3. 鸡西市水资源总量

表 2-51 鸡西市水资源总量(亿 m³)

年度	2012 年	2013 年	2014 年	2015 年	2016 年
水资源总量	39.22	65.5	51.7	40.6	46.0

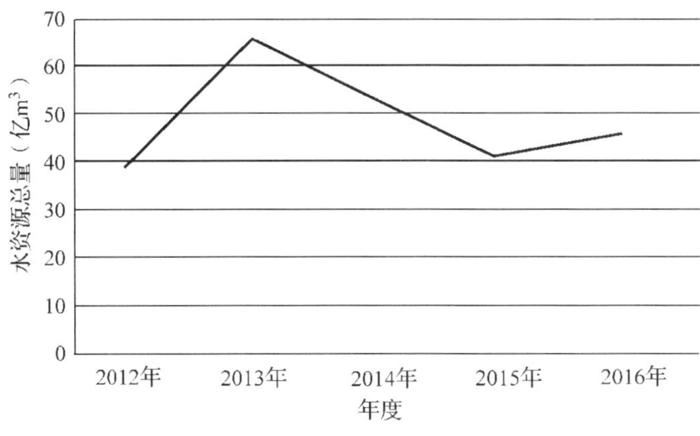

图 2-46　鸡西市水资源总量

如图 2-46 所示，2013 年鸡西市水资源总量明显上升，2014 年至 2015 年水资源总量均呈回落状态，2016 年小幅回升。

4. 鸡西市废水排放量

表 2-52　鸡西市废水排放量(万 t)

年度	2012 年	2013 年	2014 年	2015 年	2016 年
废水排放量	9780. 2	7799. 6	7171. 2	6575. 7	5589. 8

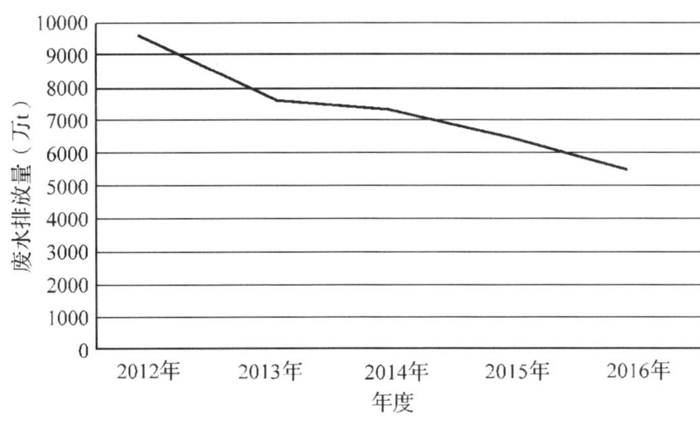

图 2-47　鸡西市废水排放量

如图 2-47 所示，2012 至 2016 年，鸡西市废水排放量呈不断回落趋势，其中 2013 年废水排放量下降较明显。

5. 鸡西市化学需氧量 COD 排放量

表 2-53　鸡西市化学需氧量 COD 排放量(t)

年度	2012 年	2013 年	2014 年	2015 年	2016 年
COD 排放量	40572. 8	39031. 9	38205. 0	37443. 0	19321. 4

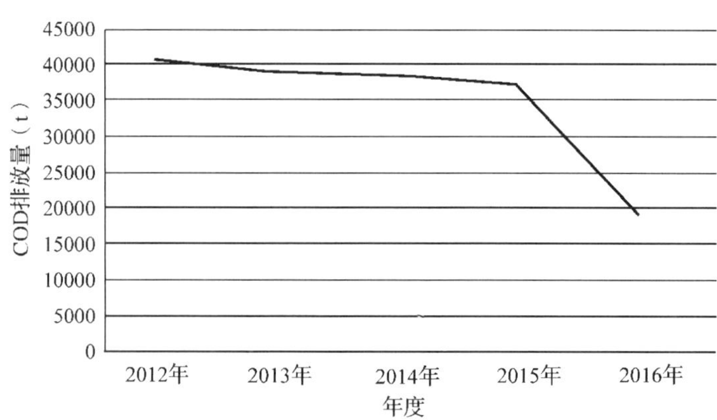

图 2-48　鸡西市化学需氧量 COD 排放量

由图 2-48 可见，2012 年至 2015 年，鸡西市化学需氧量 COD 排放量呈逐年下降趋势，2015 年出现拐点，下降趋势明显。

6. 鸡西市氨氮排放量

表 2-54　鸡西市氨氮排放量(t)

年度	2012 年	2013 年	2014 年	2015 年	2016 年
氨氮排放量	3564. 8	3403. 9	3325. 0	3233. 3	2620. 6

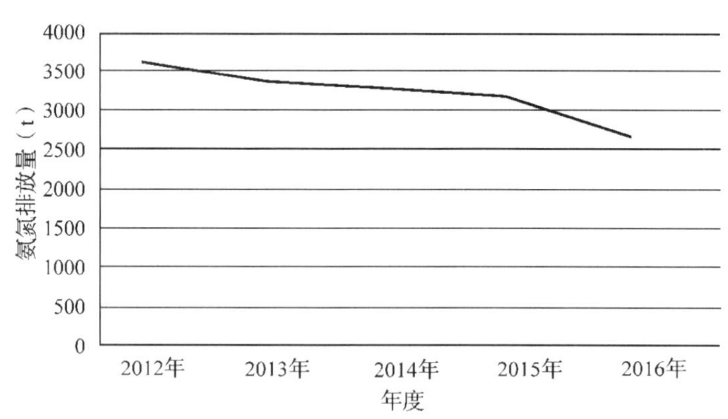

图 2-49　鸡西市氨氮排放量

由图 2-49 可见，2012 年至 2015 年，鸡西市氨氮排放量呈逐年下降趋势，2015 年出现拐点，氨氮排放量明显下降。

7. 鸡西市二氧化硫排放量

表 2-55　鸡西市二氧化硫排放量(t)

年度	2012 年	2013 年	2014 年	2015 年	2016 年
二氧化硫排放量	28435. 5	25751. 0	24734. 0	22032. 1	9903. 8

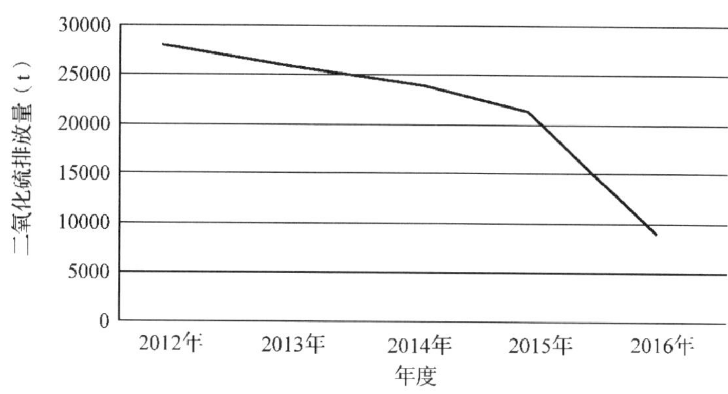

图 2-50 鸡西市二氧化硫排放量

由图 2-50 可见，2012 年至 2015 年，鸡西市二氧化硫排放量逐年下降，2015 年出现拐点，2016 年二氧化硫排放量明显下降。

8. 鸡西市氮氧化物排放量

表 2-56 鸡西市氮氧化物排放量(t)

年度	2012 年	2013 年	2014 年	2015 年	2016 年
氮氧化物排放量	30224. 4	31469. 0	30649. 3	26242. 1	19609. 7

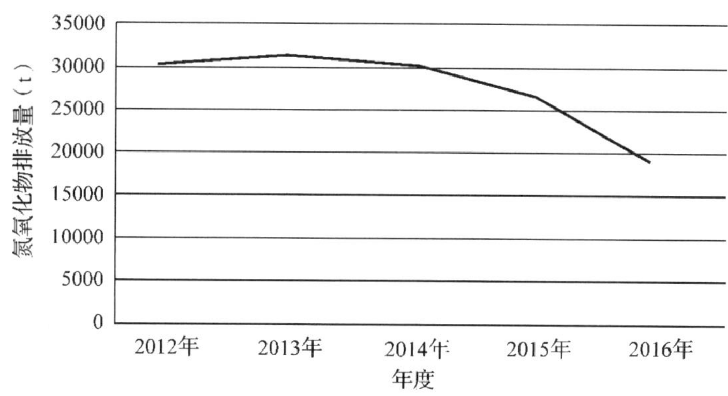

图 2-51 鸡西市氮氧化物排放量

由图 2-51 可见，2013 年鸡西市氮氧化物排放量略有上升，自 2014 年开始，鸡西市氮氧化物排放量均处于回落状态。

9. 鸡西市烟粉排放量

表 2-57 鸡西市烟粉排放量(t)

年度	2012 年	2013 年	2014 年	2015 年	2016 年
烟粉排放量	77391. 5	89655. 9	41415. 6	43467. 6	8506. 2

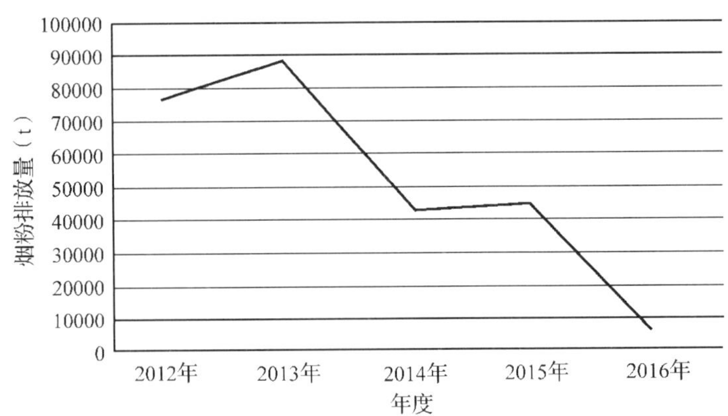

图 2-52 鸡西市烟粉排放量

由图 2-52 所示，2013 年鸡西市烟粉排放量呈上升趋势，2014 年情况好转，烟粉排放量下降明显，2015 年小幅升高，2016 年呈下降趋势。

10. 鸡西市城市园林绿地面积

表 2-58 鸡西市城市园林绿地面积（hm^2）

年度	2012 年	2013 年	2014 年	2015 年	2016 年
园林绿地面积	2872	2803	2803.0	2808.5	2808.5

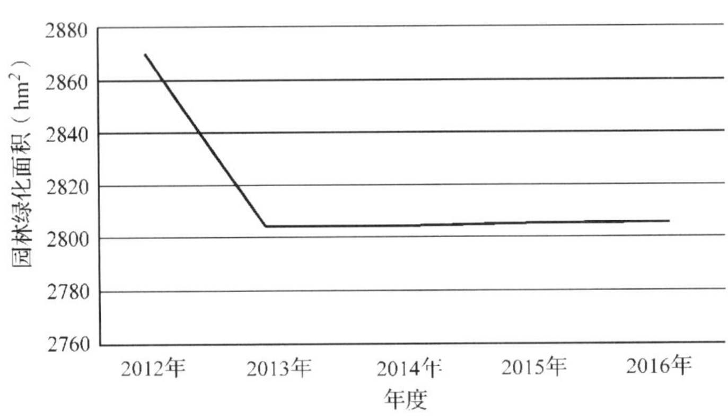

图 2-53 鸡西市城市园林绿地面积

由图 2-53 可见，2013 年鸡西市城市园林绿地面积减少较大，2014 年、2015 年、2016 年鸡西市城市园林绿地面积变化不明显。

11. 鸡西市建成区绿化覆盖率

表 2-59 鸡西市建成区绿化覆盖率（%）

年度	2012 年	2013 年	2014 年	2015 年	2016 年
绿化覆盖率	42.5	40.1	40.1	39.5	38.9

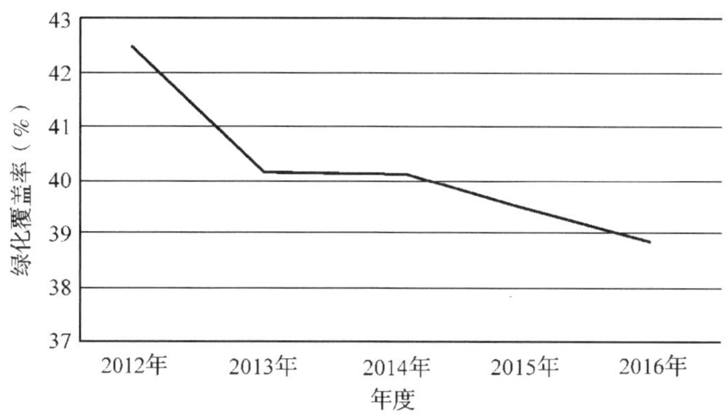

图 2-54 鸡西市建成区绿化覆盖率

由图 2-54 可见，2013 年 鸡西市建成区绿化覆盖率下降明显，此后几年鸡西市建成区绿化覆盖率均处下降趋势。

12. 鸡西市清扫保洁面积

表 2-60 鸡西市清扫保洁面积(万 m^2)

年度	2012 年	2013 年	2014 年	2015 年	2016 年
清扫保洁面积	565	376	560	610	620

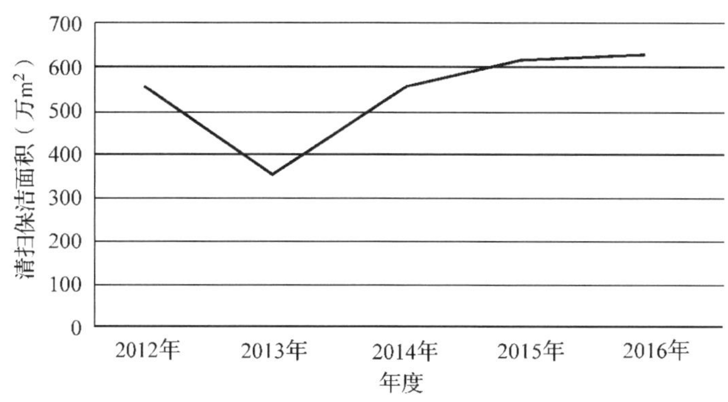

图 2-55 鸡西市清扫保洁面积

由图 2-55 所示，2013 年鸡西市清扫保洁面积明显下降，此后几年鸡西市清扫保洁面积均处上升态势，其中 2014 年鸡西市清扫保洁面积上升较明显。

六、鹤岗市生态环境保护

鹤岗市生态环境保护二级指标单项分析结果如下。

1. 鹤岗市空气质量达标天数比例

表 2-61 鹤岗市空气质量达标天数比例(%)

年度	2012 年	2013 年	2014 年	2015 年	2016 年
达标天数比例	—	89.6	80.1	89.6	90.9

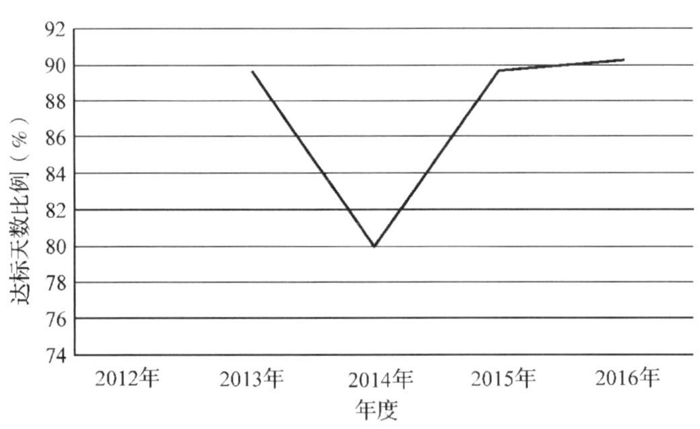

图 2-56 鹤岗市空气质量达标天数比例

由图 2-56 可见，2014 年鹤岗市空气质量达标天数比例明显下降，2015 年恢复至 2013 年左右水平，2016 年空气质量达标天数比例略有上升。

2. 鹤岗市细颗粒物(PM2.5)浓度

按照黑龙江省生态环境厅官方网站根据《中华人民共和国环境保护法》的规定，发布的《二〇一三年黑龙江省环境状况公报》显示：2013 年并未将 PM2.5 浓度运用于空气环境质量监测。

按照黑龙江省生态环境厅官方网站根据《中华人民共和国环境保护法》的规定，发布的《二〇一四年黑龙江省环境状况公报》显示：2014 年并未将 PM2.5 浓度运用于空气环境质量监测。

表 2-62 鹤岗市细颗粒物(PM2.5)浓度($\mu g/m^3$)

年度	2012 年	2013 年	2014 年	2015 年	2016 年
PM2.5 浓度	—	—	—	48	—

3. 鹤岗市水资源总量

表 2-63 鹤岗市水资源总量(亿 m^3)

年度	2012 年	2013 年	2014 年	2015 年	2016 年
水资源总量	37.83	57.6	38.3	33.4	49.0

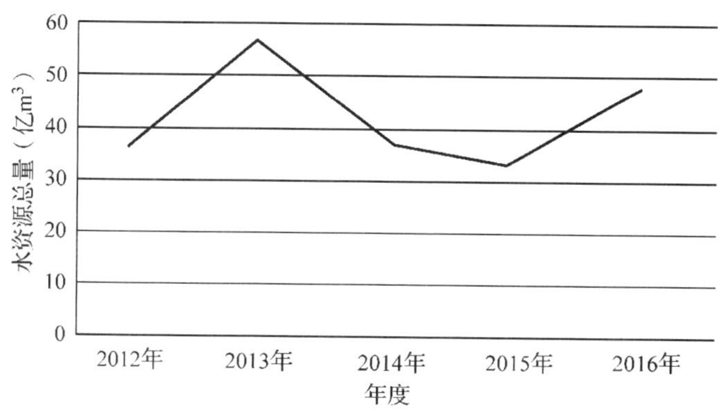

图 2-57 鹤岗市水资源总量

由图 2-57 可见，鹤岗市水资源总量 2012 年与 2014 年较接近，2013 年水资源总量上升明显，2016 年水资源总量也处于上升趋势。

4. 鹤岗市废水排放量

表 2-64 鹤岗市鹤岗市废水排放量(万 t)

年度	2012 年	2013 年	2014 年	2015 年	2016 年
废水排放量	7308.7	6651.5	6529.8	7159.0	7960.0

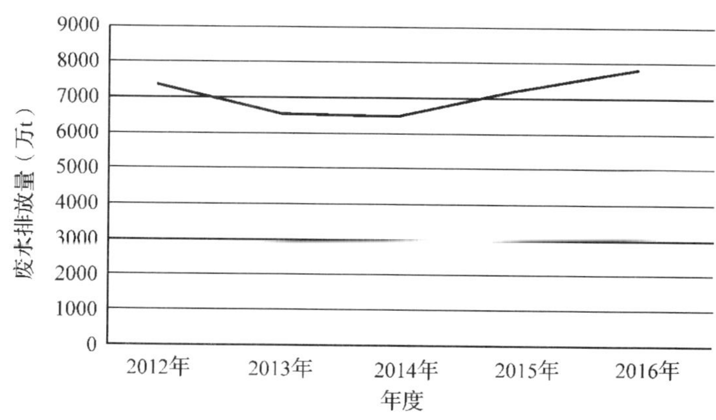

图 2-58 鹤岗市废水排放量

由图 2-58 可见，2013 年、2014 年鹤岗市废水排放量均处小幅降落趋势，2015 年、2016 年废水排放量重新处于回升态势。

5. 鹤岗市化学需氧量 COD 排放量

表 2-65 鹤岗市化学需氧量 COD 排放量(t)

年度	2012 年	2013 年	2014 年	2015 年	2016 年
COD 排放量	28017.0	26663.3	25538.8	23731.1	11913.7

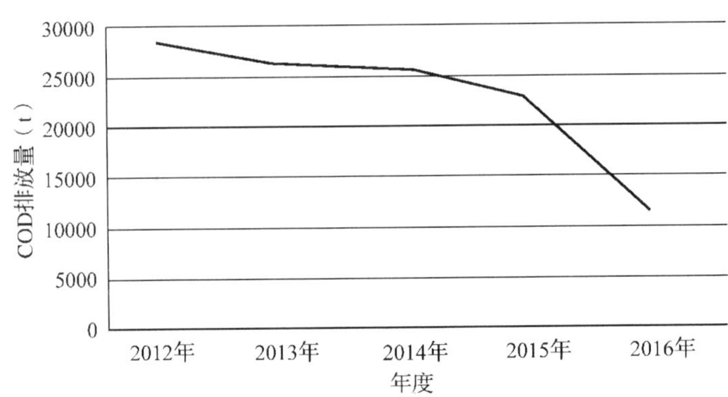

图 2-59 鹤岗市化学需氧量 COD 排放量

由图 2-59 可见，2012 年至 2016 年鹤岗市化学需氧量 COD 排放量逐年下降，其中以 2016 年下降尤为显著。

6. 鹤岗市氨氮排放量

表 2-66 鹤岗市氨氮排放量(t)

年度	2012 年	2013 年	2014 年	2015 年	2016 年
氨氮排放量	2369.0	2287.8	2258.0	2031.7	1883.9

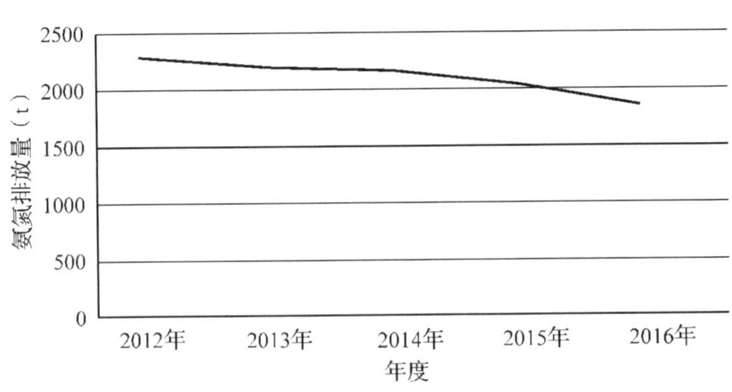

图 2-60 鹤岗市氨氮排放量

由图 2-60 可见，除 2014 年外，2012 年至 2016 年，鹤岗市氨氮排放量每年均处小幅回落趋势。

7. 鹤岗市二氧化硫排放量

表 2-67　鹤岗市二氧化硫排放量(t)

年度	2012 年	2013 年	2014 年	2015 年	2016 年
二氧化硫排放量	19670.0	17720.5	17208.5	19843.4	12149.8

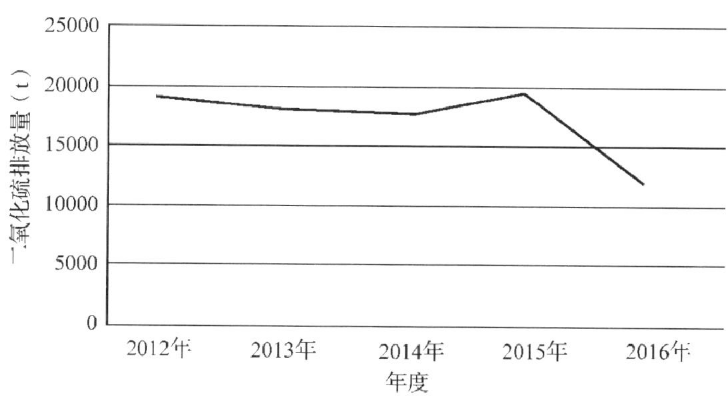

图 2-61　鹤岗市二氧化硫排放量

由图 2-61 可见，2013 年、2014 年鹤岗市二氧化硫排放量处于下降趋势，2015 年重新出现升高，2016 年下降较明显。

8. 鹤岗市氮氧化物排放量

表 2-68　鹤岗市氮氧化物排放量(t)

年度	2012 年	2013 年	2014 年	2015 年	2016 年
氮氧化物排放量	39886.0	38892.4	30307.9	25110.3	21750.6

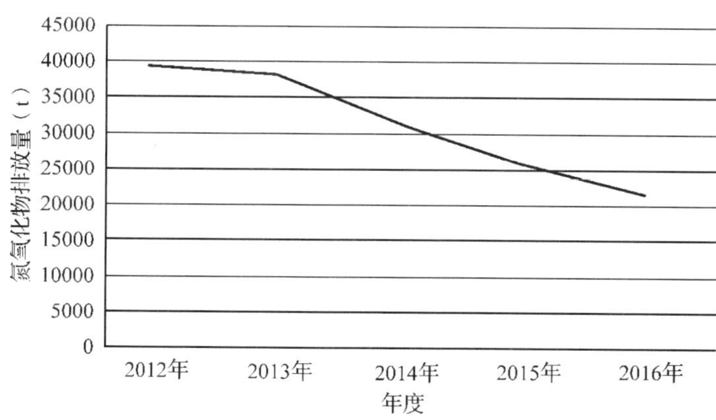

图 2-62　鹤岗市氮氧化物排放量

9. 鹤岗市烟粉排放量

表 2-69 鹤岗市烟粉排放量(t)

年度	2012 年	2013 年	2014 年	2015 年	2016 年
烟粉排放量	32640. 1	33173. 9	26605. 2	27457. 7	25731. 8

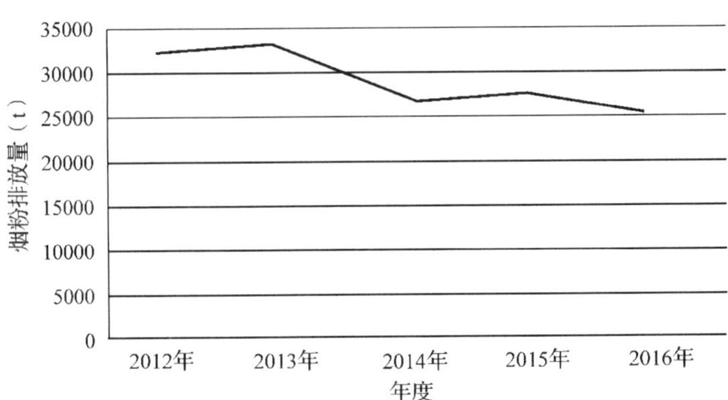

图 2-63 鹤岗市烟粉排放量

由图 2-63 可见，2013 年、2015 年鹤岗市烟粉排放量均呈小幅上升趋势，2014 年回落较明显，2016 年小幅回落。

10. 鹤岗市城市园林绿地面积

表 2-70 鹤岗市城市园林绿地面积(hm^2)

年度	2012 年	2013 年	2014 年	2015 年	2016 年
园林绿地面积	2824	2863	2886. 0	2897. 0	2903. 0

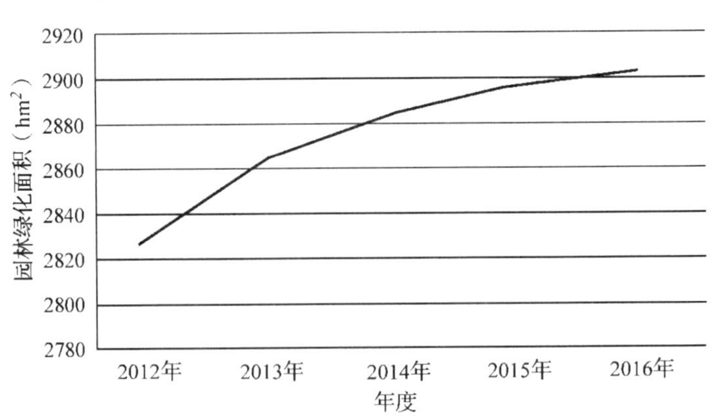

图 2-64 鹤岗市城市园林绿地面积

由图 2-64 可见，2012 年至 2016 年，鹤岗市城市园林绿地面积逐年上升，其中 2013 年增幅最大。2015 年、2016 年增幅较平稳。

11. 鹤岗市建成区绿化覆盖率

表 2-71 鹤岗市建成区绿化覆盖率(%)

年度	2012 年	2013 年	2014 年	2015 年	2016 年
绿化覆盖率	43.1	41.8	42.2	42.3	42.4

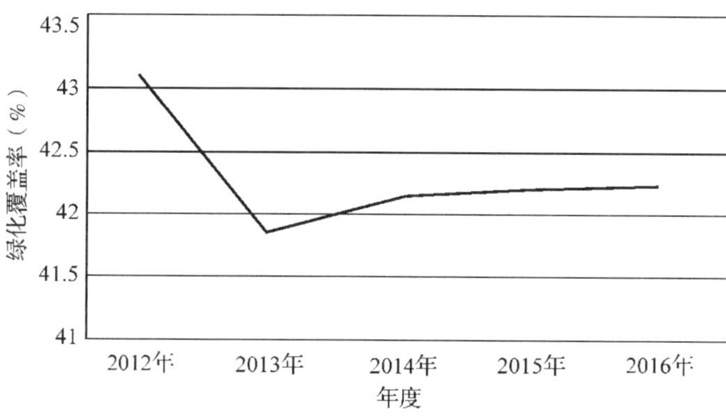

图 2-65 鹤岗市建成区绿化覆盖率

由图 2-65 可见，2013 年鹤岗市建成区绿化覆盖率明显下降，2014 年至 2016 年鹤岗市建成区绿化覆盖率处上升趋势，2015 年、2016 年数值变化不大。

12. 鹤岗市清扫保洁面积

表 2-72 鹤岗市清扫保洁面积(万 m^2)

年度	2012 年	2013 年	2014 年	2015 年	2016 年
清扫保洁面积	364	382	397	436	448

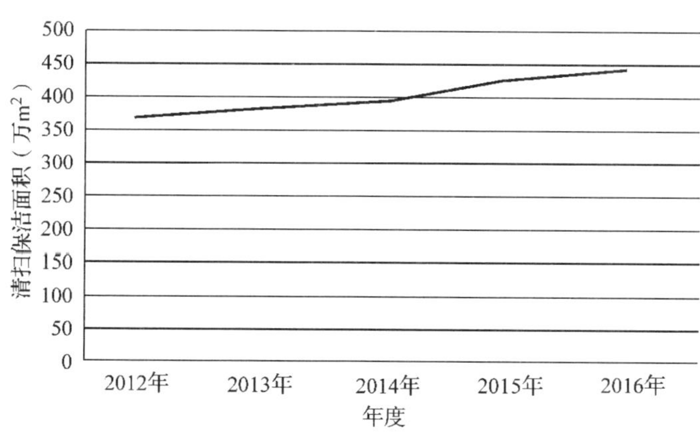

图 2-66 鹤岗市清扫保洁面积

由图 2-66 可见，2012 年至 2016 年，鹤岗市清扫保洁面积逐年上升，2015 年上升趋势相对明显。

七、双鸭山市生态环境保护

双鸭山市生态环境保护二级指标单项分析结果如下。

1. 双鸭山市空气质量达标天数比例

表 2-73 双鸭山市空气质量达标天数比例(%)

年度	2012 年	2013 年	2014 年	2015 年	2016 年
达标天数比例	—	94	97	87.7	92.1

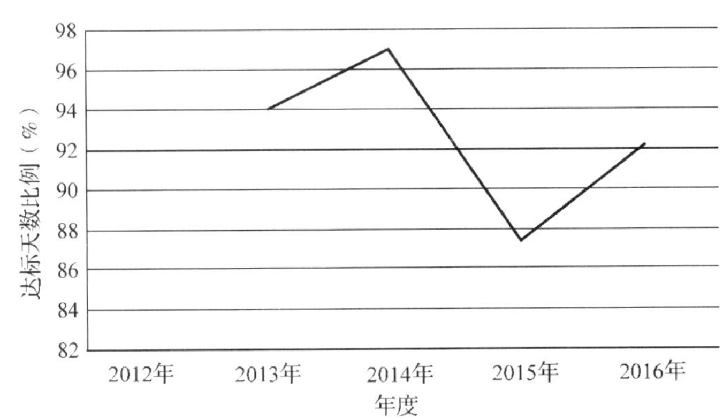

图 2-67 双鸭山市空气质量达标天数比例

由图 2-67 可见，2014 年双鸭山市空气质量达标情况较好，2015 年空气质量较 2014 年出现下降趋势，2016 年空气质量小幅回升。

2. 双鸭山市细颗粒物(PM2.5)浓度

表 2-74 双鸭山市细颗粒物(PM2.5)浓度(μg/m³)

年度	2012 年	2013 年	2014 年	2015 年	2016 年
PM2.5 浓度	—	—	—	43	—

3. 双鸭山市水资源总量

表 2-75 双鸭山市水资源总量(亿 m³)

年度	2012 年	2013 年	2014 年	2015 年	2016 年
水资源总量	34.56	72.4	43.9	42.6	40.0

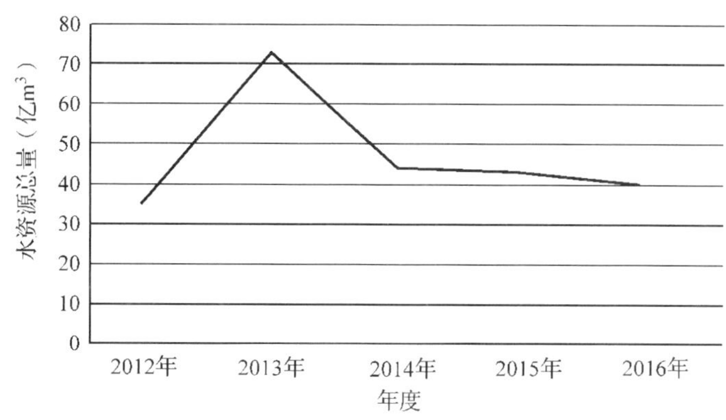

图 2-68 双鸭山市水资源总量

如图 2-68 所示，2013 年双鸭山市水资源总量较高，2014 年出现下降趋势，2015 年、2016 年水资源总量变化幅度较小。

4. 双鸭山市废水排放量

表 2-76 双鸭山市废水排放量(万 t)

年度	2012 年	2013 年	2014 年	2015 年	2016 年
废水排放量	6431. 2	6400. 2	6270. 5	6735. 9	6743. 3

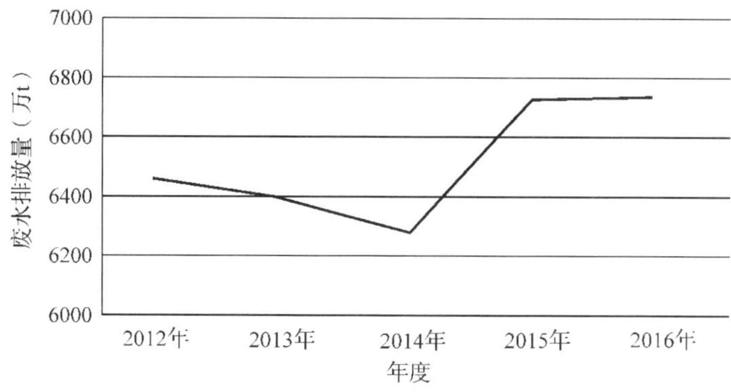

图 2-69 双鸭山市废水排放量

由图 2-69 可见，2013 年至 2015 年，双鸭山市废水排放量呈逐年小幅下降趋势，2016 年，双鸭山市废水排放量明显下降。

5. 双鸭山市化学需氧量 COD 排放量

表 2-77 双鸭山市化学需氧量 COD 排放量(t)

年度	2012 年	2013 年	2014 年	2015 年	2016 年
COD 排放量	50794. 5	49258. 9	47466. 6	47331. 0	13628. 6

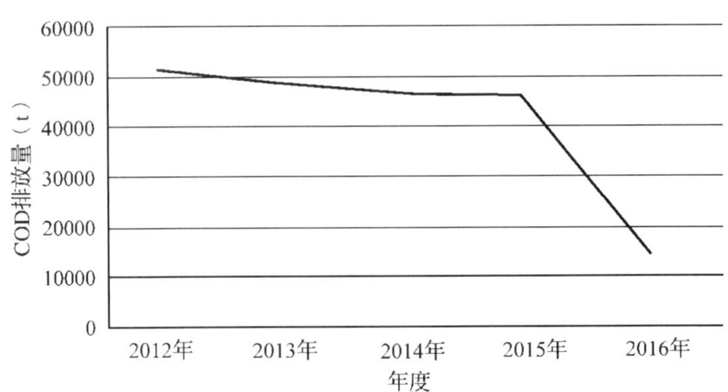

图 2-70　双鸭山市化学需氧量 COD 排放量

由图 2-70 可见，2013 年至 2015 年，双鸭山市化学需氧量 COD 排放量呈逐年小幅下降趋势，2016 年，化学需氧量 COD 排放量下降比较明显。

6. 双鸭山市氨氮排放量

表 2-78　双鸭山市氨氮排放量(t)

年度	2012 年	2013 年	2014 年	2015 年	2016 年
氨氮排放量	3541. 2	3388. 1	3241. 6	3218. 0	1723. 7

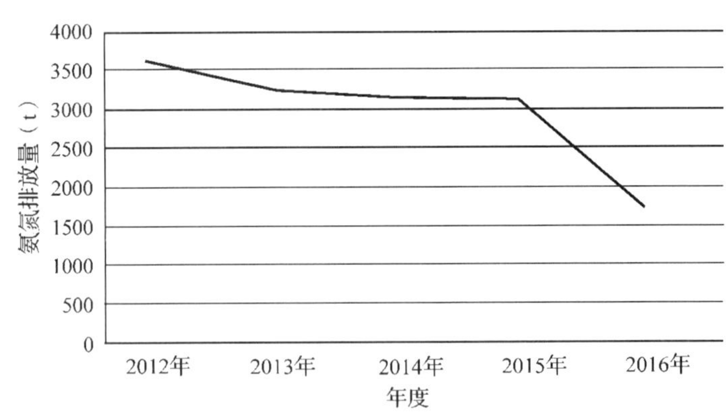

图 2-71　双鸭山市氨氮排放量

由图 2-71 可见，2013 年至 2015 年，双鸭山市氨氮排放量均呈下降趋势，氨氮排放量变化不大。2016 年，双鸭山市氨氮排放量明显下降。

7. 双鸭山市二氧化硫排放量

表 2-79　双鸭山市二氧化硫排放量(t)

年度	2012 年	2013 年	2014 年	2015 年	2016 年
二氧化硫排放量	34589. 1	23907. 0	26522. 2	26091. 0	21176. 9

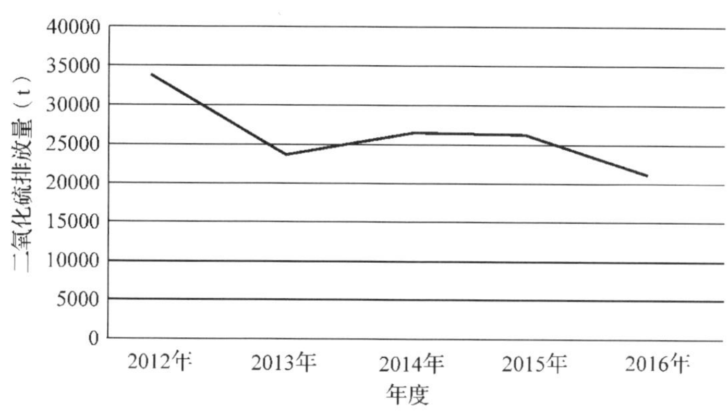

图 2-72　双鸭山市二氧化硫排放量

由图 2-72 可见，2013 年双鸭山市二氧化硫排放量下降明显，2014 年略有升高，2015 年与 2014 年差距不大，2016 年继续呈下降趋势。

8. 双鸭山市氮氧化物排放量

表 2-80　双鸭山市氮氧化物排放量(t)

年度	2012 年	2013 年	2014 年	2015 年	2016 年
氮氧化物排放量	54424.4	53239.0	48927.4	40119.0	30056.3

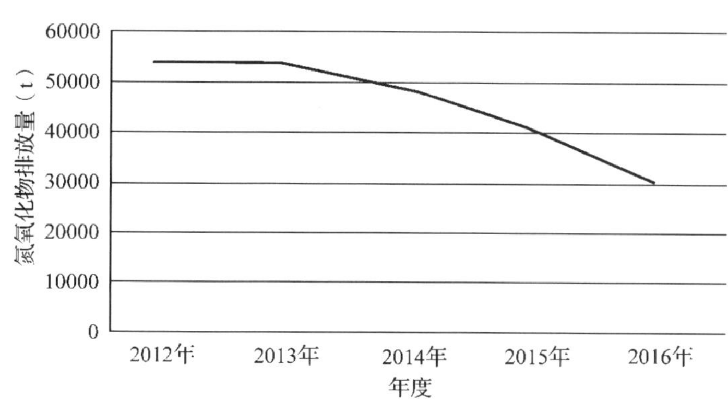

图 2-73　双鸭山市氮氧化物排放量

由图 2-73 可见，2012 年至 2016 年双鸭山市氮氧化物排放量逐年下降，其中 2015 年、2016 年排放总量减少幅度较大。

9. 双鸭山市烟粉排放量

表 2-81　双鸭山市烟粉排放量(t)

年度	2012 年	2013 年	2014 年	2015 年	2016 年
烟粉排放量	45620.3	38722.1	50768.6	47994.6	37698.9

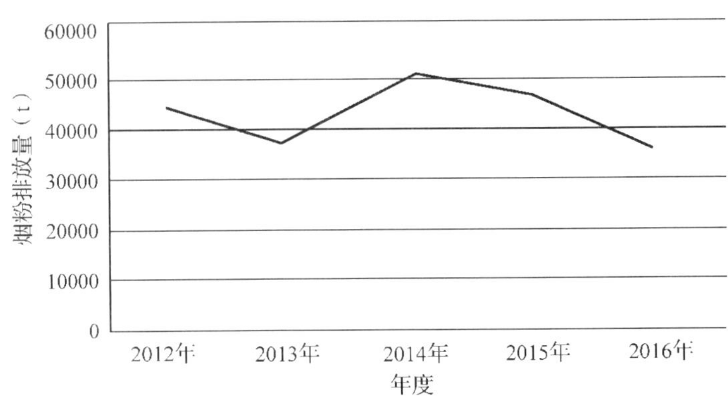

图 2-74　双鸭山市烟粉排放量

由图 2-74 可见，2013 年双鸭山市烟粉排放量下降，2014 年重新增高，之后 2015 年、2016 年双鸭山市烟粉排放量均呈下降趋势。

10. 双鸭山市城市园林绿地面积

表 2-82　双鸭山市城市园林绿地面积（hm^2）

年度	2012 年	2013 年	2014 年	2015 年	2016 年
园林绿地面积	2302	2307	2309. 7	2318. 5	2318. 5

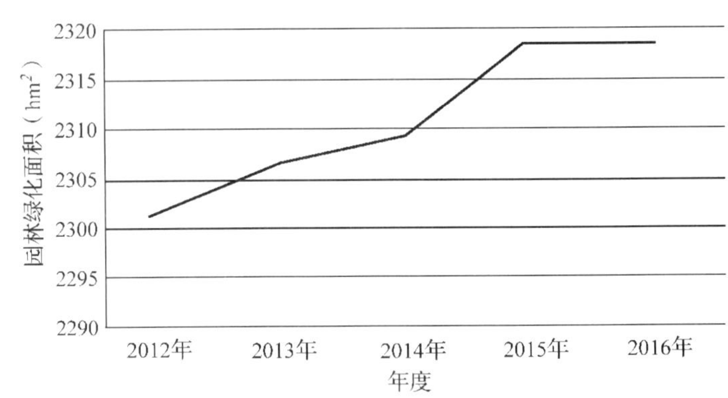

图 2-75　双鸭山市城市园林绿地面积

由图 2-75 可见，2013 年、2014 年双鸭山市城市园林绿地面积均呈小幅上升趋势，2015 年增速明显，2016 年双鸭山市城市园林绿地面积未发生变化。

11. 双鸭山市建成区绿化覆盖率

表 2-83　双鸭山市建成区绿化覆盖率（%）

年度	2012 年	2013 年	2014 年	2015 年	2016 年
绿化覆盖率	42. 9	43. 5	43. 6	43. 7	43. 7

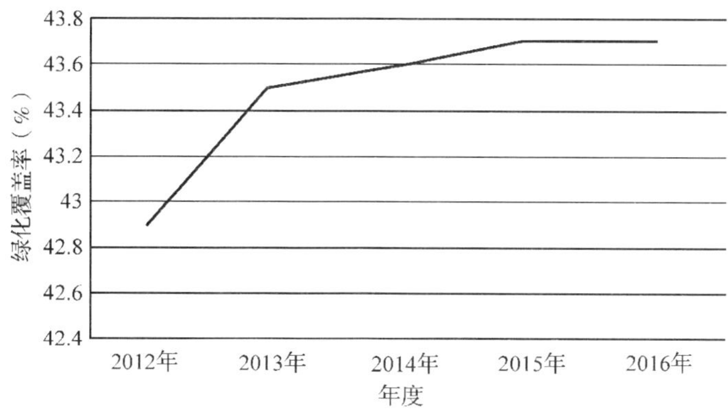

图 2-76 双鸭山市建成区绿化覆盖率

由图 2-76 可见，2014 年、2015 年双鸭山市建成区绿化覆盖率均呈小幅上升趋势，2013 年增速较明显，2016 年双鸭山市建成区绿化覆盖率较 2015 年未发生变化。

12．双鸭山市清扫保洁面积

表 2-84 双鸭山市清扫保洁面积（万 m^2）

年度	2012 年	2013 年	2014 年	2015 年	2016 年
清扫保洁面积	264	270	270	272	298

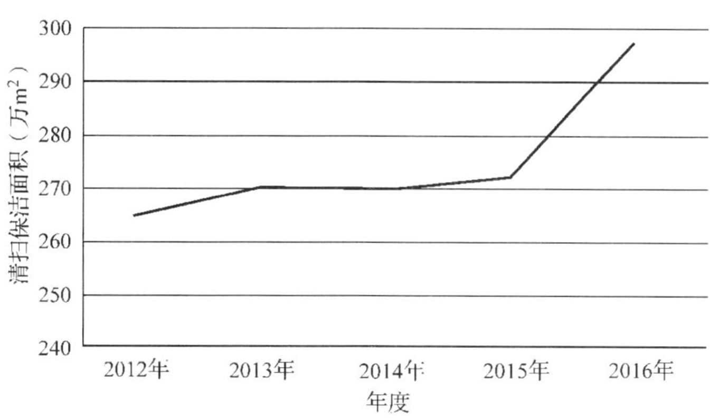

图 2-77 双鸭山市清扫保洁面积

由图 2-77 可见，2013 年、2014 年双鸭山市清扫保洁面积未发生变化。2016 年双鸭山市清扫保洁面积明显增加。

八、伊春市生态环境保护

伊春市生态环境保护二级指标单项分析结果如下。

1. 伊春市空气质量达标天数比例

表 2-85 伊春市空气质量达标天数比例（%）

年度	2012 年	2013 年	2014 年	2015 年	2016 年
达标天数比例	—	100	98.6	96	98.2

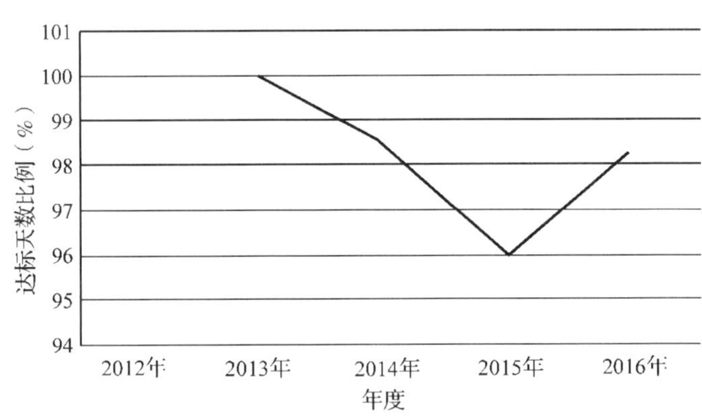

图 2-78 伊春市空气质量达标天数比例

由图 2-78 可见，伊春市空气质量持续较好，空气质量达标天数比例相对较高，2015 年相对下降，但总体上空气质量优良。

2. 伊春市细颗粒物（PM2.5）浓度

表 2-86 伊春市细颗粒物（PM2.5）浓度（μg/m^3）

年度	2012 年	2013 年	2014 年	2015 年	2016 年
PM2.5 浓度	—	—	—	30	—

3. 伊春市水资源总量

表 2-87 伊春市水资源总量（亿 m^3）

年度	2012 年	2013 年	2014 年	2015 年	2016 年
水资源总量	106.09	144.3	112.5	81.2	105.2

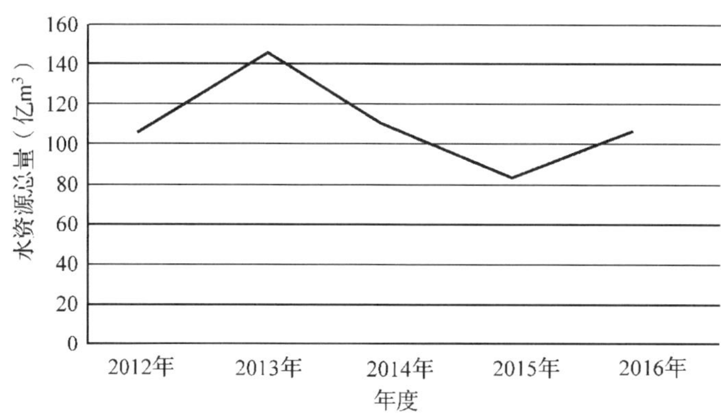

图 2-79　伊春市水资源总量

由图 2-79 可见，2013 年伊春市水资源总量较大，2015 年相对下降，2012 年、2014 年、2016 年伊春市水资源总量变化不大。

4. 伊春市废水排放量

表 2-88　伊春市废水排放量(万 t)

年度	2012 年	2013 年	2014 年	2015 年	2016 年
废水排放量	6097.5	5959.2	6051.0	6005.3	5424.4

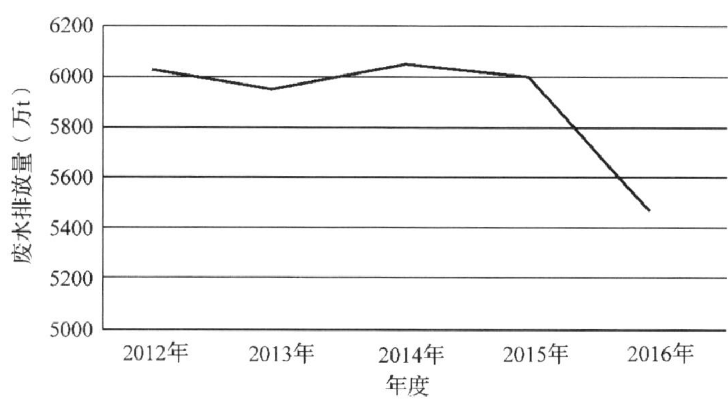

图 2-80　伊春市废水排放量

由图 2-80 可见，伊春市废水排放量 2013 年小幅下降、2014 年小幅上升，2015 年小幅下降，2016 年废水排放量下降明显。

5. 伊春市化学需氧量 COD 排放量

表 2-89　伊春市化学需氧量 COD 排放量(t)

年度	2012 年	2013 年	2014 年	2015 年	2016 年
COD 排放量	41375.5	40255.4	40800	39562.3	17984.2

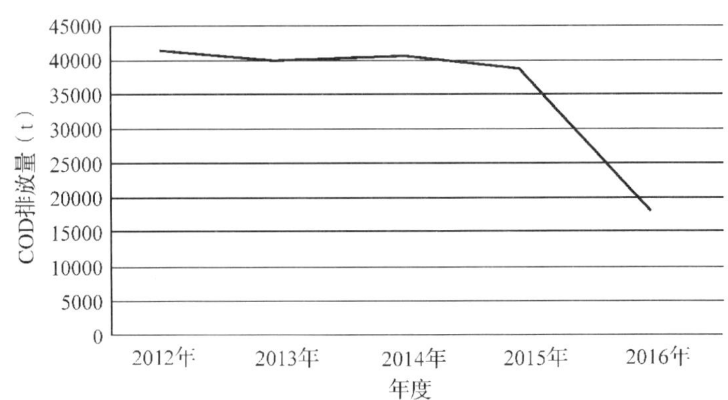

图 2-81 伊春市化学需氧量 COD 排放量

由图 2-81 可见，伊春市废水排放量 2013 年、2014 年、2015 年变化不大，2016 年伊春市废水排放量下降明显。

6. 伊春市氨氮排放量

表 2-90 伊春市氨氮排放量(t)

年度	2012 年	2013 年	2014 年	2015 年	2016 年
氨氮排放量	3959.9	3851.8	3810.0	3748.0	2273.3

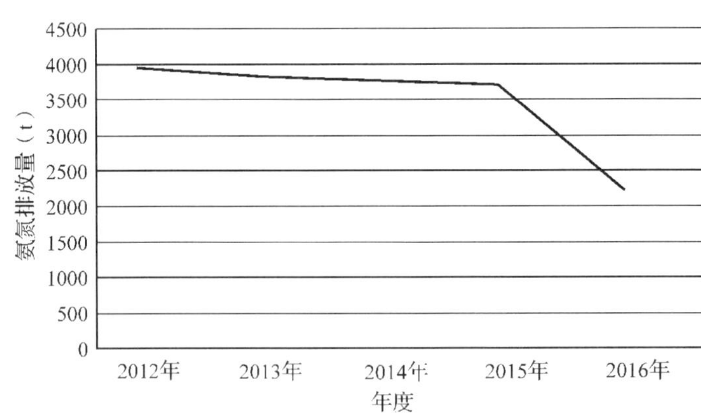

图 2-82 伊春市氨氮排放量

由图 2-82 可见，伊春市氨氮排放量 2013 年、2014 年、2015 年均呈下降趋势，但变化不大，2016 年伊春市氨氮排放量明显下降。

7. 伊春市二氧化硫排放量

表 2-91 伊春市二氧化硫排放量(t)

年度	2012 年	2013 年	2014 年	2015 年	2016 年
二氧化硫排放量	17450.0	20700.0	18678.0	19916.0	14066.5

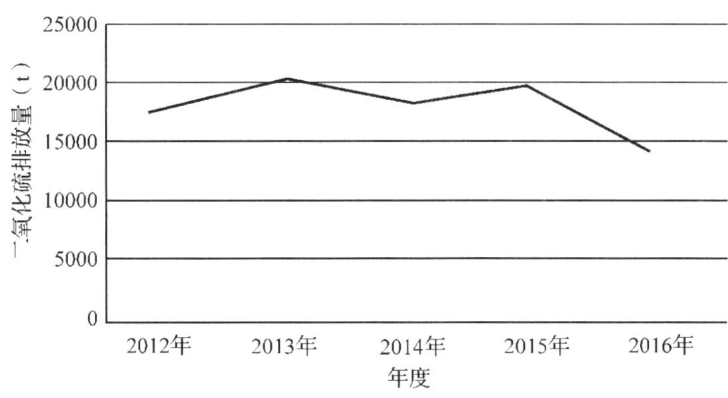

图 2-83 伊春市二氧化硫排放量

由图 2-83 可见，伊春市二氧化硫排放量 2012 年至 2015 年期间呈波动状态，2016 年伊春市二氧化硫排放量明显下降。

8. 伊春市氮氧化物排放量

表 2-92 伊春市氮氧化物排放量(t)

年度	2012 年	2013 年	2014 年	2015 年	2016 年
氮氧化物排放量	18298. 0	20084. 0	18897. 7	17889. 0	16965. 0

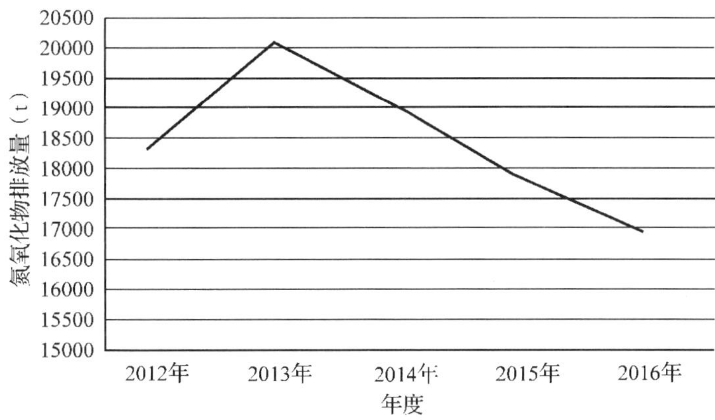

图 2-84 伊春市氮氧化物排放量

由图 2-84 可见，伊春市氮氧化物排放量 2012 年呈上升趋势，2014 年至 2016 年呈不断下降趋势。

9. 伊春市烟粉排放量

表 2-93 伊春市烟粉排放量(t)

年度	2012 年	2013 年	2014 年	2015 年	2016 年
烟粉排放量	17047. 9	21015. 6	26002. 6	22984. 5	13513. 6

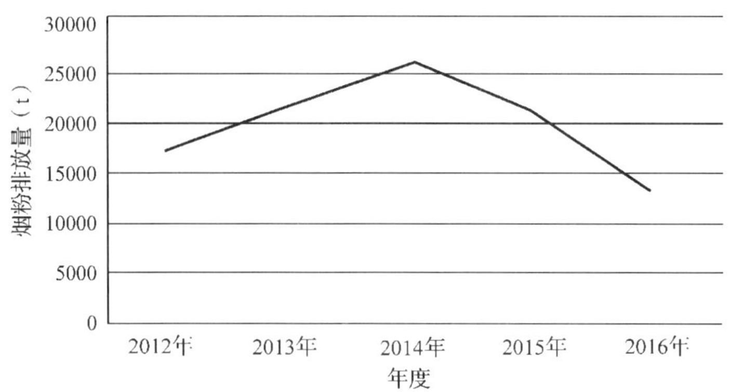

图 2-85　伊春市烟粉排放量

由图 2-85 可见，伊春市烟粉排放量 2012 年至 2014 年均呈上升趋势，2015 年、2016 年呈现不断下降趋势。

10. 伊春市城市园林绿地面积

表 2-94　伊春市城市园林绿地面积(hm^2)

年度	2012 年	2013 年	2014 年	2015 年	2016 年
园林绿地面积	4549	4632	4702. 5	4396. 6	4557. 8

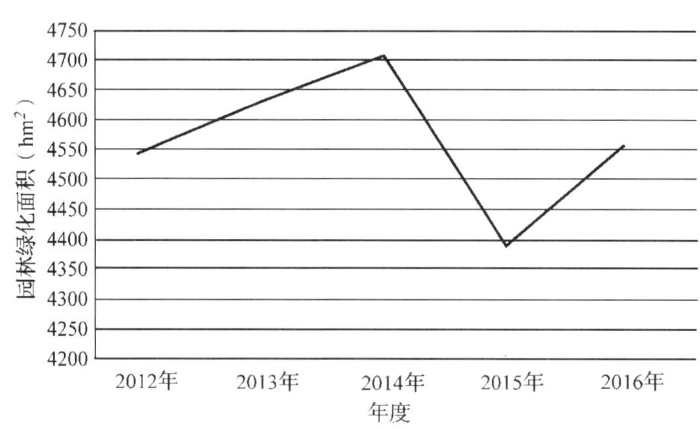

图 2-86　伊春市城市园林绿地面积

由图 2-86 可见，伊春市城市园林绿地面积 2012 年至 2014 年呈上升趋势，2015 年明显下降，2016 年开始重新恢复上升趋势。

11. 伊春市建成区绿化覆盖率

表 2-95　伊春市建成区绿化覆盖率(%)

年度	2012 年	2013 年	2014 年	2015 年	2016 年
绿化覆盖率	26. 9	26. 7	26. 8	29. 8	30. 6

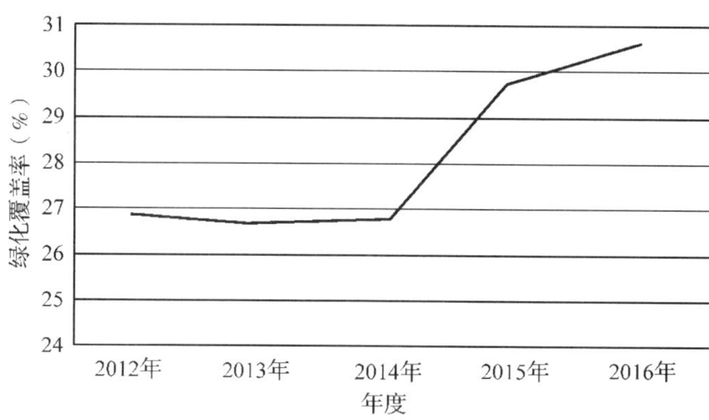

图 2-87　伊春市建成区绿化覆盖率

由图 2-87 可见，伊春市建成区绿化覆盖率 2012 年至 2014 年变化不大，2015 年明显上升，2016 年增幅较小。

12．伊春市清扫保洁面积

表 2-96　伊春市清扫保洁面积（万 m^2）

年度	2012 年	2013 年	2014 年	2015 年	2016 年
清扫保洁面积	956	989	997	1037	1074

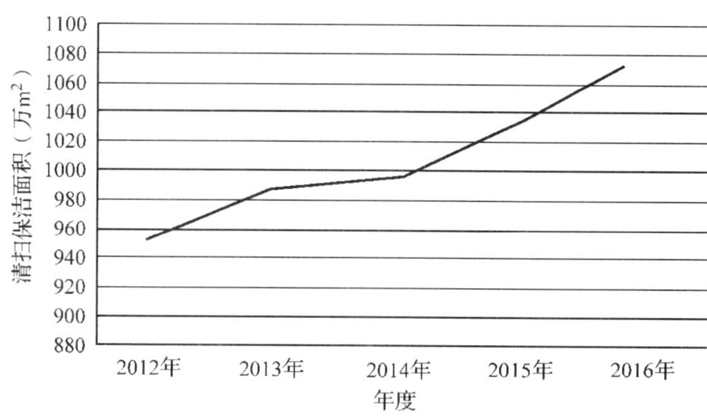

图 2-88　伊春市清扫保洁面积

由图 2-88 可见，伊春市清扫保洁面积 2012 年至 2016 年不断扩大，其中 2015 年清扫保洁面积明显扩大。

九、佳木斯市生态环境保护

佳木斯市生态环境保护二级指标单项分析结果如下。

1. 佳木斯市空气质量达标天数比例

表 2-97　佳木斯市空气质量达标天数比例(%)

年度	2012 年	2013 年	2014 年	2015 年	2016 年
达标天数比例	—	95.9	96.9	92.5	91.2

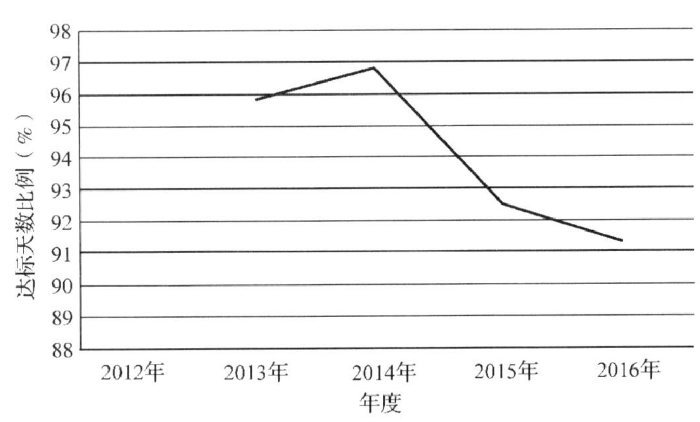

图 2-89　佳木斯市空气质量达标天数比例

由图 2-89 可见，2014 年佳木斯市空气质量达标天数略有增多，2015 年、2016 年空气质量均处于下降趋势。

2. 佳木斯市细颗粒物(PM2.5)浓度

表 2-98　佳木斯市细颗粒物(PM2.5)浓度(μg/m³)

年度	2012 年	2013 年	2014 年	2015 年	2016 年
PM2.5 浓度	—	—	—	31	—

3. 佳木斯市水资源总量

表 2-99　佳木斯市水资源总量(亿 m³)

年度	2012 年	2013 年	2014 年	2015 年	2016 年
水资源总量	52.08	64.4	41.4	50.9	57.5

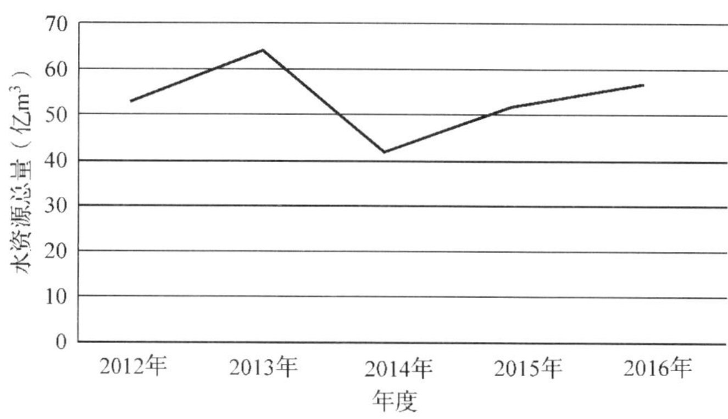

图 2-90　佳木斯市水资源总量

由图 2-90 可见，2013 年佳木斯市水资源总量呈上升趋势，2014 年下降，2015 年、2016 年均呈缓慢上升趋势。

4. 佳木斯市废水排放量

表 2-100　佳木斯市废水排放量(万 t)

年度	2012 年	2013 年	2014 年	2015 年	2016 年
废水排放量	6986.3	7271.4	6862.5	7269.4	6782.6

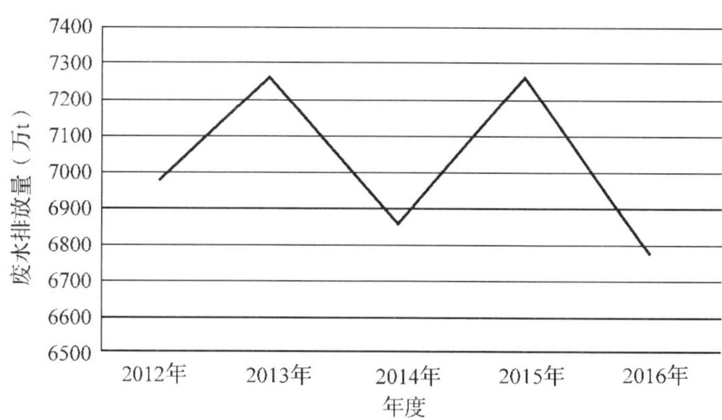

图 2-91　佳木斯市废水排放量

由图 2-91 可见，2012 年至 2016 年佳木斯市废水排放量呈反复波状，2016 年废水排放量降至最低值。

5. 佳木斯市化学需氧量 COD 排放量

表 2-101　佳木斯市化学需氧量 COD 排放量(t)

年度	2012 年	2013 年	2014 年	2015 年	2016 年
COD 排放量	63075.0	61672.3	60294.0	60206.0	17635.5

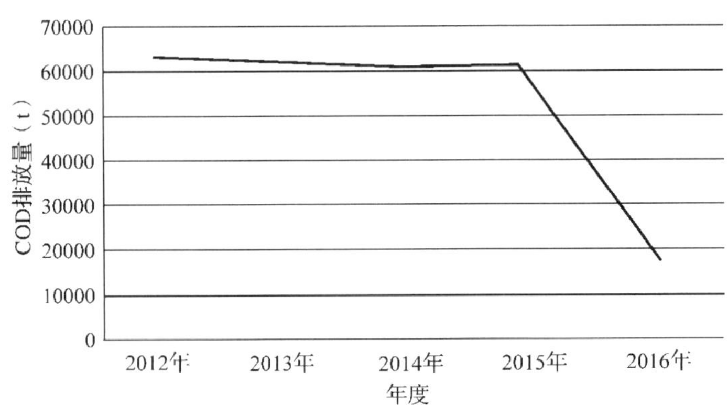

图 2-92　佳木斯市化学需氧量 COD 排放量

由图 2-92 可见，2012 年至 2015 年佳木斯市化学需氧量 COD 排放量变化不大，2016 年佳木斯市化学需氧量 COD 排放量明显下降。

6. 佳木斯市氨氮排放量

表 2-102　佳木斯市氨氮排放量(t)

年度	2012 年	2013 年	2014 年	2015 年	2016 年
氨氮排放量	4982. 1	4699. 4	4602. 0	4619. 0	2098. 0

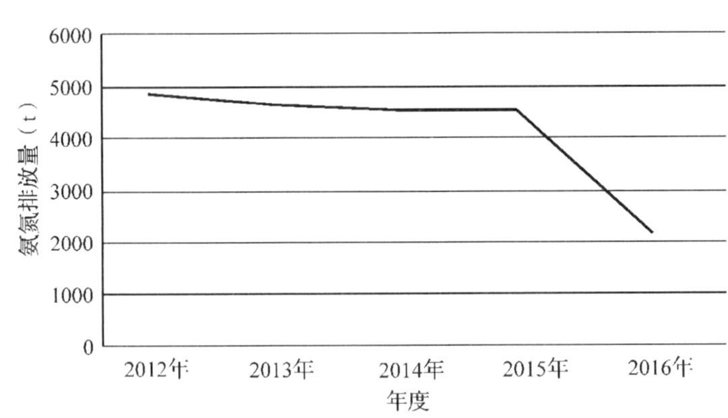

图 2-93　佳木斯市氨氮排放量

由图 2-93 可见，2013 年佳木斯市氨氮排放量下降，2014 年至 2015 年 佳木斯市氨氮排放量变化不大，2016 年佳木斯市氨氮排放量明显下降。

7. 佳木斯市二氧化硫排放量

表 2-103　佳木斯市二氧化硫排放量(t)

年度	2012 年	2013 年	2014 年	2015 年	2016 年
二氧化硫排放量	21315. 6	21200. 0	21455. 0	20992. 0	18801. 7

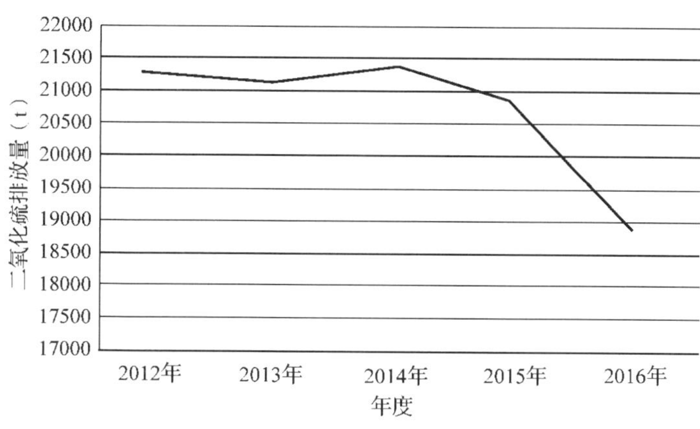

图 2-94　佳木斯市二氧化硫排放量

由图 2-94 可见，2012 年至 2015 年佳木斯市二氧化硫排放量呈小幅波动状态，2016 年佳木斯市二氧化硫排放量下降明显。

8. 佳木斯市氮氧化物排放量

表 2-104　佳木斯市氮氧化物排放量(t)

年度	2012 年	2013 年	2014 年	2015 年	2016 年
氮氧化物排放量	41752. 8	40953. 0	38270. 0	34140. 0	29537. 2

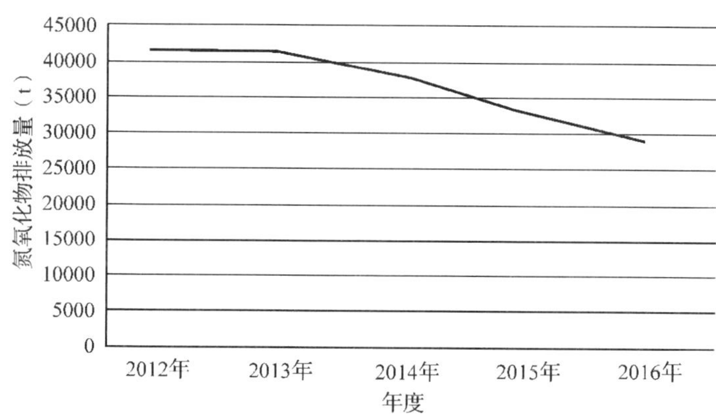

图 2-95　佳木斯市氮氧化物排放量

由图 2-95 可见，2012 年至 2016 年佳木斯市氮氧化物排放量逐年下降，氮氧化物排放量下降趋势较平缓。

9. 佳木斯市烟粉排放量

表 2-105　佳木斯市烟粉排放量(t)

年度	2012 年	2013 年	2014 年	2015 年	2016 年
烟粉排放量	49409. 3	54698. 4	57593. 8	35968. 4	23505. 8

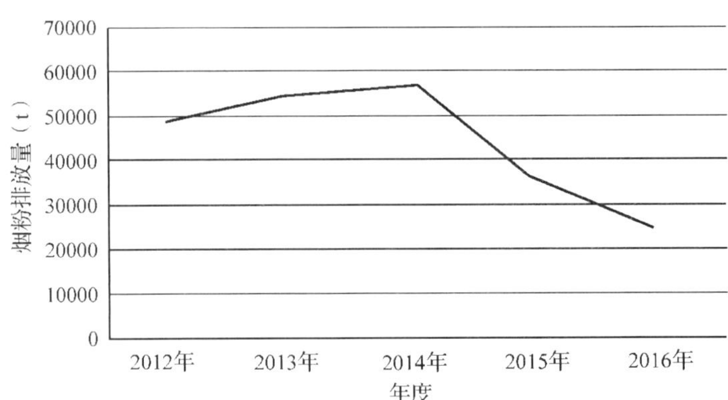

图 2-96 佳木斯市烟粉排放量

由图 2-96 可见，2012 年至 2014 年佳木斯市烟粉排放量呈逐年小幅上升趋势，2014 年至 2016 年佳木斯市烟粉排放量呈下降趋势，其中 2015 年下降较明显。

10. 佳木斯市城市园林绿地面积

表 2-106 佳木斯市城市园林绿地面积（hm^2）

年度	2012 年	2013 年	2014 年	2015 年	2016 年
园林绿地面积	3881	3875	3873.0	3878.0	3878.0

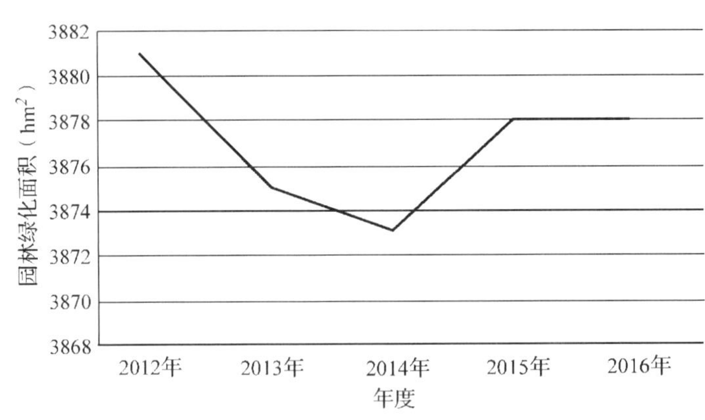

图 2-97 佳木斯市城市园林绿地面积

由图 2-97 可见，2012 年至 2014 年城市园林绿地面积呈下降趋势，2014 年出现拐点，2015 年呈上升趋势，2016 年城市园林绿地面积未发生变化。

11. 佳木斯市建成区绿化覆盖率

表 2-107 佳木斯市建成区绿化覆盖率(%)

年度	2012 年	2013 年	2014 年	2015 年	2016 年
绿化覆盖率	41.1	41.6	41.6	41.6	41.6

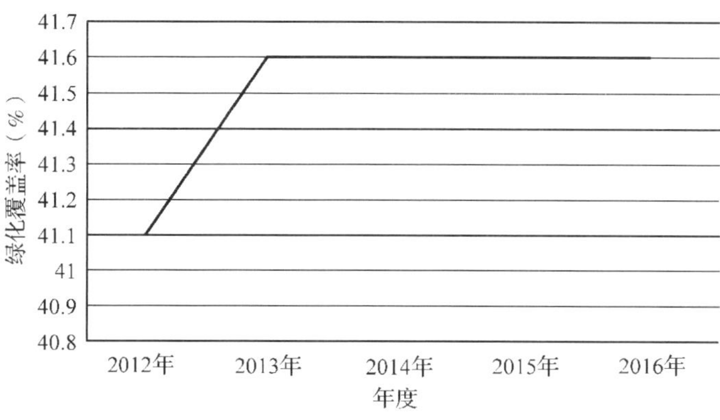

图 2-98 佳木斯市建成区绿化覆盖率

由图 2-98 可见，2013 年佳木斯市建成区绿化覆盖率增加，2013 年至 2016 年，佳木斯市建成区绿化覆盖率未发生变化。

12. 佳木斯市清扫保洁面积

表 2-108 佳木斯市清扫保洁面积(万 m^2)

年度	2012 年	2013 年	2014 年	2015 年	2016 年
清扫保洁面积	531	541	1301	1301	1301

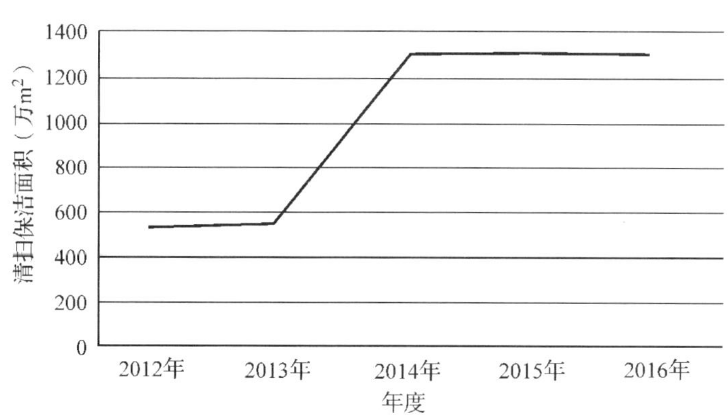

图 2-99 佳木斯市清扫保洁面积

由图 2-99 可见，2014 年佳木斯市清扫保洁面积明显增加之后，2014 年至 2016 年，佳木斯市清扫保洁面积未发生变化。

十、七台河市生态环境保护

七台河市生态环境保护二级指标单项分析结果如下。

1. 七台河市空气质量达标天数比例

表 2-109 七台河市空气质量达标天数比例(%)

年度	2012 年	2013 年	2014 年	2015 年	2016 年
达标天数比例	—	85. 8	88. 5	77. 8	85. 5

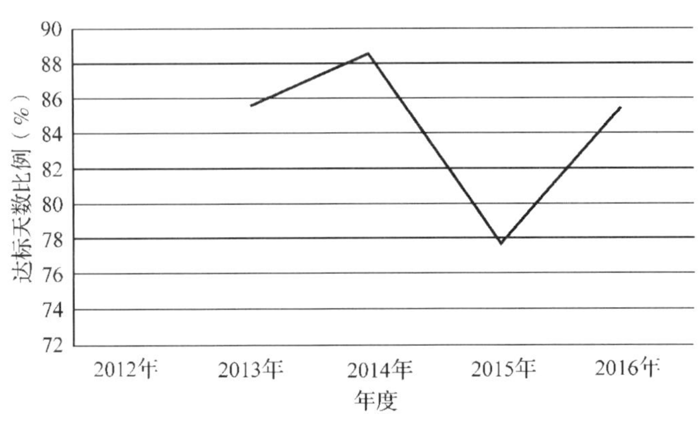

图 2-100 七台河市空气质量达标天数比例

由图 2-100 可见，七台河市空气质量达标情况 2014 年略有好转，2015 年急剧下降后，2016 年重新开始好转，但并未达到 2014 年空气质量达标水平。

2. 七台河市细颗粒物(PM2. 5)浓度

表 2-110 七台河市细颗粒物(PM2. 5)浓度(μg/m³)

年度	2013 年	2014 年	2015 年	2016 年	2017 年
PM2. 5 浓度	—	—	56	—	47

3. 七台河市水资源总量

表 2-111 七台河市水资源总量(亿 m³)

年度	2012 年	2013 年	2014 年	2015 年	2016 年
水资源总量	8. 19	10. 1	10. 2	8. 4	9. 2

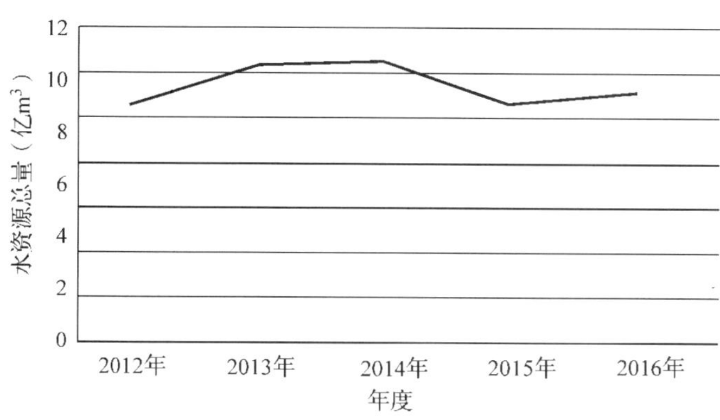

图 2-101 七台河市水资源总量

由图 2-101 可见，七台河市水资源总量 2013 年、2014 年较大，2012 年、2015 年相对较小，变化趋势不明显。

4. 七台河市废水排放量

表 2-112 七台河市废水排放量(万 t)

年度	2012 年	2013 年	2014 年	2015 年	2016 年
废水排放量	5408.4	5350	4618.1	4676.0	3950.6

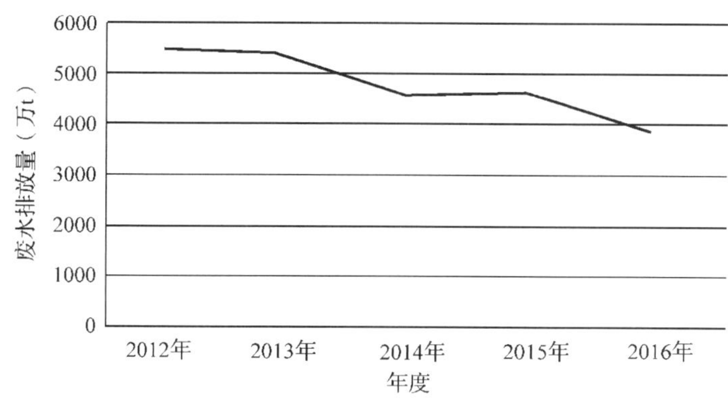

图 2-102 七台河市废水排放量

由图 2-102 可见，七台河市废水排放量 2013 年、2014 年均呈下降趋势，2015 年略有升高，2016 年继续保持下降趋势。

5. 七台河市化学需氧量 COD 排放量

表 2-113 七台河市化学需氧量 COD 排放量(t)

年度	2012 年	2013 年	2014 年	2015 年	2016 年
COD 排放量	19251.6	17288.8	16407.2	16527.4	10294.2

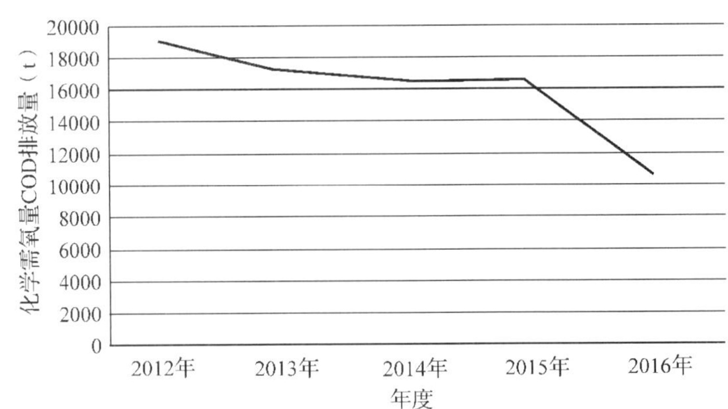

图 2-103　七台河市化学需氧量 COD 排放量

由图 2-103 可见，七台河市化学需氧量 COD 排放量 2013 年、2014 年均呈下降趋势，2015 年略有升高，2016 年继续下降。

6. 七台河市氨氮排放量

表 2-114　七台河市氨氮排放量(t)

年度	2012 年	2013 年	2014 年	2015 年	2016 年
氨氮排放量	2088.9	1925.8	1825.4	1838.0	1528.1

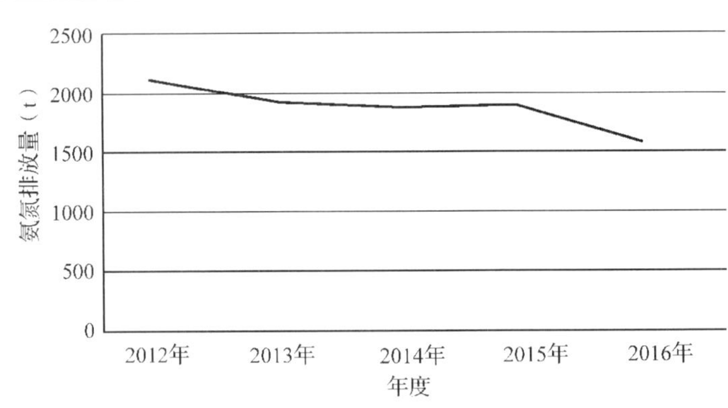

图 2-104　七台河市氨氮排放量

由图 2-104 可见，七台河市氨氮排放量 2013 年、2014 年均呈下降趋势，2015 年略有升高，2016 年开始下降相对明显。

7. 七台河市二氧化硫排放量

表 2-115　七台河市二氧化硫排放量(t)

年度	2012 年	2013 年	2014 年	2015 年	2016 年
二氧化硫排放量	20394.0	16594.0	16948.1	17448.1	15432.8

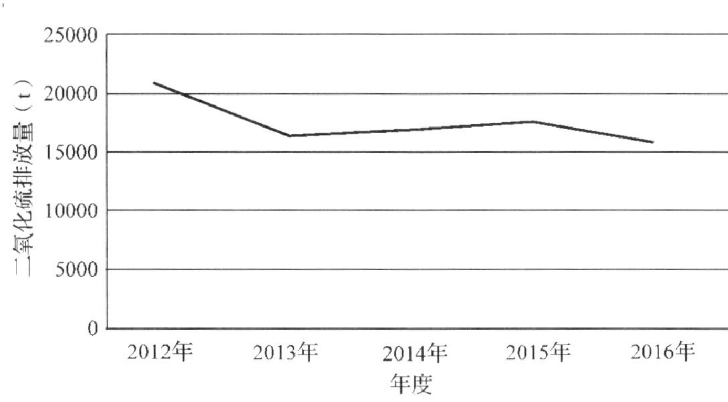

图 2-105 七台河市二氧化硫排放量

由图 2-105 可见，七台河市二氧化硫排放量 2013 年、2016 年均呈下降趋势，2014 年、2015 年略有升高。

8. 七台河市氮氧化物排放量

表 2-116 七台河市氮氧化物排放量（t）

年度	2012 年	2013 年	2014 年	2015 年	2016 年
氮氧化物排放量	36604. 0	33730. 0	41197. 7	27412. 1	21221. 0

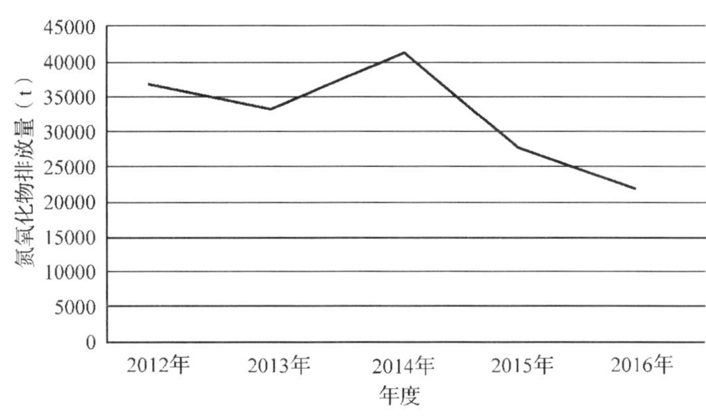

图 2-106 七台河市氮氧化物排放量

由图 2-106 可见，七台河市氮氧化物排放量 2014 年呈上升趋势，其余年份均呈下降趋势，到 2016 年下降至近年来最低点。

9. 七台河市烟粉排放量

表 2-117 七台河市烟粉排放量（t）

年度	2012 年	2013 年	2014 年	2015 年	2016 年
烟粉排放量	23860. 3	21810. 4	24446. 6	21013. 3	15887. 1

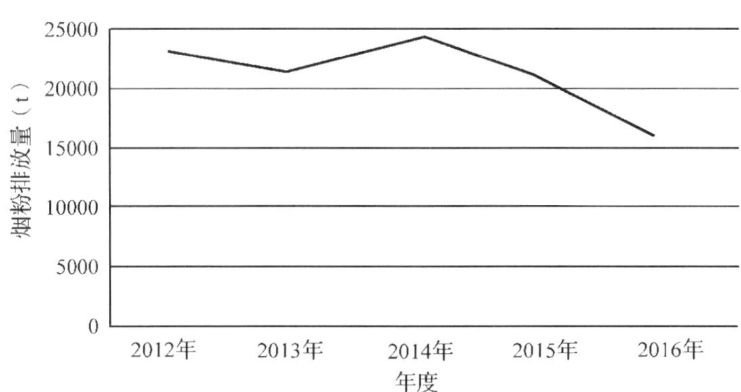

图 2-107　七台河市烟粉排放量

由图 2-107 可见，七台河市烟粉排放量在 2014 年上升至几年内最高点，其余年份均呈下降趋势，2016 年下降至几年内最低点。

10. 七台河市城市园林绿地面积

表 2-118　七台河市城市园林绿地面积（hm^2）

年度	2012 年	2013 年	2014 年	2015 年	2016 年
园林绿地面积	2415	2459	2467	2679. 4	2684. 8

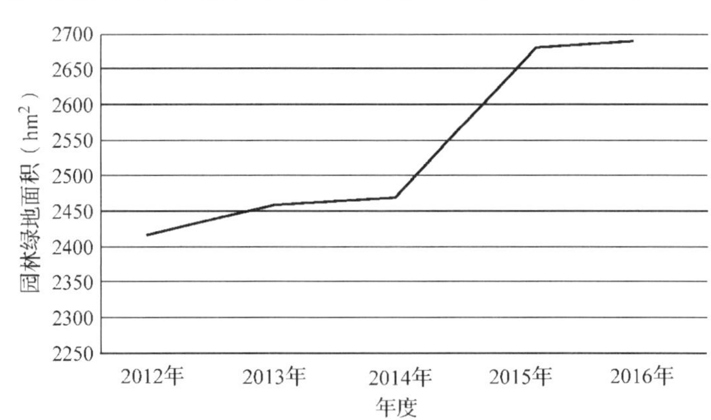

图 2-108　七台河市城市园林绿地面积

由图 2-108 可见，七台河市城市园林绿地面积每年均有增加，其中 2013 年、2014 年、2016 年增加幅度较小，2015 年增加值加大。

11. 七台河市建成区绿化覆盖率

表 2-119　七台河市建成区绿化覆盖率（%）

年度	2012 年	2013 年	2014 年	2015 年	2016 年
绿化覆盖率	40. 1	38. 7	38. 1	43. 9	44. 0

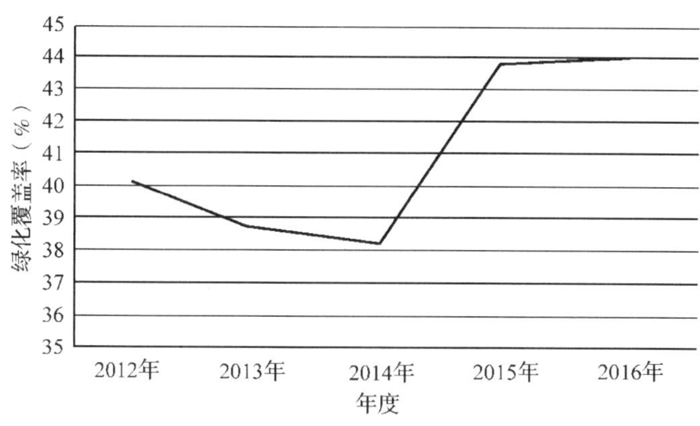

图 2-109 七台河市建成区绿化覆盖率

由图 2-109 可见，七台河市建成区绿化覆盖率 2012 年至 2014 年呈下降趋势，2014 年出现拐点，2015 年绿化覆盖率显著增加，2016 年变动不大。

12. 七台河市清扫保洁面积

表 2-120 七台河市清扫保洁面积（万 m^2）

年度	2012 年	2013 年	2014 年	2015 年	2016 年
清扫保洁面积	389	389	511	559	581

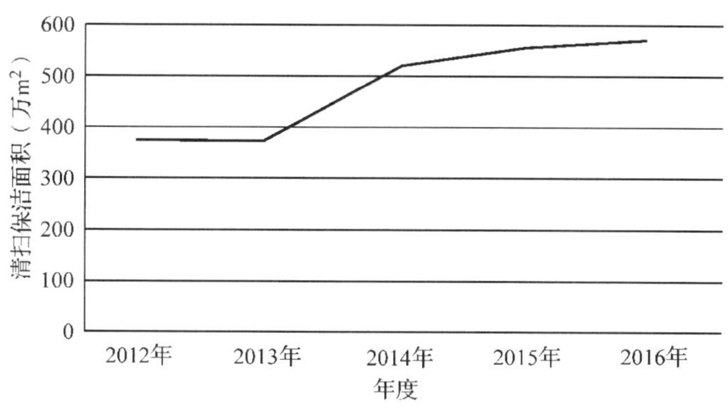

图 2-110 七台河市清扫保洁面积

由图 2-110 可见，七台河市清扫保洁面积 2014 年增加较大，其余年份七台河市清扫保洁面积均无变化或增长幅度较小。

十一、黑河市生态环境保护

黑河市生态环境保护二级指标单项分析结果如下。

1. 黑河市空气质量达标天数比例

表 1-121 黑河市空气质量达标天数比例(%)

年度	2012 年	2013 年	2014 年	2015 年	2016 年
达标天数比例	—	100	100	94.7	96.4

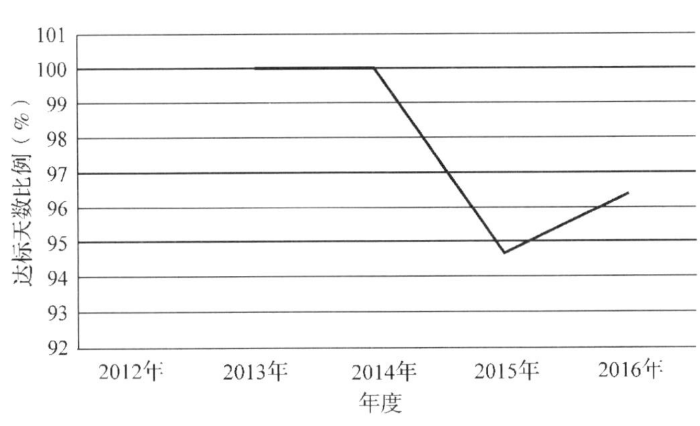

图 2-111 黑河市空气质量达标天数比例

由图 2-111 可见，2012 年、2013 年黑河市空气质量达标天数比例为百分之百，2015 年出现下降后 2016 年重新保持优良状态。

2. 黑河市细颗粒物(PM2.5)浓度

表 2-122 黑河市细颗粒物(PM2.5)浓度(μg/m³)

年度	2012 年	2013 年	2014 年	2015 年	2016 年
PM2.5 浓度	—	—	—	29	—

3. 黑河市水资源总量

表 2-123 黑河市水资源总量(亿 m³)

年度	2012 年	2013 年	2014 年	2015 年	2016 年
水资源总量	117.43	223.8	107.6	80.1	76.0

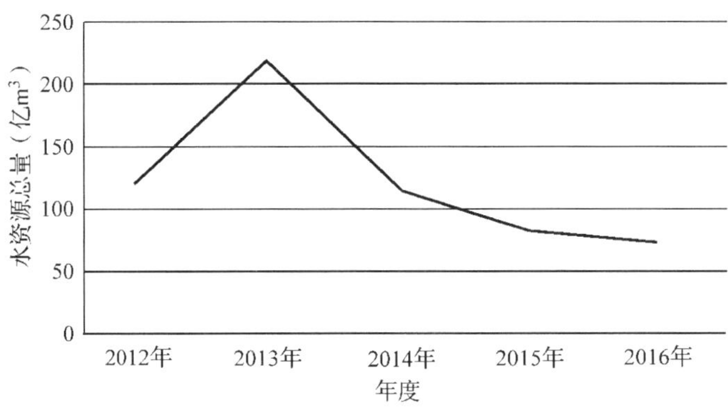

图 2-112 黑河市水资源总量

由图 2-112 可见，2013 年黑河市水资源总量达到几年间最高位后逐年下降，其中 2012 年同 2014 年水资源总量较接近，2015 年同 2016 年水资源总量较接近。

4. 黑河市废水排放量

表 2-124 黑河市废水排放量（万 t）

年度	2012 年	2013 年	2014 年	2015 年	2016 年
废水排放量	4485.3	4789.6	4735.9	4922.0	4096.7

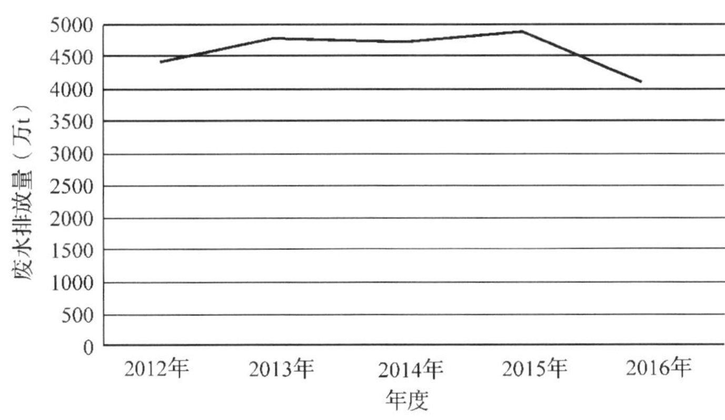

图 2-113 黑河市废水排放量

如图 2-113 所示，2012 年至 2015 年黑河市废水排放量变化不大，2016 年黑河市废水排放量下降较为明显。

5. 黑河市化学需氧量 COD 排放量

表 2-125 黑河市化学需氧量 COD 排放量（t）

年度	2012 年	2013 年	2014 年	2015 年	2016 年
COD 排放量	41127.5	40571.9	39667.0	38520.0	8419.9

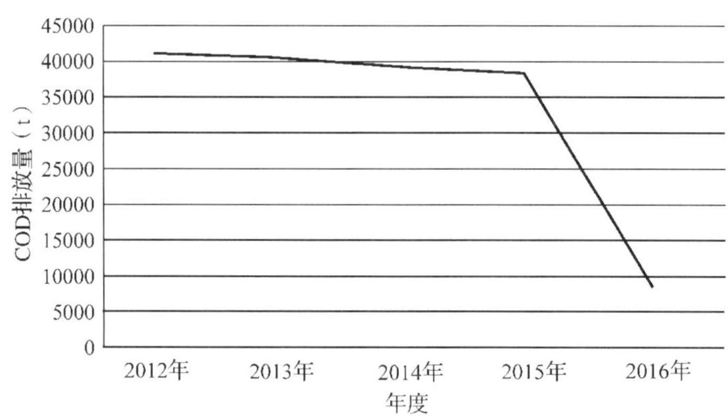

图 2-114　黑河市化学需氧量 COD 排放量

如图 2-114 所示，2012 年至 2015 年黑河市化学需氧量 COD 排放量逐年呈小幅下降趋势，2016 年黑河市化学需氧量 COD 排放量下降非常明显。

6. 黑河市氨氮排放量

表 2-126　黑河市氨氮排放量(t)

年度	2012 年	2013 年	2014 年	2015 年	2016 年
氨氮排放量	2623.7	2556.9	2478.0	2352.0	1529.0

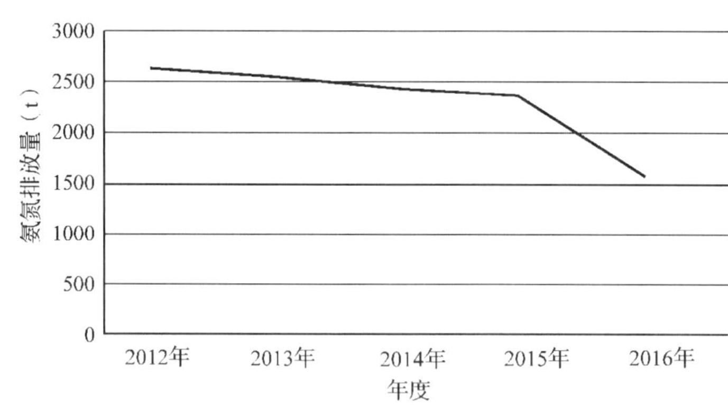

图 2-115　黑河市氨氮排放量

如图 2-115 所示，2012 年至 2015 年黑河市氨氮排放量呈缓慢速度下降，2016 年黑河市氨氮排放量明显减少。

7. 黑河市二氧化硫排放量

表 2-127　黑河市二氧化硫排放量(t)

年度	2012 年	2013 年	2014 年	2015 年	2016 年
二氧化硫排放量	24491.0	24164.0	24600.0	24016.0	15745.9

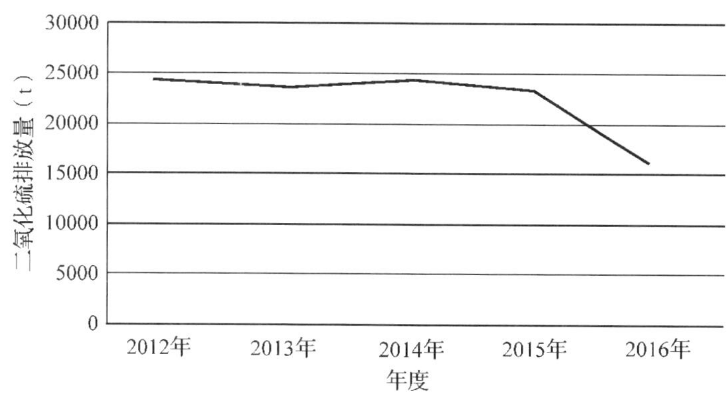

图 2-116 黑河市二氧化硫排放量

如图 2-116 所示，2012 年至 2015 年黑河市二氧化硫排放量变化不大，2016 年黑河市二氧化硫排放量明显降低。

8. 黑河市氮氧化物排放量

表 2-128 黑河市氮氧化物排放量(t)

年度	2012 年	2013 年	2014 年	2015 年	2016 年
氮氧化物排放量	15514. 0	15443. 0	15691. 0	13149. 8	12544. 7

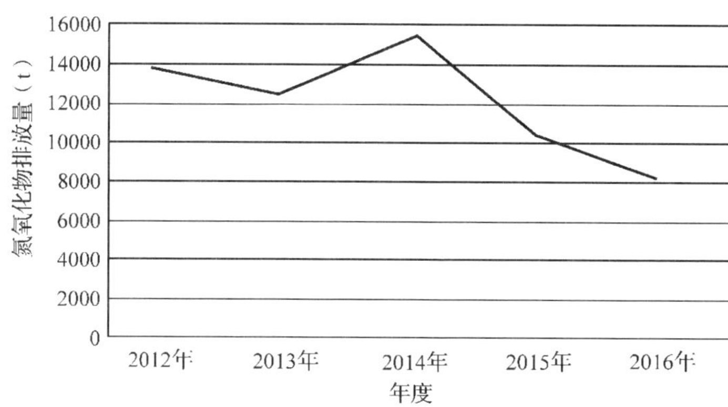

图 2-117 黑河市氮氧化物排放量

由图 2-117 可见，2014 年黑河市氮氧化物排放量有明显下降，其余年份黑河市氮氧化物排放量下降幅度不明显，2016 年黑河市氮氧化物排放量位于几年内最低点。

9. 黑河市烟粉排放量

表 2-129 黑河市烟粉排放量(t)

年度	2012 年	2013 年	2014 年	2015 年	2016 年
烟粉排放量	15603. 8	15252. 5	16093. 6	13597. 2	10819. 7

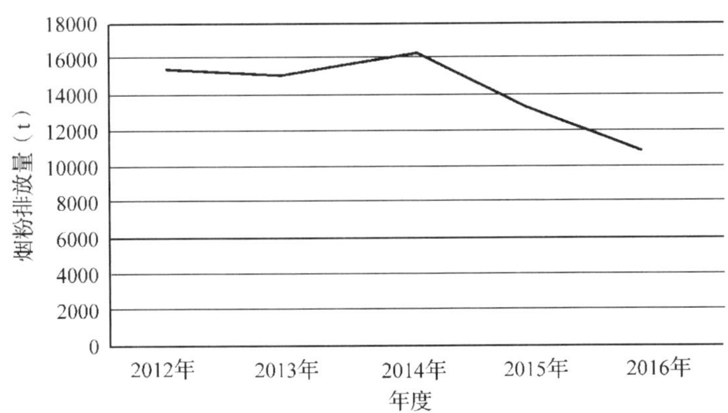

图 2-118　黑河市烟粉排放量

如图 2-118 所示，2012 年至 2014 年黑河市烟粉排放量波动较小，2015 年后呈下降趋势，2016 年下降幅度较小。

10. 黑河市城市园林绿地面积

表 2-130　黑河市园林绿地面积（hm^2）

年度	2012 年	2013 年	2014 年	2015 年	2016 年
园林绿地面积	552	560	716. 5	719. 5	719. 7

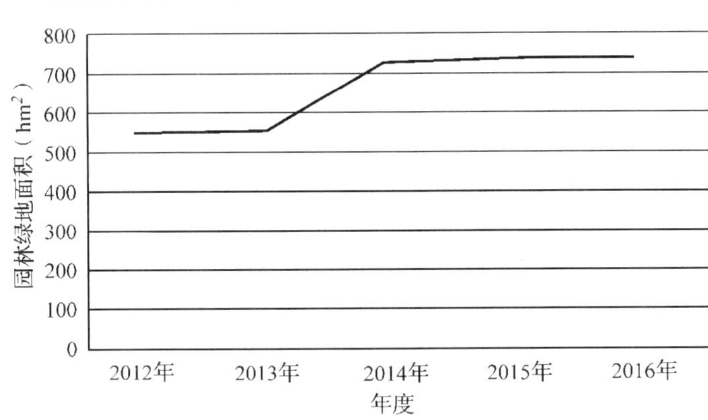

图 2-119　黑河市园林绿地面积

如图 2-119 所示，2013 年黑河市园林绿地面积增幅较小，2014 年增幅相对较大，之后 2015 年、2016 年园林绿地面积变化微小。

11. 黑河市建成区绿化覆盖率

表 2-131　黑河市建成区绿化覆盖率（%）

年度	2012 年	2013 年	2014 年	2015 年	2016 年
绿化覆盖率	30. 4	32. 6	40. 4	40. 5	40. 5

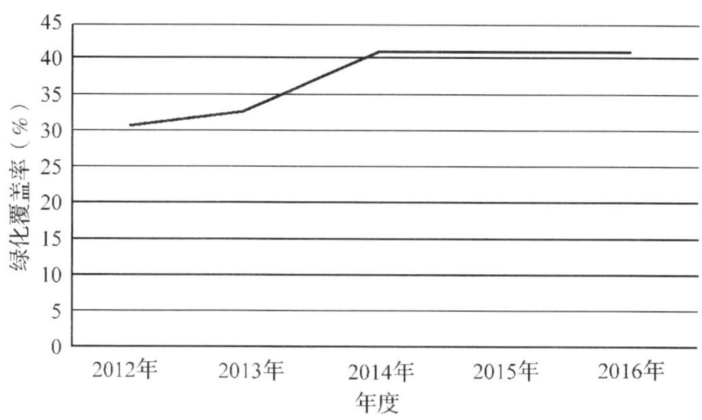

图 2-120　黑河市建成区绿化覆盖率

如图 2-120 所示，2013 年黑河市建成区绿化覆盖率增幅较小，2014 年增幅相对变大，之后 2015 年绿化覆盖率变化微小、2016 年则保持绿化覆盖率未变。

12. 黑河市清扫保洁面积

表 2-132　黑河市清扫保洁面积（万 m^2）

年度	2012 年	2013 年	2014 年	2015 年	2016 年
清扫保洁面积	410	410	410	410	410

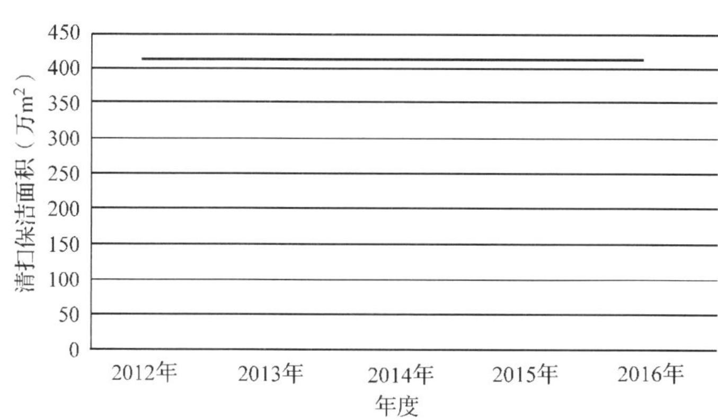

图 2-121　黑河市清扫保洁面积

如图 2-121 所示，2013 至 2016 年黑河市清扫保洁面积未发生变化。

十二、绥化市生态环境保护

绥化市生态环境保护二级指标单项分析结果如下。

1. 绥化市空气质量达标天数比例

表 2-133　绥化市空气质量达标天数比例（%）

年度	2012 年	2013 年	2014 年	2015 年	2016 年
达标天数比例	—	91.3	88.8	84.9	91.8

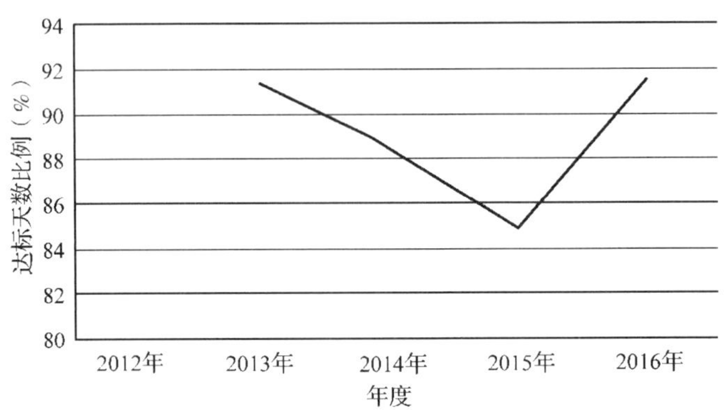

图 2-122　绥化市空气质量达标天数比例

如图 2-122 所示，2013 年至 2015 年，绥化市空气质量达标情况持续下降，2015 年则出现拐点，空气质量达标天数比例开始回升至 2013 年水平。

2. 绥化市细颗粒物(PM2.5)浓度

表 2-134　绥化市细颗粒物(PM2.5)浓度(μg/m³)

年度	2012 年	2013 年	2014 年	2015 年	2016 年
PM2.5 浓度	—	—	—	36	—

3. 绥化市水资源总量

表 2-135　绥化市水资源总量(亿 m³)

年度	2012 年	2013 年	2014 年	2015 年	2016 年
水资源总量	65.34	79.0	47.3	52.3	46.7

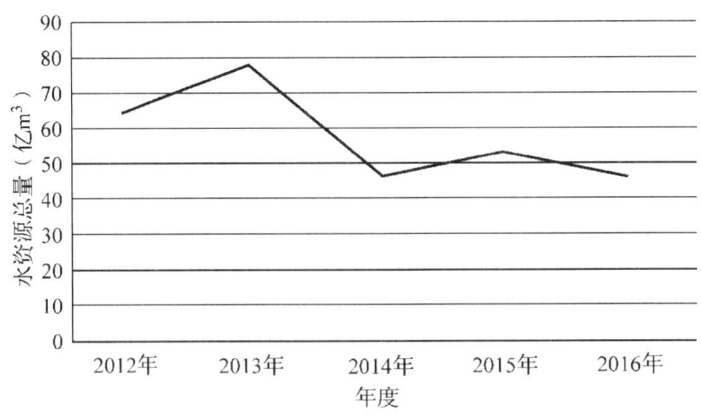

图 2-123　绥化市水资源总量

如图 2-123 所示，绥化市水资源总量在 2013 年达到峰值状态后急速下降，2015 年出现小幅回升，2016 年仍处于下行趋势。

4. 绥化市废水排放量

表 2-136　绥化市废水排放量(万 t)

年度	2012 年	2013 年	2014 年	2015 年	2016 年
废水排放量	13689.0	13767.5	15768.4	11971.1	10054.7

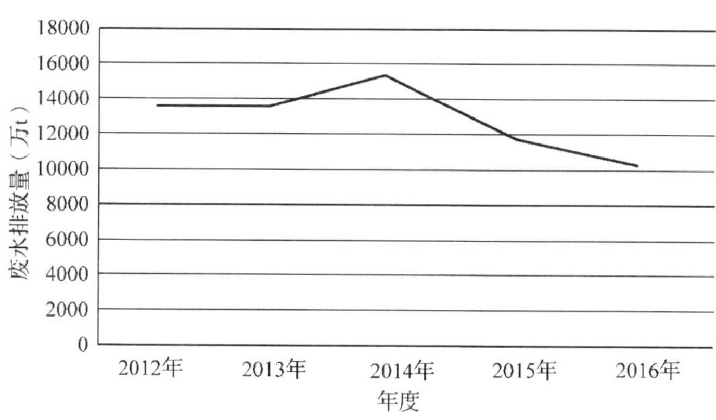

图 2-124　绥化市废水排放量

如图 2-124 所示，2014 年绥化市废水排放量达到 5 年内最高状态，之后废水排放量开始呈现下降趋势，2016 年下降至 5 年内最低值。

5. 绥化市化学需氧量 COD 排放量

表 2-137　绥化市化学需氧量 COD 排放量(t)

年度	2012 年	2013 年	2014 年	2015 年	2016 年
COD 排放量	272079.5	265409.8	262497.0	260555.0	22873.9

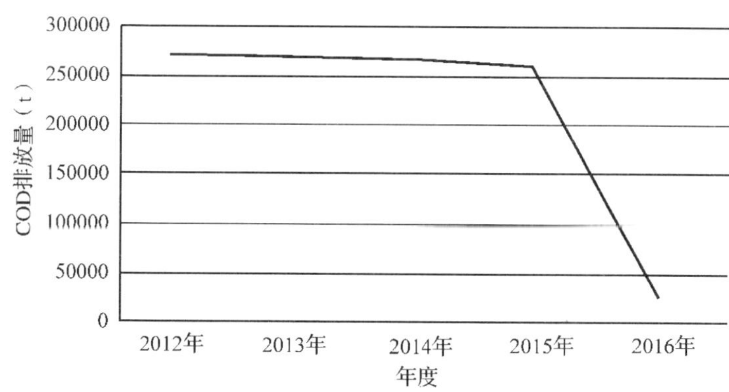

图 2-125　绥化市化学需氧量 COD 排放量

如图 2-125 所示，2012 年至 2015 年，绥化市化学需氧量 COD 排放量缓慢下降，COD 排放量没有明显减少，2016 年绥化市化学需氧量 COD 排放量下降明显。

6. 绥化市氨氮排放量

表 2-138 绥化市氨氮排放量(t)

年度	2012 年	2013 年	2014 年	2015 年	2016 年
氨氮排放量	12066.7	11415.2	11265.0	11186.0	3577.1

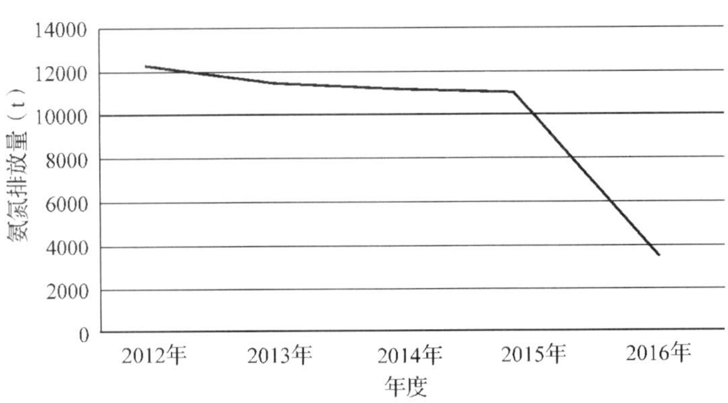

图 2-126 绥化市氨氮排放量

如图 2-126 所示，2012 年至 2015 年，绥化市化学氨氮排放量缓慢减少，减少数量不显著，2016 年绥化市氨氮排放量明显减少。

7. 绥化市二氧化硫排放量

表 2-139 绥化市二氧化硫排放量(t)

年度	2012 年	2013 年	2014 年	2015 年	2016 年
二氧化硫排放量	24626.1	24200.0	22630.0	19818.0	11363.8

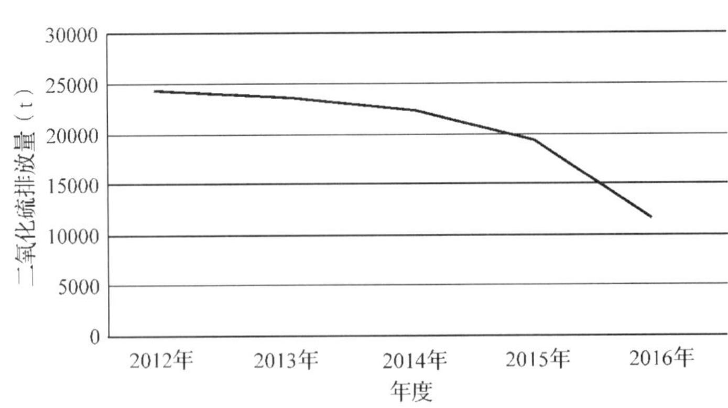

图 2-127 绥化市二氧化硫排放量

如图 2-127 所示，2012 年至 2015 年，绥化市二氧化硫排放量缓慢减少，2016 年绥化市二氧化硫排放量开始明显减少。

8. 绥化市氮氧化物排放量

表 1-140 绥化市氮氧化物排放量(t)

年度	2012 年	2013 年	2014 年	2015 年	2016 年
氮氧化物排放量	71016.0	69016.2	68400.0	64865.9	62268.5

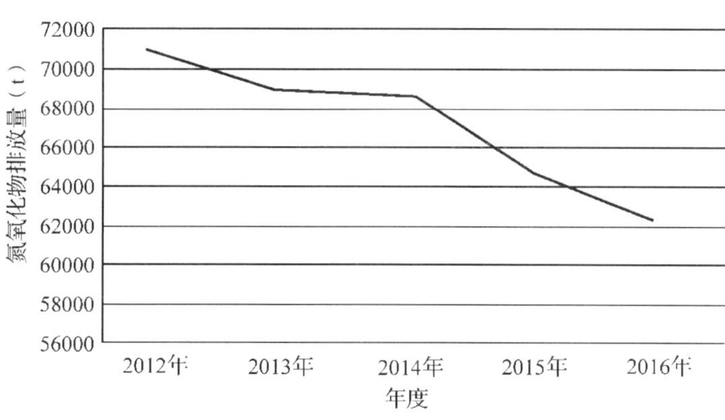

图 2-128 绥化市氮氧化物排放量

如图 2-128 所示，2012 年至 2016 年，绥化市氮氧化物排放量逐年下降，2016 年绥化市氮氧化物排放量下降至 5 年内最低值。

9. 绥化市烟粉排放量

表 1-141 绥化市烟粉排放量(t)

年度	2012 年	2013 年	2014 年	2015 年	2016 年
烟粉排放量	15601.4	27865.3	27315.2	20504.4	12113.6

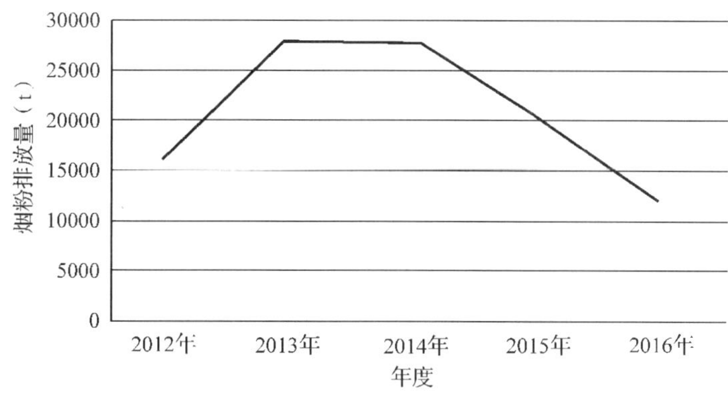

图 2-129 绥化市烟粉排放量

如图 2-129 所示，2013 年绥化市烟粉排放量上升至 5 年内最高值，之后开始呈下降趋势，2014 年之后下降幅度增大。

10. 绥化市城市园林绿地面积

表 2-142 绥化市城市园林绿地面积(hm^2)

年度	2012 年	2013 年	2014 年	2015 年	2016 年
园林绿地面积	882	956	993.0	999.5	1007.7

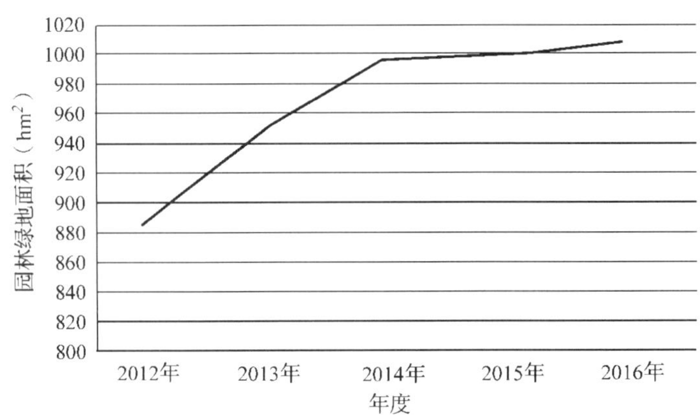

图 2-130 绥化市城市园林绿地面积

如图 2-130 所示，2012 年至 2016 年绥化市城市园林绿地面积不断增加，2013 年、2014 年增幅较大，2015 年、2016 年园林绿地面积增幅变缓。

11. 绥化市建成区绿化覆盖率

表 2-143 绥化市建成区绿化覆盖率(%)

年度	2012 年	2013 年	2014 年	2015 年	2016 年
绿化覆盖率	25.9	26.4	29.8	30.1	24.9

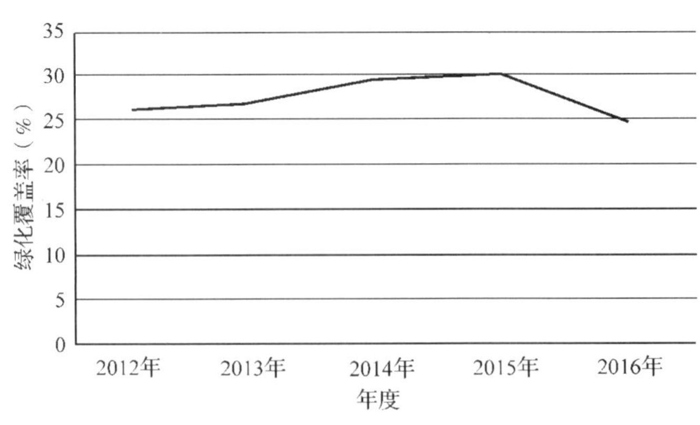

图 2-131 绥化市建成区绿化覆盖率

由图 2-131 可见，2012 年至 2016 年绥化市建成区绿化覆盖率变化不大，其中 2015 年达到 5 年内最高值状态，2016 年则小幅下降。

12. 绥化市清扫保洁面积

表 2-144　绥化市清扫保洁面积(万 m²)

年度	2012 年	2013 年	2014 年	2015 年	2016 年
清扫保洁面积	310	506	721	649	751

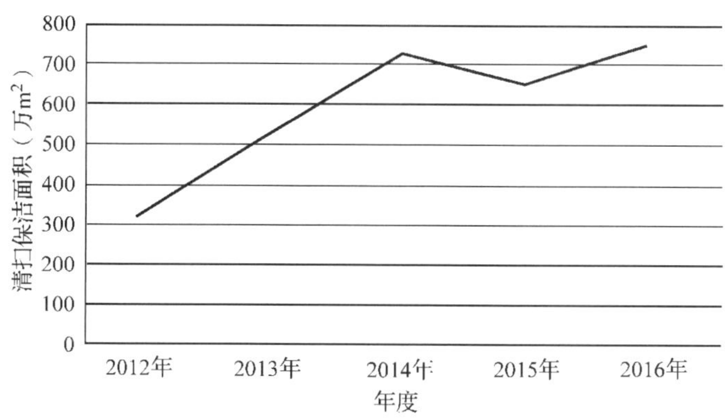

图 2-132　绥化市清扫保洁面积

由图 2-132 可见，2013 年、2014 年绥化市建成区绿化覆盖率快速增长，2014 年达到最高值后小幅回落，2016 年重新开始上升。

十三、大兴安岭地区生态环境保护

大兴安岭地区生态环境保护二级指标单项分析结果如下。

1. 大兴安岭地区空气质量达标天数比例

表 2-145　大兴安岭地区空气质量达标天数比例(%)

年度	2012 年	2013 年	2014 年	2015 年	2016 年
达标天数比例	—	97.8	97.8	94.4	97.7

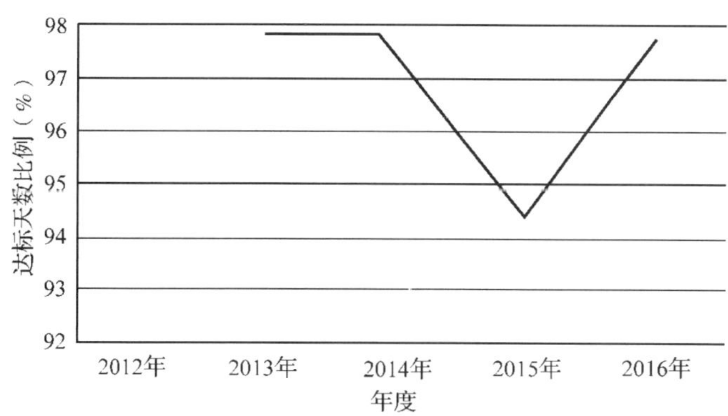

图 2-133　大兴安岭地区空气质量达标天数比例

由图 2-133 可见，2013 年、2014 年大兴安岭地区空气质量达标天数未发生变化，2015 年则下降至 5 年内最低点，2016 年重新开始回升，但并未达到 2013

年空气质量达标天数比例。

2. 大兴安岭地区细颗粒物(PM2.5)浓度

表 2-146 大兴安岭地区细颗粒物(PM2.5)浓度(μg/m³)

年度	2012 年	2013 年	2014 年	2015 年	2016 年
PM2.5 浓度	—	—	—	24	—

3. 大兴安岭地区水资源总量

表 2-147 大兴安岭地区水资源总量(亿 m³)

年度	2012 年	2013 年	2014 年	2015 年	2016 年
水资源总量	97.21	270.5	88.5	159.8	121.3

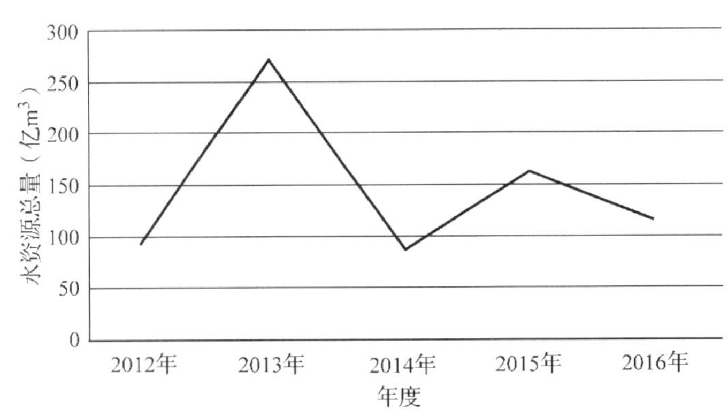

图 2-134 大兴安岭地区水资源总量

由图 2-134 可见，2013 年大兴安岭地区水资源达到 5 年内最高值状态，之后开始迅速下降，虽 2015 年略有回升，但 2016 年仍属下降趋势。

4. 大兴安岭地区废水排放量

表 2-148 大兴安岭地区市废水排放量(万 t)

年度	2012 年	2013 年	2014 年	2015 年	2016 年
废水排放量	2886.9	3313.6	3805.6	3389.4	1762.1

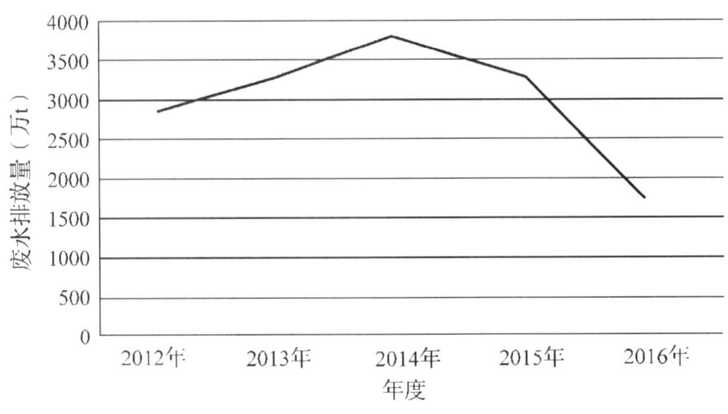

图 2-135 大兴安岭地区废水排放量

如图 2-135 所示，2013 年、2014 年废水排放量逐年增多，2014 年开始出现拐点，呈下降趋势，尤其 2016 年下降趋势明显。

5. 大兴安岭地区化学需氧量 COD 排放量

表 2-149　大兴安岭地区化学需氧量 COD 排放量(t)

年度	2012 年	2013 年	2014 年	2015 年	2016 年
COD 排放量	16224.0	15421.3	15087.0	12997.4	7680.7

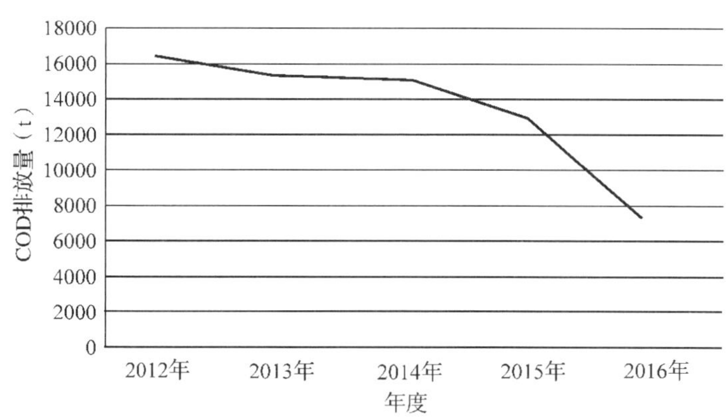

图 2-136　大兴安岭地区化学需氧量 COD 排放量

如图 2-136 所示，2012 年至 2016 年大兴安岭地区化学需氧量 COD 排放量逐年下降，2014 年开始下降趋势明显，尤其 2016 年下降趋势明显。

6. 大兴安岭地区氨氮排放量

表 2-150　大兴安岭地区氨氮排放量(t)

年度	2012 年	2013 年	2014 年	2015 年	2016 年
氨氮排放量	1274.8	1191.3	1157.2	1145.0	960.0

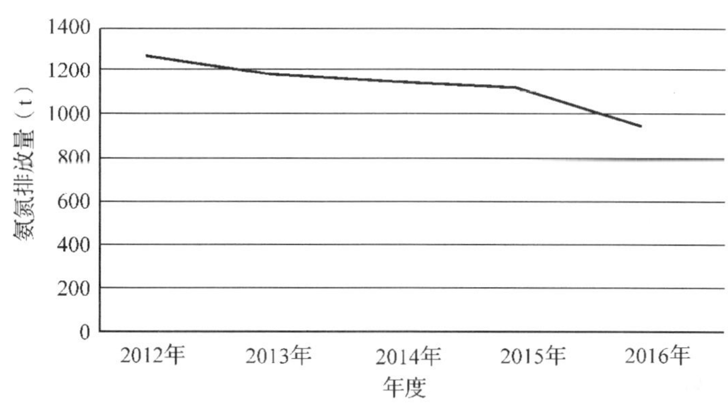

图 2-137　大兴安岭地区氨氮排放量

如图 2-137 所示，2012 年至 2016 年大兴安岭地区氨氮排放量逐年下降，5 年间 2016 年氨氮排放量下降趋势较为明显。

7. 大兴安岭地区二氧化硫排放量

表 1-151 大兴安岭地区二氧化硫排放量(t)

年度	2012 年	2013 年	2014 年	2015 年	2016 年
二氧化硫排放量	16644.0	16300.0	16510.0	14878.7	10187.6

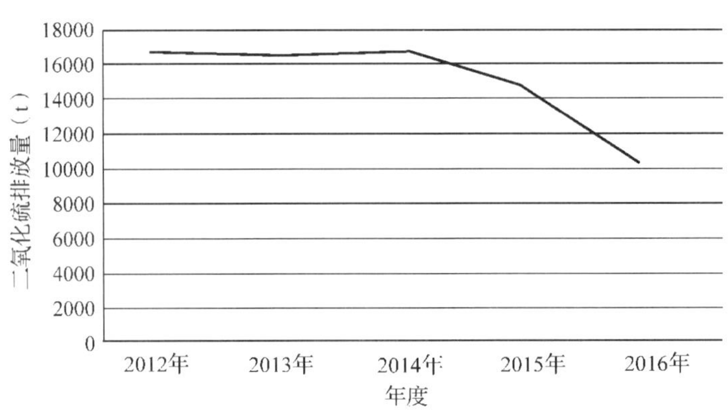

图 2-138 大兴安岭地区二氧化硫排放量

如图 2-138 所示，2012 年至 2016 年大兴安岭地区二氧化硫排放量整体呈下降趋势，但 2015 年之前减少总量不明显，2016 年二氧化硫排放量下降趋势较为明显。

8. 大兴安岭地区氮氧化物排放量

表 2-152 大兴安岭地区氮氧化物排放量(t)

年度	2012 年	2013 年	2014 年	2015 年	2016 年
氮氧化物排放量	12359.0	11861.0	11335.5	10203.0	9730.1

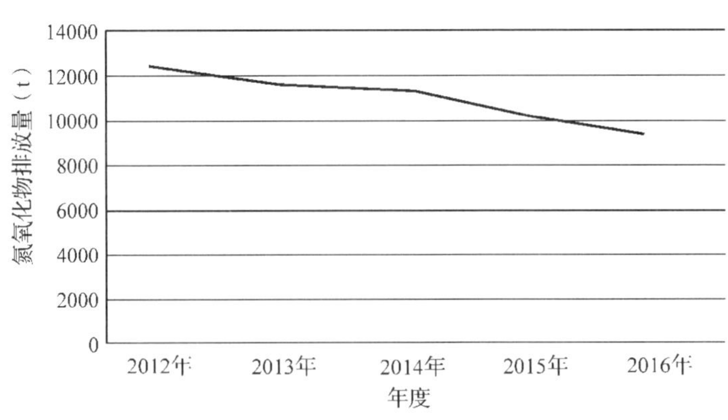

图 2-139 大兴安岭地区氮氧化物排放量

如图 2-139 所示，2012 年至 2016 年大兴安岭地区氮氧化物排放量整体呈下降趋势，但总量减少幅度不大。

9. 大兴安岭地区烟粉排放量

表 2-153 大兴安岭地区烟粉排放量(t)

年度	2012 年	2013 年	2014 年	2015 年	2016 年
烟粉排放量	30628.0	20117.7	18282.5	26425.6	11799.2

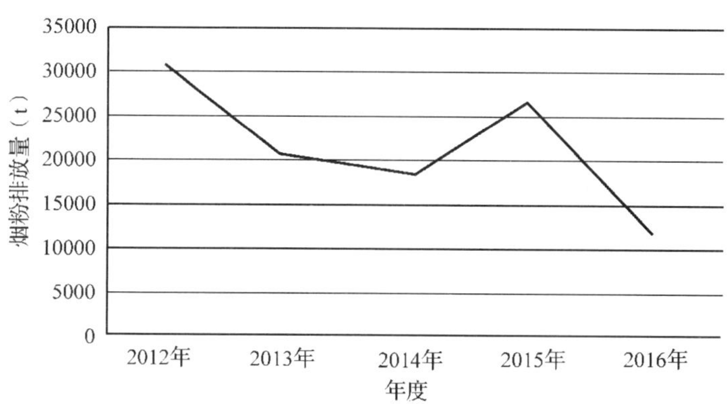

图 2-140 大兴安岭地区烟粉排放量

如图 2-140 所示，2013 年、2014 年大兴安岭地区烟粉排放量呈总体下降趋势后，2015 年烟粉排放量重新上升，2016 年则出现大幅下降趋势。

10. 大兴安岭地区城市园林绿地面积

表 2-154 大兴安岭地区城市园林绿地面积(hm^2)

年度	2012 年	2013 年	2014 年	2015 年	2016 年
园林绿地面积	—	—	—	—	—

11. 大兴安岭地区建成区绿化覆盖率

表 2-155 大兴安岭地区建成区绿化覆盖率(%)

年度	2012 年	2013 年	2014 年	2015 年	2016 年
绿化覆盖率	—	—	—	—	—

12. 大兴安岭地区清扫保洁面积

表 2-156 大兴安岭地区清扫保洁面积(万 m^2)

年度	2012 年	2013 年	2014 年	2015 年	2016 年
清扫保洁面积	—	—	—	—	—

说明：

2012 年，黑龙江省生态环境厅发布的《黑龙江省环境状况公报》中未进行省内 13 地市空气质量达标天数明确公示。

2013 年，黑龙江省哈尔滨市为环境空气质量新标准(GB 3095—2012)第一阶段实施城市。其他城市执行评价执行《环境空气质量标准》(GB 3095—1996)。

2014 年，黑龙江省 13 个地市中哈尔滨市、齐齐哈尔市、牡丹江市和大庆市按新标准(GB 3095—2012)评价，其他 9 个城市按照老标准评价。

2015 年，黑龙江省生态环境厅官方网站根据《中华人民共和国环境保护法》的规定发布的《二〇一五年黑龙江省环境状况公报》，未明确标明采用的空气环境质量标准版本。

2016 年，黑龙江省生态环境厅官方网站根据《中华人民共和国环境保护法》的规定发布的《二〇一五年黑龙江省环境状况公报》，未明确标明采用的空气环境质量标准版本。

按照黑龙江省生态环境厅官方网站根据《中华人民共和国环境保护法》的规定发布的《二〇一三年黑龙江省环境状况公报》显示：2013 年并未将 PM2.5 浓度运用于空气环境质量监测。

黑龙江省生态环境厅官方网站根据《中华人民共和国环境保护法》的规定发布的《二〇一四年黑龙江省环境状况公报》显示：2014 年并未将 PM2.5 浓度运用于空气环境质量监测。

第二节　生态环境保护状况对比分析

为了对黑龙江省各地市生态环境保护情况进行对比分析，以表格形式对各地的资源利用情况进行了排名，并按着生态环境保护所采取的 12 项指标进行正负分赋值。各项二级指标赋值如表 2-157 所示。

表 2-157　二级指标赋值分配表

二级指标	1	2	3	4	5	6	7	8	9	10	11	12
二级指标权重	4	4	3	3	2	2	2	2	2	4	4	3

其中：指标 1 地级及以上城市空气质量达标天数比率；指标 3 地级及以上城市水资源总量；指标 10 地级及以上城市城市园林绿地面积；指标 11 地级及以上城市建成区绿化覆盖率；指标 12 地级及以上城市清扫保洁面积。以上几个指标按从大到小顺序排序。

其中：指标 2 地级及以上城市细颗粒物（PM2.5）浓度；指标 4 地级及以上城市废水排放量；指标 5 地级及以上城市化学需氧量 COD 排放量；指标 6 地级及以上城市氨氮排放量；指标 7 地级及以上城市二氧化硫排放量；指标 8 地级及以上城市氮氧化物排放量；指标 9 地级及以上城市烟粉排放量。以上几个指标按从小到大排序。

“生态环境保护”数据得分情况说明：“生态环境保护”数据部分在总调查中的目标分值为 35 分，具体得分设置标准及方法为：13 个地市排名第 1 位的赋值该项目所占权重的满分，依次每下降一位依次减少该权重的 1/13 分，并列名次取相同分数，最后得到生态环境保护评价部分总分值，进行统一对比。

一、各项二级指标排名情况

表 2-158　地级及以上城市空气质量达标天数比例

排序（得分）	地市	达标天数比例（%）
1（4）	伊春	98.2
2（3.692）	大兴安岭	97.7
3（3.384）	黑河	96.4

（续）

排序（得分）	地市	达标天数比例（%）
4（3.076）	鸡西	94.0
5（2.768）	双鸭山	92.1
6（2.460）	绥化	91.8
7（2.152）	佳木斯	91.2
8（1.844）	齐齐哈尔	91.0
9（1.536）	鹤岗	90.9
10（1.228）	牡丹江	89.9
11（0.920）	大庆	89.1
12（0.612）	七台河	85.5
13（0.304）	哈尔滨	77.0

表 2-159　地级及以上城市细颗粒物（PM2.5）浓度

排序	地市	PM2.5 浓度（μg/m³）
1	黑河	—
2	绥化	—
3	牡丹江	—
4	哈尔滨	—
5	齐齐哈尔	—
6	佳木斯	—
7	大兴安岭	—
8	双鸭山	—
9	鸡西	—
10	大庆	—
11	伊春	—
12	鹤岗	—
13	七台河	—

表 2-160　地级及以上城市水资源总量

排序（得分）	地市	水资源总量（亿 m³）
1（4）	哈尔滨	142.0
2（3.692）	大兴安岭	121.3
3（3.384）	伊春	105.2
4（3.076）	牡丹江	101.0
5（2.768）	黑河	76.0
6（2.460）	佳木斯	57.5

（续）

排序（得分）	地市	水资源总量（亿 m^3）
7（2.152）	鹤岗	49.0
8（1.844）	绥化	46.7
9（1.536）	鸡西	46.0
10（1.228）	双鸭山	40.0
11（0.920）	齐齐哈尔	33.1
12（0.612）	大庆	16.7
13（0.304）	七台河	9.2

表 2-161 地级及以上城市废水排放量

排序（得分）	地市	废水排放量（万 t）
1（4）	大兴安岭	1762.1
2（3.692）	七台河	3950.7
3（3.384）	黑河	4096.7
4（3.076）	伊春	5424.4
5（2.768）	鸡西	5589.9
6（2.460）	双鸭山	6664.5
7（2.152）	佳木斯	6743.4
8（1.844）	鹤岗	6782.6
9（1.536）	牡丹江	7960.0
10（1.228）	绥化	9904.3
11（0.920）	齐齐哈尔	10054.7
12（0.612）	大庆	12098.7
13（0.304）	哈尔滨	14229.7

表 2-162 地级及以上城市化学需氧量 COD 排放量

排序（得分）	地市	COD 排放量（t）
1（4）	大庆	4641.5
2（3.692）	大兴安岭	7680.7
3（3.384）	黑河	8419.9
4（3.076）	七台河	10294.2
5（2.768）	鹤岗	11913.7
6（2.460）	双鸭山	13628.6
7（2.152）	佳木斯	17635.5
8（1.844）	伊春	17984.2
9（1.536）	鸡西	19321.4

（续）

排序(得分)	地市	COD 排放量(t)
10(1.228)	牡丹江	19874.8
11(0.920)	绥化	22873.9
12(0.612)	齐齐哈尔	38189.2
13(0.304)	哈尔滨	70972.5

表 2-163 地级及以上城市氨氮排放量

排序(得分)	地市	氨氮排放量(t)
1(4)	大兴安岭	960.0
2(3.692)	大庆	1166.9
3(3.384)	七台河	1528.1
4(3.076)	黑河	1529.0
5(2.768)	双鸭山	1723.7
6(2.460)	鹤岗	1883.9
7(2.152)	佳木斯	2098.0
8(1.844)	伊春	2273.3
9(1.536)	鸡西	2620.6
10(1.228)	牡丹江	3478.7
11(0.920)	绥化	3577.1
12(0.612)	齐齐哈尔	4960.8
13(0.304)	哈尔滨	11161.8

表 2-164 地级及以上城市二氧化硫排放量

排序(得分)	地市	二氧化硫排放量(t)
1(4)	鸡西	9903.8
2(3.692)	大兴安岭	10187.6
3(3.384)	绥化	11363.8
4(3.076)	鹤岗	12149.8
5(2.768)	伊春	14066.5
6(2.460)	七台河	15432.8
7(2.152)	黑河	15745.9
8(1.844)	佳木斯	18801.7
9(1.536)	牡丹江	19825.6
10(1.228)	双鸭山	21176.9
11(0.920)	大庆	22041.6
12(0.612)	齐齐哈尔	39957.7
13(0.304)	哈尔滨	110216.0

表 2-165 地级及以上城市氮氧化物排放量

排序(得分)	地市	氮氧化物排放量(t)
1(4)	大兴安岭	9730. 1
2(3. 692)	黑河	12544. 7
3(3. 384)	伊春	16965. 0
4(3. 076)	鸡西	19609. 7
5(2. 768)	七台河	21221. 0
6(2. 460)	鹤岗	21750. 6
7(2. 152)	佳木斯	29537. 2
8(1. 844)	双鸭山	30056. 4
9(1. 536)	牡丹江	33729. 0
10(1. 228)	绥化	62268. 5
11(0. 920)	大庆	63154. 2
12(0. 612)	齐齐哈尔	66661. 8
13(0. 304)	哈尔滨	126371. 7

表 2-166 地级及以上城市烟粉排放量

排序(得分)	地市	烟粉排放量(t)
1(4)	黑河	8506. 2
2(3. 692)	绥化	10819. 7
3(3. 384)	牡丹江	11799. 2
4(3. 076)	哈尔滨	12113. 6
5(2. 768)	齐齐哈尔	13513. 6
6(2. 460)	佳木斯	15887. 1
7(2. 152)	大兴安岭	17987. 4
8(1. 844)	双鸭山	23505. 8
9(1. 536)	鸡西	25731. 8
10(1. 228)	大庆	26138. 2
11(0. 920)	伊春	37698. 9
12(0. 612)	鹤岗	37960. 4
13(0. 304)	七台河	180189. 6

表 2-167 地级及以上城市城市园林绿地面积

排序(得分)	地市	园林绿地面积(hm^2)
1(4)	大庆	22455. 6
2(3. 692)	哈尔滨	13797. 0
3(3. 384)	齐齐哈尔	6097. 0

（续）

排序(得分)	地市	园林绿地面积(hm²)
4(3.076)	牡丹江	5160.0
5(2.768)	伊春	4557.8
6(2.460)	佳木斯	3878.0
7(2.152)	鹤岗	2903.0
8(1.844)	鸡西	2808.5
9(1.536)	七台河	2684.8
10(1.228)	双鸭山	2318.5
11(0.920)	绥化	1007.7
12(0.612)	黑河	719.7
13(0.304)	大兴安岭	—

表 2-168　地级及以上城市建成区绿化覆盖率

排序(得分)	地市	绿化覆盖率(%)
1(4)	大庆	45.5
2(3.692)	七台河	44.0
3(3.384)	双鸭山	43.7
4(3.076)	鹤岗	42.4
5(2.768)	佳木斯	41.6
6(2.460)	黑河	40.5
7(2.152)	鸡西	38.9
8(1.844)	齐齐哈尔	38.3
9(1.536)	哈尔滨	33.6
10(1.228)	伊春	30.6
11(0.920)	绥化	24.9
12(0.612)	牡丹江	21.0
13(0.304)	大兴安岭	—

表 2-169　地级及以上城市清扫保洁面积

排序(得分)	地市	清扫保洁面积(万 m²)
1(4)	哈尔滨	8980
2(3.692)	大庆	3542
3(3.384)	齐齐哈尔	1676
4(3.076)	牡丹江	1399
5(2.768)	佳木斯	1301
6(2.460)	伊春	1074

（续）

排序(得分)	地市	清扫保洁面积(万 m^2)
7(2.152)	绥化	751
8(1.844)	鸡西	620
9(1.536)	七台河	581
10(1.228)	鹤岗	448
11(0.920)	黑河	410
12(0.612)	双鸭山	298
13(0.304)	大兴安岭	—

二、总体排名情况

根据2016年黑龙江省13个地市环境保护方面的12项2级指标对应得分，各地市环境保护总体排名情况如下：

表2-170 2016年黑龙江省各地市环境保护总体排名情况

排序	地市	总分
1	伊春	33.676
2	大兴安岭	29.832
3	黑河	29.2812
4	佳木斯	25.52
5	鸡西	24.904
6	大庆	24.596
7	七台河	23.364
8	鹤岗	22.8132
9	双鸭山	21.824
10	牡丹江	21.516
11	绥化	19.668
12	哈尔滨	18.128
13	齐齐哈尔	17.512

黑龙江省具有大森林、大湿地、大湖泊、大草原、大界江、大冰雪等原生态宝贵资源，加快建设生态强省、美丽龙江，必须学习贯彻习近平生态文明思想，认真落实习近平总书记对黑龙江省重要讲话精神，贯彻全国生态环境保护大会精神，在坚持人与自然和谐共生基础上，树立绿色发展观念，在坚持“绿水青山就是金山银山”上深化思想认识，充分认识加强生态环境保护重大意义，把生态文明建设融入到经济社会发展全过程，这是黑龙江省发展的必由之路。

第三章 各地市政府生态文明重视程度

为客观评价2016年黑龙江省各地市政府对于生态文明工作的重视程度，本部分采用定性与定量相结合的评价方式。定性评价主要依据黑龙江省各地市2016年政府工作报告对于生态文明建设工作的安排以及2017年各地市政府工作报告对于生态文明建设工作的总结。通过各地市政府工作报告的内容以及两年政府工作报告的对比，得出2016年黑龙江省各地市对于生态文明建设工作的重视程度。定量评价的依据是2016年各地市生态文明建设年度评价结果的绿色发展指数和2016年各地市国民经济和社会发展统计公报。

第一节 各地市政府工作报告对生态文明建设工作的安排与总结

2016年是黑龙江省经济社会发展承上启下的关键年，2016年是黑龙江省各级领导班子本届任期执政的最后一年，也是黑龙江省"十三五"规划的开局之年。部分地市在2017年政府工作报告中总结的是过去五年的工作成果，即：2012—2016年。为了得出更加客观准确的评价结果，本部分分别总结了2016年各地市政府工作报告中对于2016年生态文明建设工作的安排以及2017年各地市政府工作报告中对于2016年生态文明建设工作的总结，并以此作为黑龙江省各地市政府对生态文明建设工作重视程度的定性评价依据。

（一）哈尔滨

1. 对2016年生态文明建设工作的安排

（1）坚定不移抓产业上项目，着力积蓄稳增长、调结构、促转型的新动能。重点瞄准生物医药、新材料、节能环保、新一代信息技术等前沿领域，积极引入战略投资者，加快推进乐泰药业、万鑫石墨、阿里巴巴哈尔滨平台、朗格斯特寒地节能产业基地等项目建设，努力打造千亿级新兴产业板块。积极推动旅游文化时尚产业融合发展，依托冰雪优势、音乐名城、欧陆风情等特色旅游资源，加强顶层设计，进一步健全“吃、住、行、游、购、娱”一体化服务体系，突出抓好万达文旅城、波塞冬海洋王国、五洲动漫城、香港卫视东北亚总部等项目建设，完善旅游配套设施功能，A 级旅游景区的水冲式公厕达到 200 个以上，设计推出一批具备鲜明文化特征和时尚要素的旅游产品，重点办好贯穿旅游季、特色鲜明的系列驻场演出，持续提升冰雪节、迷人的哈尔滨之夏等系列活动的国际影响力，全年实现旅游总收入增长 14% 以上，成为哈尔滨市又一个千亿级产业。

(2)统筹推进城乡一体化科学发展，着力释放县域经济发展潜能。一是加快推进农业生产方式转变。突出市场导向，推动种植结构优化调整，启动建设 20 个现代生态农业高标准示范园区，加快打造沿江优质稻米产业带和五常水稻、双城玉米等有机生产基地，粮食总产量稳定在 160 亿 kg 左右，农产品品质量和效益持续提升，努力使农业生产实现“种得好、卖得好、种得更好”的良性循环。二是深入推进产业强县工程。把资源精深加工作为县域工业发展的主攻方向，加快构建以绿色食品为重点、各具特色的农业产业化体系。三是扎实推进新型城镇化和美丽乡村建设。大力开展美丽乡村创建活动，打造哈五、哈双等 6 条示范带，启动建设示范村 100 个，集中治理自然屯 1000 个，实施农村饮水安全巩固提升工程 130 处。

(3)加快推进现代化国际化城市建设，着力打造绿色生态宜居家园。改善城市生态环境，深入落实大气污染防治行动计划，持续加大燃煤质量管控和分散燃煤小锅炉撤并力度，确保燃煤电站和热电联产机组稳定达标排放，全部淘汰剩余黄标车，秸秆综合利用率达到 63%。扎实开展水污染防治行动计划，巩固扩大松花江干流和城市内河治理成果，确保松花江断面水质保持或优于功能区划标准。启动建设松花江群力外滩生态湿地公园，加快建设中东铁路公园，着力打造生态健康休闲宜居集中区。全年人工造林 4.6 万亩①，城区新植树木 25 万株、新增绿地 $66hm^2$，努力使人民群众的生活环境更加宜居健康，让哈尔滨的天更蓝、地更绿、水更清。

2. 对 2016 年生态文明建设工作的总结(2012—2016 年)

(1)着力统筹城乡一体化发展，持续释放县域经济活力。一是加快促进农业生产方式转变。不断加强农业机械化、水利化、科技化、生态化建设，综合机械化率由 90% 提高到 95%，农田有效灌溉面积由 477 万亩扩大到 1110 万亩，现

① 1 亩 $=1/15\ hm^2$。

代农业示范园区(带)核心区面积发展到1556万亩，以“五常大米”为代表的绿色、有机食品认证面积增加到1282万亩。二是扎实推进新型城镇化建设。累计撤并乡镇17个、村屯700个，新建新型农村社区100个、美丽乡村200个，20余万农民实现了向城镇和新型农村社区有序转移。新建农村饮水安全工程2691处、农村公路4236km。

(2)着力加强城市规划建设管理，持续提升城市承载力和吸引力。从严管控改善城市生态环境，编制环境总体规划，初步划定生态保护红线区2.3万km^2。深入落实国家大气、水污染防治行动计划，拆并10吨及以下燃煤锅炉2740台，淘汰黄标车及老旧车10.2万辆，秸秆综合利用率提高到63%。2016年空气质量优良天数达279天，比上年增加52天。新增城镇污水处理厂11座，城市污水集中处理率提高到91%。城市内河治理取得重大突破，马家沟实现清水入河，何家沟治理工程荣获中国人居环境范例奖。人工造林53.7万亩，城区新植树木255万株，新增绿地688hm^2，人居环境得到明显改善。

(二)齐齐哈尔

1. 对2016年生态文明建设工作的安排

(1)加快调整农业结构。绿色、有机食品加工龙头企业发展到60户。制定绿色有机食品生产标准，加强检验检测，做实绿色品牌。新增节水灌溉面积10万亩，水土流失治理面积10万亩。

(2)大力发展现代服务业。围绕齐齐哈尔市特有的生态文化、冰雪运动、健康养老等供给优势，推进现代服务业快速发展。

(3)统筹抓好城乡规划、建设和治理。大力推进生态文明建设，加快建设节能减排示范市和生态文明先行示范区，创建省级生态市，启动高新区低碳城市生态试点。万元GDP综合能耗下降5.9%。控制主要污染物减排，化学需氧量、二氧化硫、氨氮、氮氧化物分别削减2.29%、4.44%、4.46%和3.56%。加强湿地保护管理。植树造林7.2万亩。深化美丽乡村建设，统筹抓好硬件设施提标和村风民风转变，集中打造一批典型示范村和达标村。

(4)着力保障和改善民生。在财力使用上，坚持民生优先。启动中心城区新源净水厂建设。推进污水提标改造和氧化塘综合改造工程，排放标准由一级B提升至一级A。实施农村饮水巩固提升工程，新增受益人口5万人。新改扩建道路植树(绿篱)104万株、新建绿地20hm^2，完善鹤城公园和南站广场绿化工程，修缮龙沙公园部分甬道。更新清洁能源和新能源公交车辆80台，增加高铁南站公交车次；投放出租汽车750台。

(5)切实加强政府自身建设。对生态保护、民生保障、脱贫攻坚等项工作，实行最严格的考核问责，确保把全部精力都用到工作落实上。

2. 对2016年生态文明建设工作的总结(2012—2016年)

(1)农业综合生产能力明显提高。抢抓“两大平原”现代农业综合配套改革契机，加快推动传统农业向现代农业迈进。种植业生产体系逐步完善。积极推进土地规模经营，粮食产能稳定在125亿kg以上。绿色有机食品基地面积达到1400万亩，认证标志突破400个。成为国家级生态原产地产品保护示范区。综合机械化程度达到95.9%。新增节水灌溉293.6万亩，治理水土流失178.6万亩，开发水田249.2万亩。畜牧业规模化发展逐步形成。畜牧业实现产值243.7亿元，比2011年增长55%。“两牛一猪”标准化规模养殖场达到1731个，规上畜牧业龙头企业达到32户，飞鹤、元盛、恒阳、丰源等畜产品加工企业不断壮大。农业产业化步伐逐步加快。

(2)城乡面貌发生深刻变化。统筹城乡规划、建设和管理，成功晋升国家级生态文明先行示范区和省级生态市。10座污水处理厂建成运行，新建垃圾处理厂12座。生态环境保护持续加强。节能减排示范市建设稳步推进。嫩江干流断面水质达标率达到87.5%。淘汰燃煤小锅炉1184台。新增清洁能源公交车483台。新增省级以上自然保护区5个，森林覆盖率和建成区绿化覆盖率分别提高到10.3%和40%。美丽乡村示范村和达标村达到770个。

(三)牡丹江

1. 对2016年生态文明建设工作的安排

(1)强力推进产业项目建设。在绿色食品、医药、生物大健康产业集群上整合资源包装引进大项目，创出更多全国著名品牌。

(2)致力加快特色精品农业提质增效。新认证绿色有机食品品牌10个以上，进一步提高绿色有机食品知名度和市场占有率。

(3)协力推进城乡一体化发展。深入推进国家新型城镇化综合试点，加快新型城镇化和美丽乡村建设。统筹推进配套改革，推进温春国家建制镇示范试点。突出抓好G10、G11公路和铁路沿线及重点景区周边环境整治，新建美丽乡村示范村20个、达标村100个，改造农村泥草(危)房8000户。

(4)着力加强生态文明建设。全面启动国家生态文明先行示范区建设。加大环境污染治理力度。深入开展市区大气污染、污水排放、固体废物堆放、噪声等综合环境整治。推广使用清洁能源，严控秸秆焚烧，严控燃煤质量，取缔黄标车6000辆、小锅炉65台，新增燃气入户2万户。启动实施工业污染源全面达标排放计划和近零碳排放区示范工程，开展电力、造纸、橡胶等行业除尘、脱硫、脱硝综合治理。探索环境第三方治理模式。开展绿色生活“十进”活动，引导社会公众选择绿色低碳消费模式和生活方式。创建更优生态环境。启动城区及周边裸露山体保护治理工程，恢复森林植被。推进封山育林和25°以上坡体耕地退耕还林，全市治理水土流失36万亩。加强牡丹江饮用水水源地综合整治和海浪河源头生态保护，建设牡丹江沿江和海浪河2个国家湿地公园。启动“江湖连通净化工程”，加快市区湖泡治理。开展“增绿护绿行动”，市区新增绿地30万 m^2 以上。畅通城区通风走廊，今后凡影响城区通风的建筑一律不予审批，让百姓看得见山、望得见水，把全市人民对天蓝、水净、山绿的美好期待变成现实。

(5)加强政府自身建设。加快法治政府建设，深入推进行政综合执法改革，加大城市管理、资源管理、市场秩序、环境保护等方面的综合执法力度。

2. 对2016年生态文明建设工作的总结(2012—2016年)

(1)深入推进新型城镇化和生态文明建设，城乡面貌发生深刻变化。牡绥快速铁路竣工通车，建成兴隆大桥等桥梁11座、牡海城际等公路16条，综合交通能力进一步提升。五年治理水土流失180万亩，森林覆盖率达到64%，“十大主题公园”“三溪一河”、江心岛等惠民项目建成使用。

(2)城乡基础设施和生态文明建设力度加大。哈牡客专、牡佳客专等重点项目加快建设，虹云桥、太平路贯通、西三条路、牡丹江大桥等标志性工程相继通车。全国文明城市创建和美丽乡村建设加速推进，城市环境整治“八个攻坚战”取得阶段成果。

(四)佳木斯

1. 对2016年生态文明建设工作的安排

(1)深化结构调整，促进转型升级。以绿色有机理念引领农业可持续发展。试行佳木斯优质水稻栽培技术规程地方标准，全力打造“百公里绿色稻米长廊”，建设百万亩优质水稻示范带。推进“三减”行动计划，推广秸秆置换黄腐酸肥，完成测土配方施肥面积800万亩以上。加快生态高产标准农田建设，推进农田水利设施市场化运营。借助“互联网+农业”平台，充分挖掘定制经济潜力，推动绿色有机农产品全网直销，重点打响“佳木斯大米”和“佳木斯黑木耳”品牌，让优质农产品获得更大增值收益。

(2)坚持城乡统筹，提升人居品质。本着重基础、重民生、重生态、重品质的原则，系统性规划，高品质建设，规范化管理，打造秀美佳木斯。音达木河、王三五河在建工程全部完工，加强水源山公园、沿江公园等城市园林、沿江沿河景观升级改造及养护管理，启动柳树岛堤防环岛景观路项目，打造滨水城市。推进智慧城市建设，统筹实施智慧城管、智慧交通等信息化应用工程。推动东兴城小区与高新区的产城融合发展，塑造具有城市个性的建筑文化和空间特色。

深入开展10项专项整治，健全城市管理督查问责机制，形成全民共治氛围。突出提升县城建设水平，完善镇村布局，建设美丽乡村100个。

(3)加快绿色转型，建设生态文明。落实绿色发展理念，推进绿色振兴，让良好生态成为可持续发展的竞争优势，惠及子孙后代。强化大气污染防治。城区并网小锅炉供热面积80万m^2以上，推进锅炉除尘改造、堆场和工地扬尘污染治理，全面禁止使用劣质煤炭，完成年度燃煤小锅炉和运营黄标车淘汰任务，实行黄标车区域限行。开展水环境治理。完成江北水源地搬迁、东部城区污水处理场升级改造、西区调运污水、污泥处理等项目建设，启动四丰山、共和、向阳山等水库水污染治理和水质保护工程，力争完成英格吐河段整治任务。取缔自备井，总量控制地下水开发。加强生态环境保护。划定并严格执行生态红线保护规划，实施柳树岛生态修复建设，争取将佳木斯市湿地自然保护区纳入国家退耕还湿试点。创建国家级生态乡镇1个、省级生态县1个，省级生态村20个。全年完成造林9万亩，市区新增绿地8.5万m^2。推进工业污染源全面达标排放计划。治理农村面源污染，保护黑土资源。

2. 对2016年生态文明建设工作的总结(2012—2016年)

(1)五年来，我们突出城市定位，不断扩大辐射影响。着力打造商贸物流、教育医疗、休闲文化、科技金融、立体综合交通“五个中心”，建成国家级园林城市，实现全国双拥模范城“八连冠”，综合承载功能日趋完善，整体环境宜居宜业，城市能级加快提升。

(2)在加快转变方式中发展现代农业。推进畜牧业产业化、规模化、标准化和生态化建设，落实万亩以上“三减”示范基地83处，新城等4个灌区项目，新增和恢复灌溉面积1.86万亩，改善灌溉面积7.94万亩，建设高标准农田4.29万亩。

(3)在促进消费升级中释放需求空间。推出沿松花江到黑龙江的少数民族特色生态黄金旅游线路，同江三江口生态旅游区成功晋升国家AAAA级旅游景区。

(4)在突出惠民利民中增进民生福祉。完成王三五河等内河整治工作，松花江干流佳木斯江段Ⅲ类水质比例100%。全年建成美丽乡村120个。解决13个村屯1.05万人口饮水安全问题。

(五)鹤岗

1. 对2016年生态文明建设工作的安排

(1)全力以赴地抓运行、调结构，进一步提升工业对经济解困、城市转型的支撑力。做深做长煤炭精深加工业，做大做强高端石墨产业，鹤岗未来发展“基础在煤炭，腾飞靠石墨”，要把发展石墨精深加工产业作为立市产业。做精做深绿色食品产业，把鹤岗市知名的绿色食品品牌在全国打响，提升鹤岗品牌的影响力和竞争力。

（2）坚持不懈地抓“三农”、促增收，进一步提升农业对经济解困、城市转型的拉动力。发展森林食品、森林畜禽、北药、食用菌生产、加工和营销。提高品质，依托生态优势，持续推进农业“三减”，使更多农产品达到绿色、有机标准。2016 年，绿色食品基地认证面积要达到 135 万亩。建设美丽乡村。继续巩固农村环境卫生建设成果，打好环境卫生整治攻坚战，推进农村环境持续改善。按照美丽乡村建设标准、要求，全面推进“六改”工程，集中治理“五乱”现象，扎实开展“四化”工作，加快推进 5 个示范村和 23 个达标村建设，确保美丽乡村建设三年行动计划高标准、高质量完成。

（3）多措并举地抓市场、兴业态，进一步提升第三产业对经济解困、城市转型的贡献力。大力发展旅游业。以优良生态、特色文化、边域风情、绿色食品、精品景区为依托，推动旅游点、线、面合理布局，全面激活旅游业。启动实施鹤岗市旅游发展总体规划，围绕“一城、一带、四区”建设，重点打造以松鹤公园、清源湖为中心的鹤岗西部旅游集散区；以北方共青城为中心的大农业、大湿地、垦荒红色旅游集散区和以龙江三峡为中心的界江旅游集散区。整合域内旅游资源，推动三峡旅游资源投资运营公司快速发展。加大宣传推介力度，对接周边知名旅游景区，加强与国内百强旅行社合作，组建鹤岗旅游北京营销中心，精心推出界江风情游、冰雪休闲游、森林生态游、湿地观光游、近郊农业游等一批精品旅游线路。

（4）务实创新地抓建管、提功能，进一步提升城市对经济解困、城市转型的承载力。加大“一路、一带、一河、一城”建设改造力度，彻底解决路窄、河脏、房破、景差的问题。新建、改造农村饮水安全工程 10 处，再造及延伸管网 13.3km。实施城市园林绿地改造提升工程，进一步完善公园、广场设施。加大环境整治力度，不断提高环卫保洁质量标准和管理水平，加速环卫工作全面提档升级。实施路灯节能改造工程，继续加大城区亮化力度。实施城市园林绿地改造提升工程，进 步完善公园、广场设施。

积极谋划推进海绵城市和地下综合管廊建设，开展黑臭水体治理改造。推进生态环境保护。开展节能减排，强化污染防治，严格执行新建项目“三同时”制度。抓好秸秆禁烧、淘汰“黄标车”和老旧车辆及燃煤小锅炉治理。推进生活垃圾中转站建设。落实国家和省大气、水污染防治行动计划，实施域内大气、水体达标治理工程。完成全民义务植树 60 万株，植树造林 1.5 万亩。推进国家和省级生态县、生态乡镇及生态村创建活动。

2. 对2016年生态文明建设工作的总结(2012—2016年)

过去的五年，是基础设施投入较多、城乡面貌发生变化的五年。升级改造公园广场9个，新增绿地11.6万m^2。新建日处理垃圾950吨的生活垃圾处理场。全面完成了国家下达的减排指标，淘汰燃煤小锅炉159台、黄标车6043辆。中心城镇和美丽乡村建设扎实推进，5个乡镇晋升为国家级生态乡镇。

(六)鸡西

1. 对2016年生态文明建设工作的安排

(1)全力推进“双轮驱动”，在做大主导产业上实现新提升。绿色食品加工产业，以打造绿色食品生产加工基地为引领，着力发展绿色有机农产品、高品质乳制品、优质肉制品、特色山产品四大产业链，重点推进汇源新生态乳业、娃哈哈奶制品深加工、中玉食品玉米精深加工等项目，进一步壮大绿色食品产业群体。

(2)全力推进“两个转变”，在发展现代农业上实现新提升。实施品质提升工程。大力开展农业“三减”，绿色食品种植基地监测面积达到510万亩。建设规模化高效节水灌溉示范片区。围绕绿色农产品、优质畜产品、特色山产品、名优水产品，争创一批著名商标、驰名商标、地理标志产品证明商标。全力推进“旅贸牵动”，在激发第三产业活力上实现新提升。发展旅游业。以打造生态度假边境观光目的地为引领，构建“一核、一带、三区、五大基地”旅游布局，推动生态、红色、跨境三大旅游体系建设。

(3)全力推进城乡建设，在打造宜居环境上实现新提升。改造提升中心城区，实施城市森林公园续建等工程，做好城市出入口、航空港和车站周边的绿化美化，建设美丽乡村，深入实施“三年行动计划”，创建美丽乡村示范村67个。积极推进生态建设。完成兴凯湖生态环境保护重点项目，大力推进大气污染防治和主要污染物减排。积极开展生态修复，加强植树造林、退耕还林和水土流失治理，全年植树造林1.45万亩，治理水土流失4.5万亩。

(4)全力推进民生改善，在增进人民福祉上实现新提升。开展团山水库、哈达水库周边环境治理，加强水源地水质保护，让居民喝上干净水、放心水。

2. 对2016年生态文明建设工作的总结(2012—2016年)

(1)五年来，我们以生态宜居为目标，全力抓建设强功能提品质，城乡面貌大为改观。城市功能进一步完善，完成城市供水工程，实施城市燃气和供热管网改造工程，建成垃圾填埋厂4座、污水处理厂9座。采取PPP模式，开工建设了全省首家静脉产业园。建成穆棱河公园、城市森林公园。农村居民的生活品质进一步提升，硬化乡村街道720km，改造农村危房2.4万户，推广分布式能源+配套卫浴一体模式1.1万户，创建市级美丽乡村示范村(达标村)125个。生态文明建设进一步加强，深度整治大气、水、土壤污染，大小兴凯湖、穆棱河水质明显改善，空气质量大幅提升。

(2)五年来，我们以项目建设为支撑，全力实施“三大战略”，转型发展蹄疾步稳。绿色食品种植基地面积达到525万亩。五年来，我们以体制机制为保障，全力打好改革创新对上争取“组合拳”，发展动力不断增强。兴凯湖流域保护。五年来，我们以生态宜居为目标，全力抓建设强功能提品质，城乡面貌大为改观。建成垃圾填埋厂4座、污水处理厂9座。建成穆棱河公园、城市森林公园。农村居民的生活品质进一步提升，创建市级美丽乡村示范村(达标村)125个。生态文明建设进一步加强，深度整治大气、水、土壤污染，大小兴凯湖、穆棱河水质明显改善，空气质量大幅提升。

(3)三次产业协同发展。制定出台石墨、煤化工、生物医药、绿色食品等产业发展规划，引领产业加速成长。珍宝岛、兴凯湖湿地荣获“黑龙江十大最美湿地”称号，虎林市晋升为国家全域旅游示范区创建试点。

(4)城市功能明显增强。城市供水工程竣工通水，76.8万市民喝上优质甘甜的兴凯湖水；天然气改造工程不断扩量，4万多户居民用上清洁干净能源；穆棱河、兴凯湖治理和水源地保护、大气污染防治等生态治理工程富有成效，水源地水质达标率100%，空气质量达标天数位居全省前列。路径：聚力生态文明，建设宜居鸡西。树立绿色、协调理念，深入实施大气、水、土壤污染防治行动计划，构建绿色生态屏障，守护好蓝天碧水黑土地。加快四区一县城同城化、新型城镇化、城乡一体化步伐，努力把鸡西打造成天蓝地绿、山清水秀、功能完善、生态宜居的美丽家园。

(七)黑河

1. 对2016年生态文明建设工作的安排

(1)实施现代农业提质工程。扩大绿色、有机、无公害农产品种植和推广，绿色有机种植面积310万亩。提高转化率和增值率，扩大绿色食品产业占工业增加值比重。打造特色品牌。突出寒地黑土、绿色有机、原生态，支持中兴、瑷珲等已有品牌发展壮大。强化基础保障。完成省亿亩生态高标准农田建设任务，实施旱田节水灌溉和灌涝区治理。实施城市品位提升工程。加快新型城镇化和美丽宜居乡村建设。坚持新型城镇化与农业现代化同步发展，发展培育特色主导产业，完善配套基础设施，建设富有活力、各具特色的新型城镇，打造生态宜居、幸福和谐的美丽乡村。

(2)实施“黑河蓝”保护工程。倍加珍惜良好的生态环境，加大生态保护和环境治理力度，让黑河的蓝天白云常在，绿水青山永驻。深入推进“一退三还”。争取上级资金和政策支持，搞好规划设计和地块落实，还林、还草、还湿面积15万亩。结合“一退三还”，推进嫩江、孙吴、逊克等北药生产基地建设，加大野生蓝莓保护和寒地小浆果繁育力度，新增北药种植面积5万亩、蓝靛果忍冬等寒地小浆果繁育面积1.2万亩。扩大嫩江西伯利亚杏生态经济试验林规模，促进沙化林地植被恢复。加大造林护林力度。实施新一轮造林绿化行动，完成造林20万亩、森林抚育40万亩。加快北部重点火险区综合治理及黑河、嫩江航空护林站综合改造工程建设，健全森林防火网格化指挥体系，力争不发生重特大森林火灾。推进黑河森林生态系统定位观测研究站建设。强化生态环境治理。加强重点行业环境监管，提高节能减排能力。推进孙吴海峰热电脱硝项目建设，做好五大连池风景区、五大连池龙镇污水处理工程环保验收工作。实施“三减”行动，在农药、化肥、除草剂亩施用量比省平均低20%、14%、30%基础上，提前实现“零增长”目标。扩大测土配方施肥和作物秸秆还田面积，减轻农业面源污染。落实最严格的水资源管理制度，推进水土保持项目建设，开展重点河流违规采砂和清障专项治理。

(3)实施民生改善幸福工程。三江治理和黑河四岛保护开发工程全面竣工。黑河沿江公园改造完工，新建“黑河眼”观光塔，完成双子城广场建设。巩固国家卫生城、国家园林城创建成果，做好国家环保模范城验收和全国文明城创建工作。推进饮水安全工程，新建农村饮水安全工程50处，解决3万人饮水不安全问题。

2. 对2016年生态文明建设工作的总结(2012—2016年)

坚持绿色发展理念，把良好的生态作为最宝贵财富，加大保护开发力度，全市整体纳入大小兴安岭重要森林生态功能区。环境质量位于全省前列，被评为“中国十佳空气质量城市”，绿水青山、蓝天白云成为黑河一张靓丽的名片。坚持创新发展理念，推动供给侧结构性改革，发展寒地生态农业，被评为国家“粮食生产先进市”。

(1)推动现代农业发展，提升综合生产能力。推动大豆产业振兴，“黑河大豆”地理标识在国家商标局备案注册，黑河市被命名为中国绿色生态大豆生产示范基地、中国优质大豆生产基地。

(2)发展新兴产业，培育经济新增长点。加快旅游产业发展，黑河、五大连池被国家确定为“全域旅游示范区”创建单位。

(3)完善城市功能，提升城市形象。启动大黑河岛绿化恢复、黑龙江沿江公园改造和体育公园、中俄双子城公园建设，完成市城区22条街路绿化、14条街路绿化补植和53个小区架空管线归集整理。完善各县(市)城市功能，北安祥和公园市民广场基本完工，嫩江城东垃圾处理场全面完工。坚持新型城镇化与农业现代化同步发展，完善15个试点镇基础设施，打造美丽宜居乡村，村容村貌明显改观。

(4)提高行政效能，加强政府自身建设。发挥企业投诉中心作用，办理企业投诉15件、优化发展环境案例19件，问责28人。

(八)七台河

1. 对2016年生态文明建设工作的安排

(1)大力推进产业项目建设，强化经济转型发展基础。着力培育石墨及石墨烯新材料、新能源产业，加快推进宝泰隆石墨烯和磷酸铁锂正极材料、华夏锂离子电池、宏达石墨综合加工项目，引进战略投资者有序推进石墨资源深度开发。做优煤炭循环经济。加快煤炭资源下游链条延伸拓展，推动煤化工向石油化工转变，发展精细化工、材料化工及合成化工。推进标准化厂房及供电、污水处理、道路等基础设施建设，谋划建设生物发酵产业循环经济园区。推进再生资源园区一期基础设施收尾工程，开工建设供热中心、固废中心和污水处理厂，加快园区供热管网、道路建设。

(2)深入调整农业结构，大力发展市场化农业。着眼市场需求，大力发展绿色农业和特色农业，加快农业向生态和有机方向转变，提高农业比较效益，不断增加农民收入。加快农业结构调整。在“绿”“特”“名”上下工夫，引导特色农业向多村一品、多乡一业发展，打造农业特产基地。以高钙菜、蓝靛果、黑甜甜葡萄、杂豆为突破口，以绿色有机为标准加大单品突破力度，特色作物种植面积达到30万亩以上，绿色食品种植面积突破100万亩。加大农田水利设施投入，推进勃利县节水增粮项目，建设生态高产标准农田40万亩，新增水田4万亩。大力发展林下经济，扩大平欧榛子、红松坚果林等种植面积，积极发展刺五加、五味子等北药种植以及木耳、大球盖菇等食用菌栽培。

(3)完善城乡基础设施，大力提升城市承载功能。严格执行国家园林城市绿地规划标准，推动园林绿化改造升级，续建南出口绿化二期工程，新建学子园绿化项目，增加小区庭院、公园广场、城市街路等点式绿化景观。继续推进“清洁空气行动计划”，整治燃煤污染、工业污染和生活污染，淘汰全部到期黄标车。制定并积极推进“水污染防治行动计划”，加强水源地保护，实行最严格的水资源管理制度。加大对环境违法行为的打击力度，开展清理整顿环保违规建设项目专项行动，全面推行环境监管网格化管理。积极推进主要污染物减排工作，确保完成年度污染物总量控制指标。启动市节能监察中心，加强对重点用能单位节能执法监察，万元GDP能耗下降4%。推进美丽乡村建设。新建农村饮水安全工程16处，改造50处。抓好乡村路网建设，推进万建路、七密路等9条农村公路改造。加强乡村环境整治，实施村内街路硬化、绿化、亮化，做好垃圾清运和街道保洁。整治农业污染，引导和鼓励农民减少农药、化肥、除草剂施用，推进秸秆等种养业废弃物资源化利用、无害化处置。

(4)切实加强政府自身建设。强化企业投诉服务中心作用，严厉查处破坏发展环境典型案件。

2. 对2016年生态文明建设工作的总结(2012—2016年)

(1)五年来，我们抢抓机遇加快调结构，转型发展迈出新步伐。包括宝泰隆稳定轻烃、隆鹏清洁化学品、吉伟液化天然气(LNG)等煤化工项目，兴发生物质发电等新型建材、绿色食品和新能源项目。

(2)五年来，我们科学规划精心抓建设，城市更加宜居美丽。完成桃山水库二期征地移民，达到蓄水条件；汪清水库消险增容扩建工程竣工，开辟了城市备用水源。新建市第一第二污水处理厂、勃利镇污水处理厂，完成茄子河镇和新强矿生活污水截污工程，全市污水日处理能力达到11万吨，生活污水处理率达到85%；污泥处置场、垃圾焚烧发电项目试运行。建立了桃山湖国家湿地公园、倭肯河省级自然保护区，高标准建设南北出口、万宝湖坝下滨水景观等园林绿化工程，市民百米见绿千米进园，人均公园绿地面积达到12.3m^2，成为国家园林城市。全面实施清洁空气行动计划，重点开展7个方面23项整治任务，搬迁治理矸石山6座，淘汰、改造小锅炉373台，淘汰老旧黄标车1.57万辆，燃煤电厂全部完成除尘、脱硫、脱硝改造。对红鲜村等8个村屯进行整村搬迁，铺修农村道路380km，中心村主街路硬化率、绿化率、亮化率达100%。

(九)双鸭山

1. 对2016年生态文明建设工作的安排

(1)着力构建新型产业体系。加快优质高效现代农业发展。推进农业“三减”行动，建设绿色有机食品基地39万亩；有机食品基地1个、绿色食品基地56个。加快现代煤电化产业发展。“十三五”时期，坚持“绿色高效安全”发展，加快国有大型煤矿技术改造、降本增效和地方煤矿整治整合，推进现代化矿井建设；以“低碳、环保”为目标，加快煤电产业转化升级，发展风电、太阳能和生物质发电等清洁能源产业；加快绿色食品加工产业发展。“十三五”时期，突出绿色兴市、绿色富民，以绿色农业、林中经济和北药为基础，以“真绿、安全、美享、时尚”为主攻方向，坚持“高端化生产、品牌化推进、特色化支撑”，以粮产品、畜产品、菌产品、山产品、果菜产品、水产品、蜂产品、药产品八大“真绿”产品为重点，大力发展绿色有机食品加工和生物制药产业，培植八大类“真绿”产品基地，提高绿色有机食药产品供给能力，推动生态优势向产业优势、经济优势的转变。加大力度引进项目，扶持绿色有机食品示范企业发展，打造高端食品加工企业。加大绿色有机食品和地理标识认证力度，建立绿色有机食品质量追溯机制，确保“真绿”品质。加大品牌创建和宣传推介力度，发挥互联网融合优势，打响双鸭山市“真绿”品牌。加快北大荒黑土湿地旅游产业发展。“十三五”时期，充分发挥双鸭山市独有的北大荒品牌资源优势，以发展绿色农业游、湿地生态游、乌苏里江风情游和山水城市近郊游为主攻方向，坚持开发与保护并重，优化产业布局，打造精品景区，创新运营模式，强化市场开拓，完善服务功能，促进互联网与旅游业高度融合，增强生态旅游产品供给能力，打造“北大荒黑土湿地之都”品牌。

(2)全力加快宜居城市建设。加强基础设施建设。推进农村道路硬化、沟渠改造、村屯亮化，以及供水、垃圾处理设施建设。推进水利基础设施建设。实施安邦河市区段治理、寒葱沟水库清洁小流域水土保持、饶河大岱河和小佳河、四排灌区改造和矿井水综合利用工程。推进“一创两建”。搞好村屯绿化美化、村容环境整治和改厕改灶。强化生态文明建设。“十三五”时期，始终守住生态底线，坚持绿色发展理念，实施“治水、净气、护绿”专项行动，加快构建生态屏障，加大污染防治和节能减排力度，绿色高效节约开发利用资源，执行最严格的生态环境保护制度，建设生态文明示范区，为百姓打造生态宜居美好家园。2016 年，推进生态建设与保护。造林 7.5 万亩，绿化村屯 80 个。做好双鸭山主峰等 6 个土地整治和地质环境治理项目申报。力争四个县晋升为国家级生态县，饶河县晋升为国家级生态文明建设示范区。继续加强安邦河流域水环境治理和饮用水水源地保护，实施集中式饮用水水源地保护区环境整治，加快寒葱沟水库水源地治理二期和中水回用工程建设。加强污染防治。推进资源节约利用、低碳排放。确保市污水处理一期和友谊、宝清、饶河 3 个县污水处理厂稳定运行，市污水处理厂二期和四方台污水处理厂形成减排能力。加快淘汰燃煤小锅炉和黄标车；严控秸秆焚烧，搞好综合利用；加强扬尘和烟粉尘治理。稳妥推进资源类民生价格改革。加强生态环境监管。落实各级政府生态保护主体责任，启动生态责任审计。

(3)全面强化执法监督和问责。确保最严格的环保、水资源和节约用地等制度落到实处。建立违法企业“黑名单”制度，严厉打击恶意违法企业。

2. 对 2016 年生态文明建设工作的总结(2012—2016 年)

五年回顾。城乡面貌发生深刻变化。安邦河治理持续推动。市污水处理厂一、二期建成运行。农村饮水安全基本实现。

(1)优化农业产业结构，加快发展现代农业。大力发展绿色生态农业。落实

“三减”示范面积31.2万亩，认证绿色有机面积133.8万亩、绿色农产品品牌25个。大力推广农业技术。测土配方施肥推广面积400万亩，标准化栽培率、良种覆盖率分别达到90%和98%。加快农村改革和农业产业化发展。积极推动林业产业发展。林果、山野菜、林下养殖等林业产业稳步发展，食用菌产业发展出现好势头，四个区均新建了食用菌产业园，岭东花菇生产基地初具规模，建成棚室337栋。

(2)加快城乡建设步伐，着力改善人居环境。以“一创两建”为载体，着力在设施配套、环境整治、老区改造、生态建设等方面补短板，城乡环境质量和公共服务水平持续提升。寒葱沟水库至净水厂12km管道复线竣工，实现了主城区24h供水，彻底结束了饮用矿井疏干水和分时分片供水的历史。生态文明建设成效显著。突出大气污染和水污染治理，全市空气质量达标325天，饮用水水源地水质达标率100%；淘汰关闭污染企业141家、规范整顿企业356家；污水处理二期投入使用。双鸭山市被评为全省首个国家森林城市。

(十)大庆

1. 对2016年生态文明建设工作的安排

(1)提高综合效益，发展现代农业。调整优化农业结构。立足全产业链发展优质粮食、安全牧业和绿色果蔬。

(2)丰富服务业态，促进“三产”升级。构建城市休闲服务体系，促进特色旅游、文化创意、生态资源组合开发。谋划推进大庆市休闲创意文化博览园、帆船帆板和龙舟训练基地、阿木塔蒙古族风情园、“鹤鸣海”湿地温泉度假区等项目建设。构建健康养老服务体系，促进社会化养老、生态化养老、信息化养老协调发展。培育托管托养、康复护理、家政陪护、绿色配餐等“银发产业链”，鼓励生态景区开发疗养休养功能，推动温泉养老花园等项目建设，发展旅游养老。

(3)立足比较优势，壮大县域经济。增强综合承载能力。建好美丽乡村。深入实施美丽乡村“三年行动计划”，完善提升示范村50个、重点村196个、达标村237个。继续改造农村泥草房和危房，推进村庄绿化、屯内亮化、庭院美化，积极争取和建设农村垃圾污水集中治理项目，通过生物质发电、有机还田等措施搞好秸秆综合利用。

(4)注重民意导向，着力改善民生。完善各工业园区污水处理设施，通过PPP模式建设光明污水处理厂。完善城市供排水系统，加强集雨型绿地和生态用水补给设施建设划定中心城区高污染燃料禁燃区，改造集中供热燃煤锅炉环保设施，继续淘汰燃煤小锅炉和黄标车，启动青龙湖环境综合治理工程。实施以促进绿色食品产业发展为核心的食品安全战略，健全食品安全追溯体系，建成食品药品检验检测中心。

2. 对2016年生态文明建设工作的总结(2012—2016年)

这五年,我们系统优化发展环境,综合承载能力得到增强。坚持以城促产、以产兴城、产城互动,专业化建设生产空间、特色化打造生活空间、园林化塑造生态空间,大庆市再次荣获全国文明城市称号、通过国家卫生城市复检,跻身国家园林城市行列,连续获得全国双拥模范城市殊荣。

民生事业发展扎实推进。启动重点水域截污控制工程,淘汰燃煤小锅炉43台,清理黄标车及老旧车1.9万辆。

(十一)绥化

1. 对2016年生态文明建设工作的安排

(1)坚定经营农业理念,加快现代农业发展。调整优化结构。抓住市场需求,立足本地市场和能够辐射到的市场,把生态绿色资源优势变成农产品品质优势,实现既要种得好更要销得好。发展绿色农业。以2000km科技示范带为载体,以11个智慧农业园区为核心,建设互联网+绿色农业示范园区600个。加强种子繁育基地和加工体系建设。推动耕作制度的制定和实施,继续扩大"三减"试验示范,推广面积500万亩,化肥、农药施用量分别减少0.4kg和0.07kg。强化耕地保护,测土配方施肥面积1500万亩。全面推广绿色投入、绿色防控和水稻测深施肥技术,深松整地800万亩,秸秆还田达到三分之一。加快畜牧业发展。大力发展草食畜牧业,稳定发展耗粮型畜牧业,重点建设优质肉牛基地、绿色奶源基地、寒地黑土生猪基地、优质大鹅基地。

(2)推进转型升级,提高服务业贡献能力。围绕消费热点打造新经济。大力发展农业观光、养生度假、民族文化等特色旅游,打造具有区域竞争力的特色旅游产品。进一步做大寒地黑土区域公用品牌。打响"寒地黑土、绥化物产、健康营养"品牌内涵。强化品牌集中度,加速与地方特色品牌、地理标志产品有机融合。集中打造绥化"绿都""硒都"形象。扩大"北菜南运"寒地黑土品牌使用面。

(3)建城、管城、兴城并重,提高城乡发展水平。统筹生产、生活、生态,努力实现城市让生活更美好、环境让百姓更宜居、发展让人们更幸福、文化让绥化更和谐。加快市本级中心城市建设。加强城市设计,生态功能完善发展,重点加快东部生态新城建设,以火车站及站前广场改造为核心,以城南河和东湖为水系和景观,以北林路和太平街为重要节点。加快美丽乡村建设。尊重原生态自然环境,尊重农民意愿,尊重历史文化。抓好治理脏乱,植树绿化。打造一批具有示范引领作用的典型重点乡镇、示范村,建设重点乡镇42个、示范村达标村330个。

(4)推进呼兰河流域综合开发，厚植发展新动能。注重生态修复保护。恢复植被，还林、还草、还湿，还原于原生态优于原生态，建设美丽家园。发展滨水经济。搞好水系联通，注重“三产”融合，促进滨水城镇村一体化发展。搞好山、水、林、田、路综合治理。加强污水治理。对向呼兰河排放的水体进行严格管控，对沿河排污口进行在线监控，全面提高呼兰河水质。

(5)推进社会治理创新，积极构建和谐社会。巩固生态优势。打好环境整治百日攻坚战。深入开展大气污染防治，推进劣质煤锅炉改造，淘汰小锅炉和黄标车及老旧机动车，大力推进秸秆综合利用。加快推进水、土壤污染防治。加快市本级经济发展，办好民生实事。进一步改善人居环境。以PPP模式投资3亿元建设供热新管网、投资1.8亿元建设北郊污水处理工程。投资2000万元改造升级康庄路绿化工程。投资1500万元建设4处广场绿地。

2. 对2016年生态文明建设工作的总结(2012—2016年)

(1)产业结构进一步优化升级。绿色食品产业快速发展，认证面积1180万亩，占播种面积的41%。绿色食品和农产品加工产业规模全省第一。

(2)城乡建设和基础设施更加完善。青冈、安达、绥棱列入国家新型城镇化综合试点，26个小城镇进入全国重点镇。累计投入3.1亿元，对470个村进行环境集中连片整治。绿化覆盖率达到31.2%。

(3)农业发展方式转变成效明显。调减玉米面积13.7%，落实“三减”示范面积570万亩。加大“寒地黑土”等品牌建设力度。

(十二)伊春

1. 对2016年生态文明建设工作的安排

(1)持续加快产业结构调整。大力发展森林食品业，突出市场开拓和品牌整合。着力推进以“两牛一猪”、森林鸡、森林鹅、寒地毛皮动物为重点的生态畜牧养殖加工基地和良种繁育基地建设。支持山庄经济发展，鼓励开展以互联网为载体的森林食品私人和集团定制，扩大绿色水稻、甜玉米等有机作物种植面积，着手打造升辉绿色食品大市场，集中打造并打响“小兴安岭大森林”品牌。大力发展北药业，突出药企引进和基地建设。大力发展森林生态旅游业，突出市场化经营和体制创新。大力发展木材精深加工业，突出资源整合和层次提升。大力发展绿色矿业，突出盘活存量和做大增量。

(2)巩固提升生态建设水平。系统化推进生态文明先行示范区建设，全面增强生态保障力和林业生产力。大力强化资源保护。以《党政领导干部生态环境损害责任追究办法》为准绳，严格落实生态保护主体责任。深入开展“森林资源保护专项行动”，严厉打击非法侵占、毁林开垦、盗伐盗挖盗猎及破坏湿地等行为，全面巩固停伐成果。正式启动伊春国家公园体制试点各项工作，探索生态保护、建设、管理新机制、新模式。强化火烧迹地、林间空地和退耕还林地造林补植，加快推进红星50万亩生物质能源林建设。注重森林抚育向经营要效益，完成270万亩森林抚育经营任务。严格推进节能减排。狠抓环境综合治理，对环境违法行为“零容忍”。继续推进重点工业企业脱硫、脱硝项目建设，加快淘汰黄标车，严格控制建成区新建20吨以下燃煤锅炉，确保空气质量优良天数比例保持在90%以上。

(3)深入推进美丽伊春建设。完善城乡基础设施。增加城镇绿量，提升绿化品位，中心林场、村屯道路硬化率、自来水入户率、污水处理率全部达标。加大水土保持生态建设力度，强化山洪预警，城市防洪以及重点水利工程完成年度建设任务。

(4)扎实推动创新创业。提升科技创新能力。引导林科院、农研中心等科研院所与企业共建研发推广机制，与大连民族大学共建森林食品科学研究院，推进协同创新和资源共享。强化人才引进和培养。加快推进招才引智工作，完善人才、智力、项目相结合的柔性引才机制。实施“人才兴安岭工程”。

(5)竭力增进民生福祉。购置环保节能公交车60辆，持续提升公共交通服务水平。

2. 对2016年生态文明建设工作的总结(2012—2016年)

(1)立足全局保生态，森林资源质量数量同步提高。深入实施“天保二期”和《大小兴安岭林区生态保护与经济转型规划》，全面停止天然林商业性采伐，坚决落实严管资源各项措施，实现连续13年无重大森林火灾，森林覆盖率由83.9%提高到84.4%，林木蓄积量由2.64亿m^3增加到3.02亿m^3，首批跨入国家生态文明先行示范区行列。

(2)全力以赴促转型，新旧发展动能接续转换。森林生态旅游、森林食品业增加值占GDP比例已达26%。高标定位建名城，森林城市功能品位全面提升。坚持高起点规划、高标准建设、高质量管理、高效益经营，扎实开展国家卫生城、总投资30亿元的华能伊春热电厂投入使用，居民供热和环境质量得到改善。打响森博会、国际森林马拉松等重大展会赛事品牌，绿色伊春的知名度和影响力不断扩大。

(3)产业升级步伐加快。森林生态旅游业持续升温。创建全域旅游示范区全面启动，桃山庄四季温泉假日酒店、金水湾水上乐园等一批项目投入运营，中医药养生、湿地游、民俗民宿等新业态加速发展。“森林生态旅游节”和“森林冰雪欢乐季”系列活动全面铺开，冬季旅游产品不断丰富，首届伊春冰雪旅游产业国际峰会成功举办，“冰天雪地也是金山银山”这篇文章正在破题。全年入境游客首次突破千万人次，旅游收入突破80亿元，增幅均达40%以上。森林食品业链条不断拓展。制定出台了《关于加快推进林业产业发展的实施意见》，蓝莓等小浆果种植面积达6.6万亩，食用菌规模达5.1亿袋，森林猪饲养量达25万头，森林食品规模企业达38户。北药业稳步发展。平贝、返魂草等骨干品种规模持续扩大，喜人、东鹿等新建药厂已试产，种植、改培药材47万亩。

(4)生态建设扎实推进。森林资源专项治理百日行动有效开展，查处各类林政案件149起，收回林地11hm^2。翠北湿地、碧水中华秋沙鸭保护区晋升国家级自然保护区。完成更新造林28.6万亩，中、幼龄林抚育293万亩。“伊春红松国家公园”体制试点方案完成编制上报。环境空气质量综合指数位居全省第一。

(5)美丽伊春加速建设。中心城净水厂全面建设，23座新建垃圾压缩中转站投入运营，医疗废物处理厂改造完成，山河大道等主要街路景观绿化一新。被列入国家新型城镇化综合试点地区。

第二节　地方政府生态文明建设工作重视程度评价

黑龙江省生态文明建设年度评价按照《黑龙江省绿色发展指标体系》实施，绿色发展指数采用综合指数法进行测算。绿色发展指标体系包括资源利用指数、环境治理指数、环境质量指数、生态保护指数、增长质量指数、绿色生活指数和公众满意程度七个方面，其中公众满意程度为主观调查指标，通过统计部门抽样调查来反映公众对生态环境的满意程度。本章所指的绿色发展指数不包括公众满意程度。

本章目标类分值为10分，分别设置两个评价指标：2016年各市(地)生态文明建设绿色发展指数和2016年各市国民经济和社会发展统计公报。由于2016年各市(地)生态文明建设绿色发展指数的数据较为权威，并且与地方政府对生态文明建设工作的重视程度相关性较大。因此，对此项指标赋值8分。2016年各市国民经济和社会发展统计公报中按照是否设置了生态文明建设的相关指标进行评价。此项指标赋值2分，作出指标设置记为2分，没有设置记为0分。得到如下评价表(见表3-1)。

表 3-1　2016 年各地市政府对于生态文明工作的重视程度评价表

排序	地区	绿色发展指数	国民经济和社会发展公报	得分
1	鸡　西	80.41	有指标	8.43
2	黑　河	79.72	有指标	8.37
3	伊　春	79.52	有指标	8.36
4	齐齐哈尔	79.11	有指标	8.32
5	哈尔滨	78.31	有指标	8.26
6	双鸭山	77.77	有指标	8.22
7	佳木斯	77.65	有指标	8.21
8	鹤　岗	76.56	有指标	8.12
9	大　庆	71.78	有指标	7.74
10	大兴安岭	80.90	无指标	6.47
11	牡丹江	78.60	无指标	6.28
12	七台河	76.76	无指标	6.14
13	绥　化	74.88	无指标	5.99

注：数据来源：2016 年黑龙江省各市(地)生态文明建设年度评价结果。

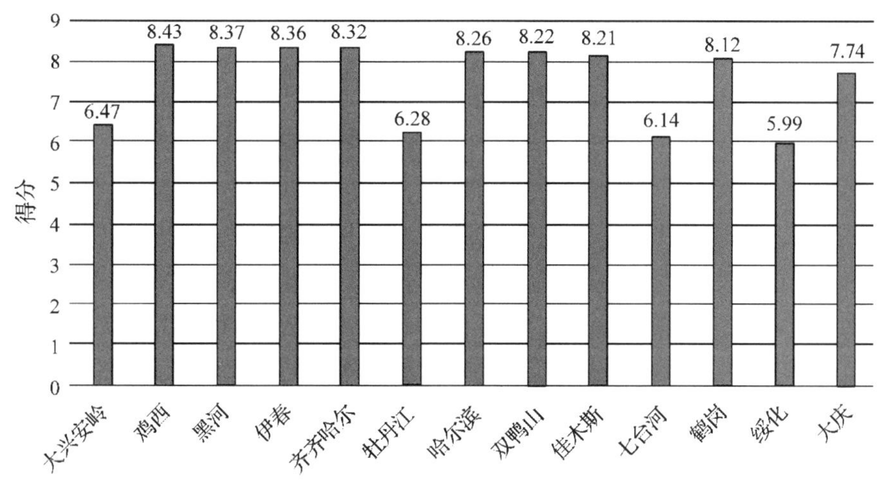

图 3-1　2016 年各地市政府对于生态文明工作的重视程度评价结果示意图

1. 存在的问题

(1) 对政府工作报告的分析存在的问题

由于 2016 年是黑龙江省经济社会发展承上启下的关键年，是黑龙江省各级领导班子本届任期执政的最后一年，也是黑龙江省“十三五”规划的开局之年。因此，各市 2015—2016 年政府工作报告都涉及了回顾 2012—2016 年的工作成绩，有些城市没有单独回顾 2016 年的成绩。对于 2016 年的各市工作情况总结的不够全面，这导致在对比两年工作情况时，无法得出准确的数据。

部分城市对于2016年工作的部署较为全面，总结2016年工作时只解决和改善了部分设定的工作目标，如何界定完成程度还有待考量。

(2)问卷调查存在的问题

本次所制定针对政府部门的调查问卷没能反映出各市级政府对于生态文明工作的重视程度，在进行调研的过程中也缺乏对调研人员的培训。在进行下一步研究时，要注重对于具体问题进行设置，得出客观数据。

(3)指标设置存在的问题

《各地市生态文明建设评价体系表》中，第三个部分的各项指标没有被更好地体现。本章评价指标体系的设定过于简单，有待于进一步的研究和更加深入的思考。

2. 改进措施

(1)对各地市政府加强生态文明建设的建议

第一、各地市政府要按照政府工作报告的计划有针对性地解决生态文明建设存在的问题。通过对比2017年度和2016年度两年的政府工作报告，我们发现各地市政府普遍存在计划制定的内容较多，而在总结前一年工作的报告中缺少具体的解决情况的汇报。即使提及相关工作其数据也多为笼统性的概括，缺乏针对性的数据以及解决此项问题的具体进展。

第二、各地市政府要继续按照“五位一体”总体布局的要求，继续将生态文明建设工作作为一项独立性工作进行专门部署及安排，并将生态文明建设工作贯穿于各项工作安排和实施的全过程之中。

第三、各地市政府要加强生态文明建设的监管职能。政府对生态文明监管职能的提升可以有效地促进生态文明建设制度的执行力度的提升。在分析各地市政府工作报告中，我们发现在政府自身建设中提到对生态文明建设工作的监管以及在生态文明建设工作中是否体现政府的职能的城市还比较少。由此可见，加强政府对生态文明建设的监管职能是下一步提升政府对生态文明建设工作重视程度的重要体现。

(2)完善生态文明建设政府重视程度评价工作的建议

第一、重新选择有利于本章定量分析的研究方法。下一步对于各地政府对生态文明建设的重视程度的分析，我们将采用社会学的分析方法。应用SPSS数据分析工具，尝试运用多重分析、因子分析、方差分析等方法力求得出更加客观的数据。

第二、根据相应的社会学分析方法设计相应的调查问卷。采取政府工作人员和公众评价两个方面，分别得出对各地市政府对于生态文明建设工作的重视程度。通过对比两个不同样本的数据，进行合并分析和对比分析，尝试得出更多调查结论。

第四章 各地市生态文明教育情况

随着生态文明建设在中国特色社会主义建设中的地位不断提升，提高全民生态文明意识的任务日益艰巨。欲强其国，必强其文化，欲强其文化，必通过教育。生态文明教育是塑造生态文明的有效途径，是衡量公众参与生态环境保护、提高生态文明意识的重要载体。要全面地强化生态意识和提升生态文明建设，使每个公民自觉维护与其自身生存和发展休戚与共的生态环境，最行之有效的途径就是进行生态文明教育。

本部分内容在前期已通过实地考察、入校访谈、发放和收集调查问卷等方式对黑龙江省 13 个地市进行了生态文明教育的调研，通过调研了解了各地市生态文明教育的情况，进行本部分评价的目的是总结调研数据，分析各地市研究生态文明教育中的问题并提出解决对策，从而提高生态文明教育质量，促进生态文明建设。也方便查找生态文明教育领域存在的问题和不足，为各地区、各学校改进教育工作、推进生态文明建设提供参考依据。

第一节 评价方法的选择与指标权重的确定

本部分内容主要通过以下两个层面对黑龙江省 13 个地市的生态文明教育进行分析和比对。一是分别对黑龙江省 13 个地市的生态文明教育二级指标进行整理分析；二是对黑龙江省 13 个地市的生态文明教育情况进行比对分析，以图表和柱形图的形式展示。

在借鉴国内关于生态文明教育评价研究成果的基础上，结合本次评价的实际情况，本内容框架构建选取了层次分析法（AHP），它是一种层次权重决策分析方法。借助层次分析法，最终确立评价黑龙江省生态文明教育的总目标（G），并确立了学校开设相关课程情况（C_1）、学校相关实践活动情况（C_2）、学校生态文明宣传教育情况（C_3）、学校生态文明教师队伍建设情况（C_4）这 4 个二级指标。

同时，还为每个二级指标构建了若干个三级指标(A)。由 4 个二级指标和 10 个三级指标组成的评价体系能系统地反映黑龙江省生态文明教育情况，其层次结构模型见图 4-1。

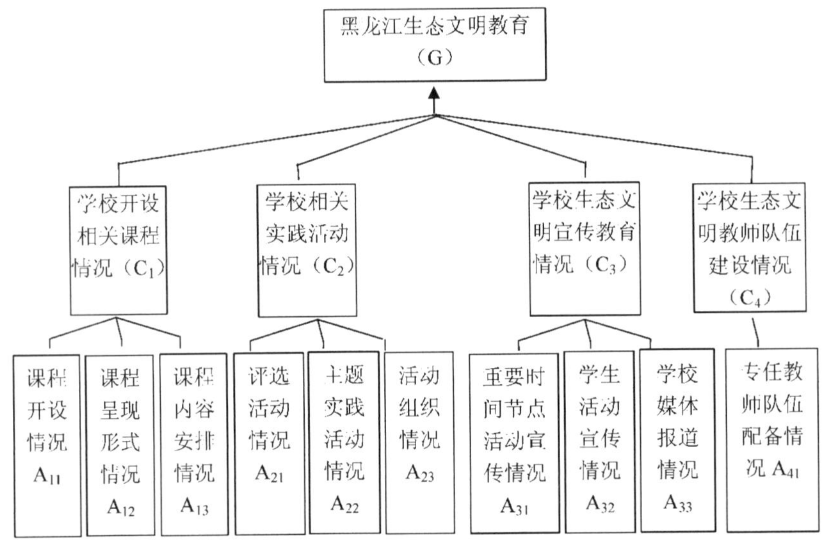

图 4-1　黑龙江省生态文明教育情况层次结构模型

生态文明教育在本次生态文明建设评价目标体系中目标类分值是 10，为了更科学全面地反映黑龙江省各地市生态文明教育的情况，通过征求专家意见，对生态文明教育调研设置了 4 个二级指标，指标内容和权数情况是：

C_1学校开设相关课程情况(权数 4)；

C_2学校相关实践活动情况(权数 2)；

C_3学校生态文明宣传教育情况(权数 3)；

C_4学校生态文明教师队伍建设情况(权数 1)。

在对 4 个二级指标进行调研的过程中，采取抽样调查的方法，设计相关题目支撑 4 个二级指标，并运用层次分析法计算出每道题目相应的权数。

一、学校开设相关课程情况(C_1)的内容、权重及计算方法

关于学校开设相关课程情况，共设置了 3 道题，课程开设情况(A_{11})；课程呈现形式情况(A_{12})；课程内容安排情况(A_{13})，共同支撑课程开设情况(C_1)。课程开设情况的评价为借助层次分析法，对主观因素进行量化处理、各指标权重确定及一致性检验。

按照层次分析法的一般操作步骤，根据咨询相关专家的意见，围绕层次模型，对各层次指标逐一两两比较，并采用 T. L. Saaty 提出的 1～9 比例标度法予以赋值，见表 4-1。

表 4-1 判断矩阵的标度值

标度	解释
9	极端重要
7	强烈重要
5	明显重要
3	稍微重要
1	同等重要
1/3	稍不重要
1/5	不重要
1/7	很不重要
1/9	极不重要
8，6，4，2，1/2，1/4，1/6，1/8	表示上述标度值的中间值

确定判断矩阵后，利用 yaahp 软件计算得出各判断矩阵特征向量(W)和最大特征值(λ_{max})，对特征向量(W)进行归一化处理，得出各指标的权重(W_i)分配，并进行一致性检验。但由于在实际应用条件下，一致性条件不可能完全满意。因此，采用一致性比例(CR)衡量判断矩阵是否具有满意的一致性。CR 为一致性指标 CI($CI=\frac{\lambda_{max}-n}{n-1}$)与平均随机一致性指标 RI 的比值，见表 4-2。

表 4-2 平均一致性指标赋值

n	1	2	3	4	5	6	7	8
RI	0	0	0.52	0.89	1.12	1.24	1.36	1.41

当 $CR<0.1$ 时，认为所构建的判断矩阵取得了满意的一致性，否则需要对判断矩阵进行适当调整。通过对各判断矩阵的计算，所有一致性指标 CR 均小于 0.1，一致性结果满意，指标权重分布见表 4-3。

表 4-3 学校开设相关课程情况评价层次模型判断矩阵、指标权重及一致性检验

C_1	A_{11}	A_{12}	A_{13}	W_i	一致性检验结果
A_{11}	1	3	2	0.539	$CR=0.0057<0.1$ $\lambda_{max}=3.006$
A_{12}	1/3	1	1/2	0.164	
A_{13}	1/2	2	1	0.297	

根据表 4-3 中各指标的权重，可以得出评价黑龙江省各地市学校开设相关课程情况得分的计算公式为：

$$C_1 = 0.539 \times A_{11} + 0.164 \times A_{12} + 0.297 \times A_{13} \qquad (4-1)$$

二、学校相关实践活动情况(C_2)的内容、权重及计算方法

关于学校相关实践活动情况，共设置了3道题，评选活动情况(A_{21})；主题实践活动情况(A_{22})；活动组织情况(A_{23})，共同支撑学校相关实践活动情况(C_2)，依据上述评价方法，得出表4-4。

表4-4 学校相关实践活动情况评价层次模型判断矩阵、指标权重及一致性检验

C_2	A_{21}	A_{22}	A_{23}	W_i	一致性检验结果
A_{21}	1	1/2	1/2	0.2	$CR=0.000<0.1$ $\lambda_{max}=3$
A_{22}	2	1	1	0.4	
A_{23}	2	1	1	0.4	

根据表4-4中各指标的权重，可以得出评价黑龙江省各地市学校相关实践活动情况得分的计算公式为：

$$C_2 = 0.2 \times A_{21} + 0.4 \times A_{22} + 0.4 \times A_{23} \quad (4-2)$$

三、学校生态文明宣传教育情况的(C_3)内容、权数和计算方法

关于学校生态文明宣传教育情况，共设置了3道题目，重要时间节点活动宣传情况(A_{31})；学生活动宣传情况(A_{32})；学校媒体报道情况(A_{33})，共同支撑生态文明宣传教育情况(C_3)，依据上述评价方法，得出表4-5。

表4-5 学校生态文明宣传教育情况评价层次模型
判断矩阵、指标权重及一致性检验

C_3	A_{31}	A_{32}	A_{33}	W_i	一致性检验结果
A_{31}	1	2	2	0.5	$CR=0.000<0.1$ $\lambda_{max}=3$
A_{32}	1/2	1	1	0.25	
A_{33}	1/2	1	1	0.25	

根据表4-5中各指标的权重，可以得出评价黑龙江省各地市学校生态文明宣传教育情况得分的计算公式为：

$$C_3 = 0.5 \times A_{31} + 0.25 \times A_{32} + 0.25 \times A_{33} \quad (4-3)$$

四、学校生态文明教师队伍建设情况的(C_4)的内容、权数和计算方法

关于学校生态文明宣传教育情况，共设置了1道题目，专任教师队伍配备情况A_{41}，根据本题情况，$C_4=A_{41}=1$。

第二节　生态文明教育二级指标分析

一、哈尔滨市生态文明教育二级指标单项分析结果

1. 哈尔滨市生态文明课程开设情况

公式(4－1)每个变量根据调查问卷相应题目选项实际情况，依据层次分析法和赋值法等乘以调查问卷每个选项实际占比得出。

A_{11}为你所在的学校已开设生态文明相关课程，已开设生态文明课程则赋值1分，没有开设生态文明课程则赋值0分。

A_{12}为你所在的学校已有的生态文明相关课程主要以什么样的形式呈现，根据层次分析法，将选项两两重要性进行对比，得出各个选项的重要性赋予权重，通过对比分析数值，与每个选项统计结果得出生态文明课程呈现形式的计算公示为0.345×A(观看视频)+0.537×B(传统课堂教学)+1×C(实践探究)+1×D(走访参观)+0.214×E(自由阅读书籍)。

A_{13}为你经常接触相关哪些生态文明教育课程方面的知识，根据层次分析法，两两重要性进行对比，得出各个选项的重要性赋予权重，通过对比分析数值，与每个选项统计结果得出计算公示为0.5×A(认识动物与植物)+1×B(垃圾的分类与处理)+1×C(实践探究)+1×D(走访参观)+0.214×E(自由阅读书籍)。

本次调研过程中关于哈尔滨市生态文明教育调研共收集到的问卷中，其中80%调研对象所在学校开设了生态文明的相关课程，30%的学校已有的生态文明相关课程主要以观看视频的形式呈现，40%学校以传统的教学课堂的形式呈现，30%的学校以实践探究的形式呈现。50%经常接触与认识动物与植物有关的生态文明教育课程知识，20%经常接触与垃圾分类与处理有关的生态文明教育课程知识，30%经常接触与水环境、大气环境保护有关的生态文明教育课程知识。可见，哈尔滨市整体课程开设情况较好，课程呈现形式多样，接触与生态文明相关法律内容和森林、河流、湖泊等自然生态系统相关的生态文明教育课程较少。

$$C_1=1.725+0.416+0.891=3.032$$

2. 哈尔滨市学校开设相关生态文明教育实践活动情况

A_{21}为你所在学校生态文明相关评选活动的举办情况如何，“很好”赋值1分，“好”赋值0.8分，“较好”赋值0.6分，“不好”赋值0.3分，“很不好”赋值0分。计算公式为1×A选项比例+0.8×B选项比例+0.6×C选项比例+0.3×D选项

比例 +0 ×E 选项比例。

A_{22}为你所在学校生态文明系列主题教育实践活动的开展情况如何，“很好”赋值 1 分，“好”赋值 0. 8 分，“较好”赋值 0. 6 分，“不好”赋值 0. 3 分，“很不好”赋值 0 分。计算公式为 1 ×A 选项比例 +0. 8 ×B 选项比例 +0. 6 ×C 选项比例 +0. 3 ×D 选项比例 +0 ×E 选项比例。

A_{23}为你所在学校生态文明系列活动组织情况如何，根据赋值法 A、B、C 任选一项及以上为 1 分，D 选项为 0 分，E 选项为 0. 8。计算公式为所有得分相加。

哈尔滨市有 30% 认为所在学校生态文明相关评选活动的举办情况很好，有 20% 认为所在学校学校生态文明相关评选活动的举办情况好，40% 认为所在学校学校生态文明相关评选活动的举办情况较好，10% 认为所在学校学校生态文明相关评选活动的举办情况不好，哈尔滨生态文明相关评选活动的举办情况较好。有一半的人认为自己所在学校生态文明系列主题教育实践活动的开展情况很好，另一半认为是好，所以可以推测，哈尔滨市学校生态文明系列主题教育实践活动的开展情况很好。整体上看，哈尔滨市学校开设相关生态文明教育实践活动情况较好。

$$C_2 = 0.292 + 0.72 + 0.8 = 1.812$$

3. 哈尔滨市学校生态文明宣传教育情况

A_{31}为你所在的学校一些时间节点的宣传情况如何，“很好”赋值 1 分，“好”赋值 0. 8 分，“较好”赋值 0. 6 分，“不好”赋值 0. 3 分，“很不好”赋值 0 分。计算公式为 1 ×A 选项比例 +0. 8 ×B 选项比例 +0. 6 ×C 选项比例 +0. 3 ×D 选项比例 +0 ×E 选项比例。

A_{32}为你所在的学校是否有公益环保宣传方面的社团，“有且参加过”赋值 1 分，“有但没参加过”赋值 0. 6 分，“没有”赋值 0 分，“不清楚”赋值 0. 2 分。计算公式为 1 ×A 选项比例 +0. 6 ×B 选项比例 +0 ×C 选项比例 +0. 2 ×D 选项比例。

A_{33}为你所在的学校对生态文明报道情况如何，“很好”赋值 1 分，“好”赋值 0. 8 分，“较好”赋值 0. 6 分，“不好”赋值 0. 3 分，“很不好”赋值 0 分。计算公式为 1 ×A 选项比例 +0. 8 ×B 选项比例 +0. 6 ×C 选项比例 +0. 3 ×D 选项比例 +0 ×E 选项比例。

哈尔滨市有 40% 认为所在学校世界环境日、世界水日、世界地球日、植树节等时间节点的宣传情况做得很好，30% 认为是好，10% 认为觉得较好，20% 认为不好，相较于大家对生态文明系列主题教育实践活动情况，本部分大家认可度较为一般，建议学校加强一些时间节点的宣传工作。

$$C_3 = 1.14 + 0.27 + 0.585 = 1.995$$

4. 哈尔滨市学校生态文明专任教师队伍配备情况

A_{41}为你所在的学校生态文明教师队伍建设情况，有专任教师则赋值1分，没有专任教师则赋值0分。

哈尔滨市60%的学校有生态文明教育专任教师。超过半数学校有配备专职专任教师，本部分情况较好，但仍需进一步加强。

$$C_4 = 0.6$$

通过公式 $C_1 + C_2 + C_3 + C_4$ 得出哈尔滨市生态文明教育二级指标结果为7.439。

二、齐齐哈尔市生态文明教育二级指标单项分析结果

1. 齐齐哈尔市生态文明课程开设情况

齐齐哈尔市在高中以及大学两个阶段中的调研对象所在学校内，生态文明教育宣传的情况较好，并且存在着相应的社团以及生态文明教育相关的活动。但是在小学以及初中的调研结果上来看，对生态文明教育有着明显的不足。缺乏相应的校内组织，也没有开设相应的教育课程以及活动。在调研的过程中，中小学生对本次调查表示很陌生，并对本次调查内容所呈现的内容不知所措。在与中小学生进行沟通中，了解到他们目前所掌握的生态文明知识主要是从书籍中或者视频中获取到的，没有得到具体的生态文明教育，建议增加生态文明教育方面师资力量的投入。

$$C_1 = 0.862 + 0.257 + 0.95 = 2.069$$

2. 齐齐哈尔市学校开设相关生态文明教育实践活动情况

在中小学校中，迫于升学等因素，学生们对生态文明实践等活动的参与程度不积极，由于课程安排紧凑，没有过多的精力去了解生态文明教育相关内容。

$$C_2 = 0.224 + 0.496 + 0.384 = 1.104$$

3. 齐齐哈尔市学校生态文明宣传教育情况

齐齐哈尔市总体在生态文明教育宣传方面较为积极，但形式较为单一。大部分需要学生利用课余时间自行去观看相关视频。建议可提高校方关注度，在校园内有效地宣传生态文明。

$$C_3 = 0.99 + 0.315 + 0.405 = 1.71$$

4. 齐齐哈尔市学校生态文明专任教师队伍配备情况

中小学校内生态文明教育相关方面的师资力量有限，没有专业的教师进行传授教育。

$$C_4 = 0.4$$

通过公式 $C_1 + C_2 + C_3 + C_4$ 得出齐齐哈尔市生态文明教育二级指标结果

为5.283。

三、牡丹江市生态文明教育二级指标单项分析结果

1. 牡丹江市生态文明课程开设情况

牡丹江市学校主要通过观看视频的方式来呈现生态文明相关课程，次之则通过传统的课堂教学和自由阅读书籍来学习生态文明相关课程。学校对有关生态文明的课程开放率比较低。学生经常接触与认识动、植物，垃圾的分类处理，森林、河流、湖泊、湿地等自然生态系统相关的生态文明教育课程，而关于水环境、大气环境的保护及生态文明相关的法律内容接触较少。

$$C_1 = 0.539 + 0.223 + 1.04 = 1.802$$

2. 牡丹江市学校开设相关生态文明教育实践活动情况

牡丹江市学生态文明相关实践活动的举办情况较好，但仍存在一些重视程度不够的问题，需要学校的高度重视与相关政策的落实。超过半数的学生对举办情况比较满意。

$$C_2 = 0.117 + 0.746 + 0.433 = 1.296$$

3. 牡丹江市学校生态文明宣传教育情况

牡丹江市宣传教育情况较好，但接近半数的同学对与生态文明建设的宣传有关的事情不太了解，学校对生态文明的宣传力度有待提高，需要扩大其普遍性，将生态文明宣传到个人，增加学生对生态文明知识的了解。

$$C_3 = 0.851 + 0.15 + 0.257 = 1.258$$

4. 牡丹江市学校生态文明专任教师队伍配备情况

当前，牡丹江市从事生态文明教育的师资力量较为欠缺。因精力所限，教师不得不学、研、教同时进行，任务重、压力大。急需组织精干队伍，开设优质课程。学校及教育系统须尽快建设生态文明教育的教师队伍。

$$C_4 = 0.083$$

通过公式 $C_1 + C_2 + C_3 + C_4$ 得出牡丹江市生态文明教育二级指标结果为4.439。

四、佳木斯市生态文明教育二级指标单项分析结果

1. 佳木斯市生态文明课程开设情况

本次调查范围内100%的学校都没有开设生态文明的相关课程，建议佳木斯市开设相关课程。

$$C_1 = 0 + 0.28 + 1.02 = 1.3$$

2. 佳木斯市学校开设相关生态文明教育实践活动情况

本次调查仅有13.3%存在实践探究课程。不过，大部分学校的主题教育活

动开展情况较好，有80%以上的人认为所在学校生态文明相关评选活动的举办情况及系列主题教育实践活动情况在较好及以上。

$$C_2 = 0.22 + 0.486 + 0.708 = 1.414$$

3. 佳木斯市学校生态文明宣传教育情况

佳木斯市学校生态文明宣传教育情况有待提高，多数学校的教育思想观念中还未包括生态文明观念，对生态文明教育不够重视，本次调查有40%的都只是单靠一些学生社团开展的活动宣传。

$$C_3 = 0.869 + 0.236 + 0.332 = 1.437$$

4. 佳木斯市学校生态文明专任教师队伍配备情况

本次调查范围内100%的学校都没有配备专任教师队伍，建议佳木斯市加强专任教师队伍配备。

$$C_4 = 0$$

通过公式 $C_1 + C_2 + C_3 + C_4$ 得出佳木斯市生态文明教育二级指标结果为4.151。

五、大庆市生态文明教育二级指标单项分析结果

1. 大庆市生态文明课程开设情况

大庆市受访对象中，相较于其他层次学生，大学生以及小学生的生态文明教育实践活动更加丰富。生态文明课程主要以传统课堂教学为主，大多数学校开设生态文明相关课程，主要以观看视频、传统课堂教学实现，实践探究及走访参观的仅占教学形式的21%；在经常接触哪方面的生态文明知识之一问题上，垃圾分类与水环境、大气环境课程开展较好，法律相关较为薄弱，生态文明法律的了解情况为10%。

$$C_1 = 1.386 + 0.326 + 1.148 = 2.86$$

2. 大庆市学校开设相关生态文明教育实践活动情况

大庆市需要广泛开展生态环保主题教育，深入开展多种形式的主题活动，丰富活动的形式，培养学生的环保意识。

$$C_2 = 0.291 + 0.514 + 0.628 = 1.433$$

3. 大庆市学校生态文明宣传教育情况

多数学校相关评选活动、宣传活动反应较好，学生能积极参与，在访谈过程中，受访教师意识上明确生态文明观念应从小培育，在校园宣传方面，广播报刊的传递整体情况较好，学生社团以及相应的环保活动日有所举办，但在访谈过程中，学生坦言，此类活动绝大多数并未真正能达到深入人心的效果，学生们普遍机械式接受相关理论知识，体验感较差。

$$C_3 = 1.168 + 0.268 + 0.548 = 1.984$$

4. 大庆市学校生态文明专任教师队伍配备情况

多数学校缺少相关生态文明教育专任教师，相关方面的师资力量少，学校师资力量配备方面的投入力度有待提高。

$$C_4 = 0.215$$

通过公式 $C_1 + C_2 + C_3 + C_4$ 得出大庆市生态文明教育二级指标结果为6.492。

六、鸡西市生态文明教育二级指标单项分析结果

1. 鸡西市生态文明课程开设情况

鸡西市的小学还都没有开设与生态文明相关的课程，中学及大学相对较好，少有了解法律方面及森林、湿地、河流、湖泊等自然生态系统方面。知识了解主要是通过视频的方式学习，但是学生会觉得教育的体系不完整，知识衔接不够好，建议此方面增强。

$$C_1 = 0.718 + 0.236 + 0.991 = 1.945$$

2. 鸡西市学校开设相关生态文明教育实践活动情况

鸡西市学校生态文明教育实践活动情况较为丰富，鸡西市学生已经有从小事做起保护环境的意识，他们会做到人走灯关，少使用一次性用品这些事情，也知道要双面使用纸张，实践活动取得的效果较好。

$$C_2 = 0.204 + 0.44 + 0.453 = 1.097$$

3. 鸡西市学校生态文明宣传教育情况

鸡西市学校根据学生相应层次的能力已经开始进行生态文明的宣传，尽管在广播、学校报刊、公益活动上还不是很完善，但已有这种宣传教育方向。在平时的班会上、社团中，学生会都会接触到相应生态文明建设的知识。

$$C_3 = 0.723 + 0.312 + 0.325 = 1.36$$

4. 鸡西市学校生态文明专任教师队伍配备情况

通过调研发现，鸡西市生态文明教育专教老师配备情况较为薄弱，建议在此方面增强。

$$C_4 = 0.25$$

通过公式 $C_1 + C_2 + C_3 + C_4$ 得出鸡西市生态文明教育二级指标结果为4.652。

七、双鸭山市生态文明教育二级指标单项分析结果

1. 双鸭山市生态文明课程开设情况

调查显示，双鸭山市在现今的学校中，较多学校都开设了相关课程以及知识性的讲座，而在生态文明的教育课程方面，以认识、培养环保意识为主，同

时涵盖了解相关的生态文明的法律内容，对于空气、水土、自然环境的保护措施，垃圾的处理与分类等。但在生态文明教育的活动中，更多的还是仅限于知识的了解掌握，亲身经历的时间相对较少。

$$C_1 = 1.593 + 0.357 + 1.189 = 3.139$$

2. 双鸭山市学校开设相关生态文明教育实践活动情况

相关的课外活动较丰富，辩论、演讲、绘画、摄影等多种活动也较为全面。对于生态文明教育的相关课程也不仅限于课堂教学，还包括了自由阅读、走访参观、观看视频等多种课堂新模式。

$$C_2 = 0.368 + 0.624 + 0.696 = 1.688$$

3. 双鸭山市学校生态文明宣传教育情况

学校在组织活动的同时，也开设了兴趣社团的组织，既丰富了课余生活，也可以学习更多相关知识。学校的广播、报刊也有专门的栏目报道，表扬突出的小组个人，学习气氛非常浓厚。与此同时，相关的生态文明教育活动也存在着一些问题，如一些环保节日的宣传活动虽然很好，但同学们也仅限于了解阶段，参与的相关活动不足，不能切身体会到生态文明教育的重要性，没有很多亲身经历的感受。

$$C_3 = 1.037 + 0.372 + 0.538 = 1.947$$

4. 双鸭山市学校生态文明专任教师队伍配备情况

学校很少有设立生态文明教育专任的老师，建议在此方面加强。

$$C_3 = 0.304$$

通过公式 $C_1 + C_2 + C_3 + C_4$ 得出双鸭山市生态文明教育二级指标结果为7.078。

八、伊春市生态文明教育二级指标单项分析结果

1. 伊春市生态文明课程开设情况

在调研的过程中，了解到伊春市部分学校开设了相关课程。但中小学生目前所掌握的生态文明知识主要是从书籍中或者视频中获取到的，没有得到具体的生态文明教育，部分靠学生利用课余时间自行去观看相关视频。大学对于生态文明建设有相应的课程设置，但是教学形式较为单一，传统的课堂教学居多，平常接触的也只是认识动植物，了解森林、河流、湖泊、湿地等自然生态系统相关知识。

$$C_1 = 1.203 + 0.324 + 1.065 = 2.592$$

2. 伊春市学校开设相关生态文明教育实践活动情况

伊春市学校开设的生态文明教育实践活动较好，学生从实践探究中了解到

的生态文明相关知识较多，效果也较好，可以继续多到实地进行实践探究。

$$C_2 = 0.213 + 0.534 + 0.691 = 1.438$$

3. 伊春市学校生态文明宣传教育情况

在小学、初中以及大学三个阶段中的调研对象所在学校内，生态文明教育宣传的情况较好，并且存在着相应的社团以及生态文明教育相关的活动。但是在高中的调研结果上来看，对生态文明教育有着明显的不足，建议在高中阶段加强宣传教育。

$$C_3 = 0.875 + 0.334 + 0.378 = 1.587$$

4. 伊春市学校生态文明专任教师队伍配备情况

在中小学校中，学校对生态文明教育缺乏足够重视，只注重学生的素质文化教育。中小学校内生态文明教育相关方面的师资力量有限。没有专业的教师进行传授教育，建议适当增加生态文明教育方面师资力量的投入。

$$C_4 = 0.75$$

通过公式 $C_1 + C_2 + C_3 + C_4$ 得出伊春市生态文明教育二级指标结果为6.367。

九、七台河市生态文明教育二级指标单项分析结果

1. 七台河市生态文明课程开设情况

通过数据对比分析，小学和中学接近八成还未开设相关课程，大学显示开设相关课程的比例超过70%，说明高校对生态文明相关课程的重视程度要高于中小学，传统意义上的走访参观占据了超过65%的比例，说明生态文明课程建设还未真正意义上进入课堂，而中小学生因受教育水平限制，走访参观更容易被他们所接受。与大家所处环境密切相关的水环境、大气环境、垃圾分类等占据了超过70%的比例，而森林、湖泊、动物、植物、生态文明法律等了解较少，不足30%。

$$C_1 = 0.996 + 0.447 + 1.144 = 2.587$$

2. 七台河市学校开设相关生态文明教育实践活动情况

在问到你所在学校生态文明相关评选活动的举办情况如何时，认为“较好”以上的比例超过75%，说明当地对生态文明教育评选活动的效果得到了大多数人的认可；在问到你所在学校生态文明系列主题教育实践活动的开展情况如何时，不到70%的学生选择“较好”及以上，说明当地的生态文明教育实践活动虽得到大多数认可，但还有较大的提升空间。

$$C_2 = 0.462 + 0.418 + 0.48 = 1.36$$

3. 七台河市学校生态文明宣传教育情况

关于一些时间节点的宣传情况，大家普遍对植树节认识较为深刻，也能说

出植树节的具体日期，但对于其他几个生态环境节日知之甚少，选择“较好”及以上的比例接近70%，表明学校生态文明宣传效果较好；在问到是否有公益环保宣传方面的学生社团，小学生普遍反映没有，中学生反映的数据显示接近半数，只有大学生的数据显示有并且参加过，表明生态文明教育从小学到大学，呈现出公益环保社团水平逐渐提升的趋势；在问到“你所在的学校校园广播、学校报刊对生态文明的报道情况如何”时，选择“较好”及以上的数据为半数，建议学校校园广播、学校报刊对生态文明的报道方面有所加强。

$$C_3 = 0.785 + 0.381 + 0.381 = 1.547$$

4. 七台河市学校生态文明专任教师队伍配备情况

在问到“你所在的学校是否有生态文明教育专任教师”时，数据呈现出明显的聚集，超过80%的学校没有生态文明教育专任教师，主要集中在中小学，这说明中小学生态文明教育专任教师师资力量比较匮乏，建议加强。

$$C_4 = 0.154$$

通过公式 $C_1 + C_2 + C_3 + C_4$ 得出七台河市生态文明教育二级指标结果为5.648。

十、鹤岗市生态文明教育二级指标单项分析结果

1. 鹤岗市生态文明课程开设情况

鹤岗市大多数学校开设了生态文明的相关课程，开设情况较好，但大多数学校教育停留在传统课堂的阶段，每个学生对生态文明的认知程度也不同。建议加强生态文明知识的普及，完善知识结构。

$$C_1 = 0.711 + 0.326 + 1.152 = 2.189$$

2. 鹤岗市学校开设相关生态文明教育实践活动情况

学校相关实践活动情况主要体现在各种各样的活动上，中小学少有举办类似的活动，高中有举办活动但效果一般。建议中小学学校应当多组织有关于生态文明环保的活动，加大活动的频次和规模，高中阶段举办的活动力求深入人心。

$$C_2 = 0.202 + 0.531 + 0.686 = 1.419$$

3. 鹤岗市学校生态文明宣传教育情况

目前鹤岗市学校生态文明宣传教育情况一般，大多数学生只是从简单的讲座中获取，简单了解但没有深入理解。可以通过校园文化影响，使“环境保护”“生态文明”等理念深入人心。

$$C_3 = 0.843 + 0.383 + 0.461 = 1.687$$

4. 鹤岗市学校生态文明专任教师队伍配备情况

大多数的学校没有专任的教师，大多数学校都是把它当成非正式的课程来

讲述，学校的重视程度不够，建议设置专任教师。

$$C_4 = 0.33$$

通过公式 $C_1 + C_2 + C_3 + C_4$ 得出鹤岗市生态文明教育二级指标结果为5.625。

十一、黑河市生态文明教育二级指标单项分析结果

1. 黑河市生态文明课程开设情况

黑河市的学校生态文明的相关课程开设整体情况较高，但有部分学校虽然在课程表中开设了相应的课程，可是迫于升学的压力，将生态文明课程替换或更改，需要相应部门的维护，这样才能逐步提高整体的生态文明教育水平。

$$C_1 = 1.524 + 0.306 + 1.079 = 2.909$$

2. 黑河市学校开设相关生态文明教育实践活动情况

调研中，有67%的学生认为所在学校生态文明相关评选活动举办情况较好，仍有一些同学认为不是很好。87%的学生认为所在学校生态文明系列主题教育实践活动的开展较好。几乎所有学生都认为自己所在学校对环保日的时间节点宣传较好，由此可判断，黑河市生态文明教育实践活动开展得较好。存在的问题为：在中小学学校中，迫于升学等因素，学生们对实践活动的参与程度不积极。

$$C_2 = 0.308 + 0.622 + 0.672 = 1.602$$

3. 黑河市学校生态文明宣传教育情况

黑河市生态文明宣传教育情况较好，如87%的学校有公益环保宣传方面的学生社团并且对生态文明的报道情况较好。但是校内学生对整个生态文明的情况了解有所匮乏，不明其重要性。建议有所加强。

$$C_3 = 1.157 + 0.52 + 0.571 = 2.248$$

4. 黑河市学校生态文明专任教师队伍配备情况

68%的学校有生态文明教育专职教师。中小学校内生态文明教育相关方面的师资力量有限。应提高校方关注度，增加生态文明教育方面师资力量的投入。

$$C_4 = 0.684$$

通过公式 $C_1 + C_2 + C_3 + C_4$ 得出黑河市生态文明教育二级指标结果为7.443。

十二、绥化市生态文明教育二级指标单项分析结果

1. 绥化市生态文明课程开设情况

绥化市生态文明课程开设情况较好，调研涉及的学校都开设了生态文明的相关课程。课程内容覆盖全面。

$$C_1 = 2.156 + 0.394 + 0.909 = 3.459$$

2. 绥化市学校开设相关生态文明教育实践活动情况

在实践活动方面，通过访谈了解到活动较为丰富，但活动次数较少，建议可以进行更多的实践体验，例如，走出校园，亲近自然，与社区结合并服务社区。

$$C_2 = 0.287 + 0.715 + 0.8 = 1.802$$

3. 绥化市学校生态文明宣传教育情况

当问及“你所在的学校是否有公益环保宣传方面的学生社团”时，回答有并且参加过的占18%，有但没参加过的占63%，没有的占9%，不清楚的占10%。通过数据可以看出大多数同学参加生态文明建设行为具有较高的积极性，但通过访谈了解到这种积极性更多地出于从众心理，即有人组织才参加。出现这种现象的根本原因在于学生们对生态环境问题没有切实的感受，从而使其对生态环境问题缺乏较深层次的认识与理解，不愿意积极主动地采取保护环境的行为。

$$C_3 = 1.14 + 0.558 + 0.602 = 2.3$$

4. 绥化市学校生态文明专任教师队伍配备情况

绥化市生态文明专任教师队伍配备情况很好，调研的学校均有所配备。

$$C_4 = 1$$

通过公式 $C_1 + C_2 + C_3 + C_4$ 得出绥化市生态文明教育二级指标结果为8.561。

十三、大兴安岭地区生态文明教育二级指标单项分析结果

1. 大兴安岭地区生态文明课程开设情况

大兴安岭地区现阶段学校对于生态文明教育的态度很多学生表示并不明确，学校每周会在特定时间对大家进行思想政治教育，其中就包含了生态文明教育，其形式主要是传统的课堂学习和视频观看为主，其中单方面的信息输出占很大比例。

$$C_1 = 1.294 + 0.223 + 0.95 = 2.467$$

2. 大兴安岭地区学校开设相关生态文明教育实践活动情况

由于大兴安岭地区得天独厚的地理条件，生长在林区的居民对森林植被、水环境、大气环境有着强烈的保护意识，生态文明教育实践活动较为丰富，但对于垃圾分类的认识，还是有些欠缺，从个体来说，对垃圾分类的认识不够深入，垃圾分类的技能并未掌握，对于生活垃圾、厨余垃圾等不能进行及时有效的分类。

$$C_2 = 0.312 + 0.672 + 0.512 = 1.496$$

3. 大兴安岭地区学校生态文明宣传教育情况

总体来看，生态文明宣传教育普及效果并不理想，生态文明宣传普及度较

低，很多人即使具有一定的生态文明意识，也是存在“知行不一”的情况，较多人对生态文明抱有事不关己的态度，生态保护责任感较弱。社会舆论对于生态文明教育的宣传尚有欠缺，一定程度上也造成公众生态文明意识不足、知识不够，不能内化于心、外化于行。

$$C_3 = 1.058 + 0.75 + 0.57 = 2.378$$

4. 大兴安岭地区学校生态文明专任教师队伍配备情况

大兴安岭地区生态文明专任教师队伍配备情况较好，但仍需进一步加强。

$$C_4 = 0.6$$

通过公式 $C_1 + C_2 + C_3 + C_4$ 得出大兴安岭地区生态文明教育二级指标结果为6.941。

第三节　各地市生态文明教育指标对比分析

一、各地市生态文明教育二级指标情况对比

通过上述运算，将13个地市四个二级指标对比，以图表形式呈现黑龙江省13个地市生态文明教育二级指标情况。见图4-2～4.5。

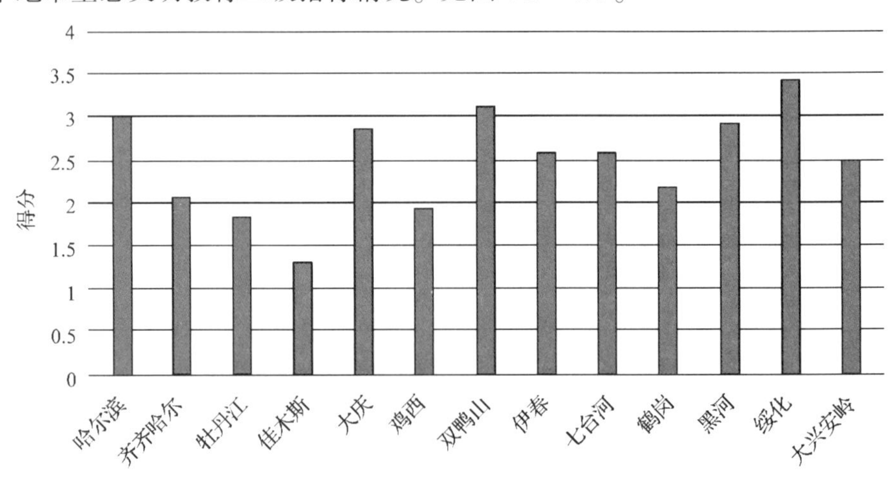

图4-2　黑龙江省各地市学校开设相关课程情况对比图

通过图4-2可以看出，黑龙江省13个地市学校开设相关课程情况中，哈尔滨市、大庆市、双鸭山市、黑河市、绥化市较好，具体表现为生态文明相关课程开设情况较好，课程呈现形式多样，知识覆盖较为全面。

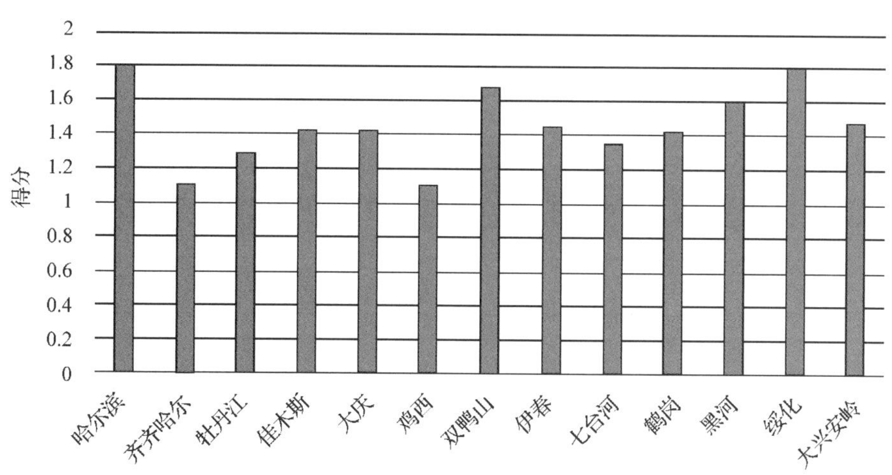

图 4-3 黑龙江省各地市学校相关实践活动情况对比图

通过图 4-3 可以看出，黑龙江省 13 个地市学校相关实践活动情况中，哈尔滨市、双鸭山市、黑河市、绥化市较好，具体表现为生态文明相关评选活动举办情况较好，主题教育实践活动开展情况较好，重要时间节点宣传教育情况较好。

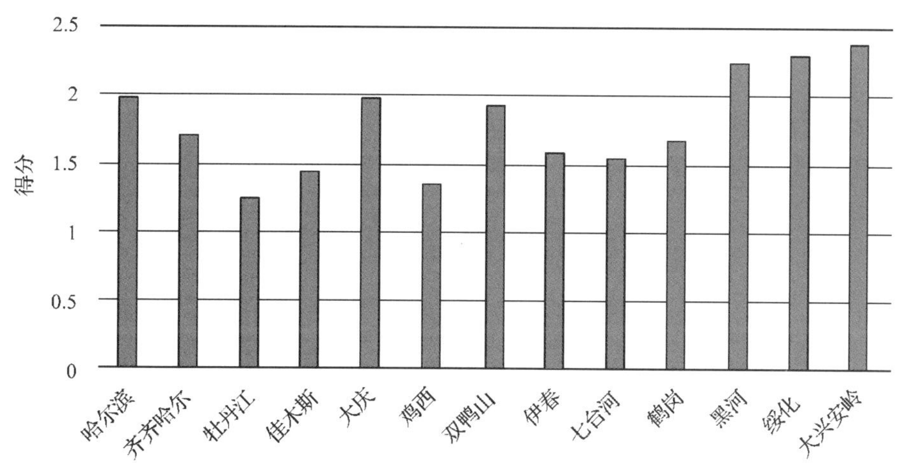

图 4-4 黑龙江省各地市学校生态文明宣传教育情况对比图

通过图 4-4 可以看出，黑龙江省 13 个地市学校生态文明宣传教育情况中，哈尔滨市、大庆市、双鸭山市、黑河市、绥化市、大兴安岭地区较好，具体表现为重要时间节点活动宣传情况较好、学生活动宣传情况较好、学校媒体报道情况较好。

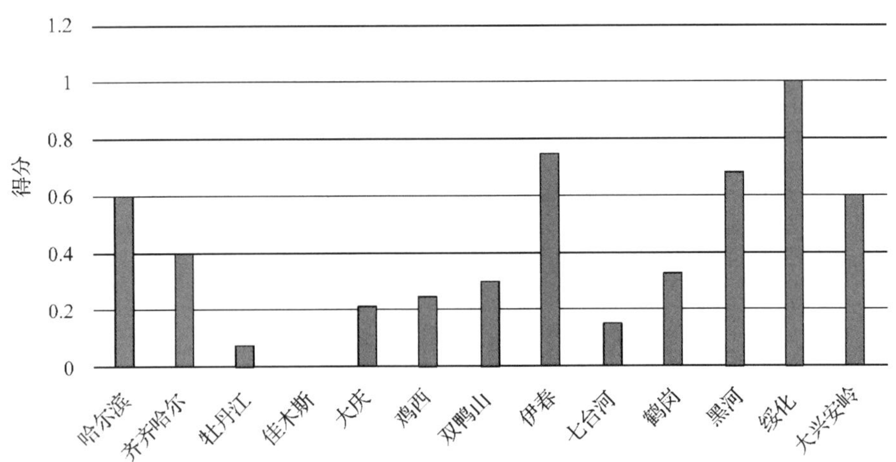

图 4-5　黑龙江省各地市学校生态文明教师队伍情况对比图

通过图 4-5 可以看出，黑龙江省 13 个地市学校生态文明教师队伍情况中，伊春市、黑河市、绥化市较好，具体表现为生态文明教师队伍配备情况较好。

二、各地市生态文明教育情况排序

通过上述分析，得出黑龙江省各地市生态文明教育情况排序如下(表 4-6)：

表 4-6　黑龙江省各地市生态文明教育情况排序表

排序	地市	得分
1	绥化	8. 561
2	黑河	7. 443
3	哈尔滨	7. 439
4	双鸭山	7. 078
5	大兴安岭	6. 941
6	大庆	6. 492
7	伊春	6. 367
8	七台河	5. 648
9	鹤岗	5. 625
10	齐齐哈尔	5. 283
11	鸡西	4. 652
12	牡丹江	4. 439
13	佳木斯	4. 151

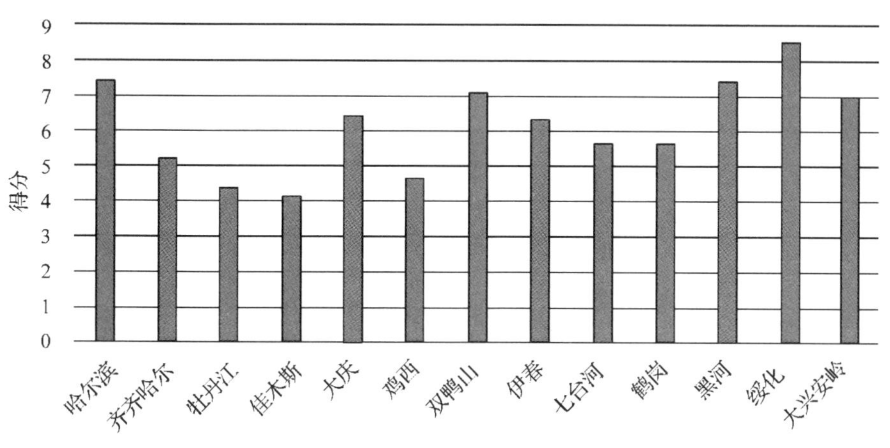

图 4-6　黑龙江省各地市学校生态文明教育情况对比图

通过以上分析，可以看出黑龙江省各地市生态文明教育排序情况，部分城市之间得分差距明显，绥化市在黑龙江省生态文明教育情况中较为突出。

第四节　生态文明教育改进措施

(一)完善生态文明教育体制机制

生态文明教育是一项覆盖全省、涉及每个人的系统工程，它的有效实施需要黑龙江省顶层制度设计和保障运行的体制机制。目前黑龙江省生态文明教育在很大程度上还停留在宣传层面，尤其以媒体宣传教育为主。生态文明教育还没有被正式纳入国民教育体系，专门开设生态文明教育课程的学校较少，大多数学校仍停留在口头宣传教育阶段，且流于形式。从整体上看缺乏指导生态文明教育有效实施的整体规划，生态文明教育课程缺乏系统性和整体性。由于黑龙江省小、初、高等教育阶段并没有形成一套系统的生态文明教育体系，生态文明教育并没有受到高度重视，而西方一些国家早已把生态教育列入学校必修课，成为学生必须完成的学业任务。建议各个地市加强生态文明课程建设，由易到难，使之连贯，形成一定的系统性和整体性。

(二)完善生态文明教育师资力量专业性

黑龙江省从事生态文明教育的施教力量较为薄弱，并且各领域的师资队伍专业水平较低。由于全体社会成员均是生态文明教育对象，需要通过不同途径接受生态文明教育，这就需要大量师资队伍。而黑龙江省生态文明教育起步晚、发展不成熟也在一定程度上造成当前师资力量紧缺的现状。从学校教育来看，目前生态文明教育工作主要依靠物理、化学、生物、地理、自然等学科教师兼任，而生态文明教育专业教师仅能满足部分高等教育的农林、资源环境学院的教学需要。

（三）贯彻生态素质教育，促进人的全面发展

要改变生态文明教育效果，还要改变学校对学生成绩的考核方式及教师的教学方式。一方面，对于生态文明课程的成绩考评，学校除了卷面成绩的检测，还可以通过社会实践活动、志愿活动等形式来进行考评，由以往的注重智力教育逐步转变为智力与行为能力并存。另一方面，学校要加强师资力量的培训，在提高教师们的专业知识和教学能力的同时，能促进教师对生态文明教育有一个更深刻、更清醒的认识，激发教师研究多种教学方式，改变以往“填鸭式”教学方法。此外，学校也要加强校园生态文化的建设，建设绿色校园，通过周围环境来影响学生，潜移默化，使学生处于良好的氛围之中。

（四）强化生态文明实践，从小事做起

生态文明教育要做到课堂效应与社会实践并存，然而多数学生对参与社会实践存在一个严重误区，认为只有通过学校组织的各种社会实践活动，才能称得上是实践，忽略了日常生活中点点滴滴的小事。在生活中，他们只青睐于学校组织的植树活动、寒暑假社会实践等。学校组织的寒暑假实践活动存在很大的局限性，不仅组织次数和时间受限制，参与的人数也只是很少一部分。学校可对学生生态社团提供支持与帮助，社团是学生日常活动的重要载体，是学生锻炼自己、提升自己能力的一个有效平台，利用生态社团，不仅可以在校园内对生态文明观起到宣传作用，吸引更多的同学树立起生态文明观，还可以走出校园，在社会上进行生态文明观的宣传与普及。

第五章

各地市生态文明建设公众参与情况

生态文明建设同每个人息息相关，每个人都应该做生态文明的践行者和推动者。为充分了解黑龙江省生态文明建设公众参与情况，通过实地考察、入户访谈、发放调查问卷等方式对黑龙江省各地市展开调研。本次调研覆盖黑龙江省13个地市，每个地市随机抽样调查100人。其中，城市居民50人、农村居民50人。调研对象性别、年龄、受教育程度分布比较均匀，职业覆盖较为全面。

第一节　公众参与二级指标评价办法及结果

生态文明建设公众参与情况二级指标单项分析

(一)各地市生态文明建设公众参与情况二级指标单项分析统计方法

“生态文明建设公众参与情况”一级指标下设5个二级指标，即“居民生态文明相关知识了解情况”“居民生态文明养成情况”“居民对参与生态文明建设的态度”“居民生态文明宣传教育参与度”“居民环境保护与监督的参与度”。每个二级指标权数为2分，共计10分权数。

1. 居民生态文明相关知识了解情况

本部分包括第6题至第9题(第1题至第5题为调研对象的基本情况，详见第三部分公众参与调研问卷及访谈提纲，以下同)，共4道单选题。每道题占0.5分权数，共计2分权数。每题均为5个选项，按照程度由高到低依次降序排列。每道题选项的文字表述不尽相同，为便于统计，每道题选项A归纳为“很好”；选项B归纳为“好”；选项C归纳为“较好”；选项D归纳为“一般”；选项E归纳为“不好”。相应地，居民对生态文明相关知识了解情况为“很好”的百分比=(第6题选A的百分比×0.5+第7题选A的百分比×0.5+第8题选A的百分比×0.5+第9题选A的百分比×0.5）÷2。依此方法，计算得出居民对生态文明相关知识了解情况为"好""较好""一般""不好"的百分比。

2. 居民生态文明养成情况

本部分包括第10题至第13题，共4道单选题。每道题占0.5分权数，共计2分权数。每题均为5个选项，按照程度由高到低依次降序排列。统计方法同上。

3. 居民对参与生态文明建设的态度

本部分包括第14题至第15题，共2道单选题。每道题占1分权数，共计2分权数。每题均为5个选项，按照程度由高到低依次降序排列。每道题选项的文字表述不尽相同，为便于统计，每道题选项A归纳为"很好"；选项B归纳为"好"；选项C归纳为"较好"；选项D归纳为"一般"；选项E归纳为"不好"。相应地，居民对参与生态文明建设的态度为"很好"的百分比=（第14题选A的百分比×1+第15题选A的百分比×1）÷2。依此方法，计算得出居民对参与生态文明建设的态度为"好""较好""一般""不好"的百分比。

4. 居民生态文明宣传教育参与度

本部分包括第16题至第19题，共4道多选题。每道题占0.5分权数，共计2分权数。每题均为6个选项，每道题的选项E为"从未有过"不做分数统计，其余A、B、C、D、F选项的百分比都在统计之列。相应地，居民生态文明宣传教育参与度的百分比=（第16题ABCDF选项的百分比之和×0.5+第17题ABCDF选项的百分比之和×0.5+第18题ABCDF选项的百分比之和×0.5+第19题ABCDF选项的百分比之和×0.5）÷2。

5. 居民环境保护与监督的参与度

本部分包括第20题至第22题，共3道单选题。第20题、第21题各占0.5分权数，第22题占1分权数，共计2分权数。单选题为5个选项，按照程度由高到低依次降序排列。每道题选项的文字表述不尽相同，为便于统计，每道题选项A归纳为"很好"；选项B归纳为"好"；选项C归纳为"较好"；选项D归纳为"一般"；选项E归纳为"不好"。相应地，居民环境保护与监督的参与度为"很好"的百分比=（第20题选A的百分比×0.5+第21题选A的百分比×0.5+第22题选A的百分比×1）÷2。依此方法，计算得出居民对参与生态文明建设的态度为"好""较好""一般""不好"的百分比。

（二）各地市生态文明建设公众参与情况二级指标单项分析结果

1. 哈尔滨市生态文明建设公众参与情况二级指标单项分析结果

（1）哈尔滨市居民生态文明相关知识了解情况

哈尔滨市居民对生态文明相关知识了解情况在较好以上的占比超过 60%，了解情况为一般的占比 10.61%，完全不了解的占比 27.83%。具体情况如图、表 5-1 所示。

表 5-1 哈尔滨市居民生态文明相关知识了解情况（%）

很好	好	较好	一般	不好
8.96	27.83	24.77	10.61	27.83

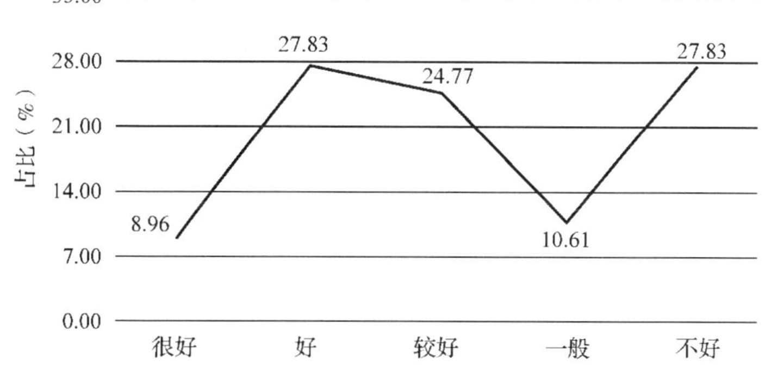

图 5-1 哈尔滨市居民生态文明相关知识了解情况

（2）哈尔滨市居民生态文明习惯养成情况

哈尔滨市居民生态文明习惯养成情况在较好以上的近 90%，一般的仅为 4.48%，不好的只占 5.90%。具体情况如图、表 5- 2 所示。

表 5-2 哈尔滨市居民生态文明习惯养成情况（%）

很好	好	较好	一般	不好
48.16	24.06	17.45	4.48	5.90

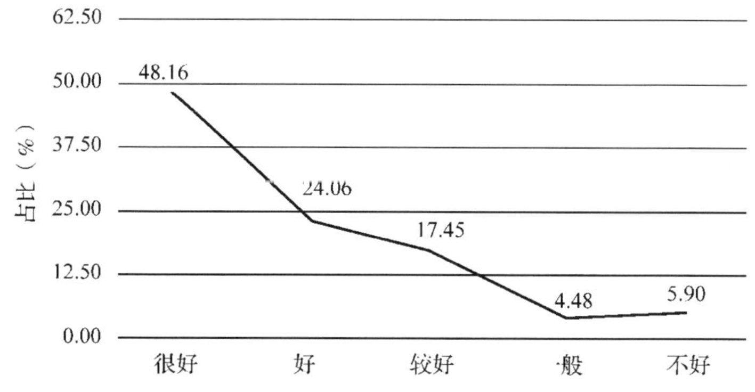

图 5-2 哈尔滨市居民生态文明习惯养成情况

（3）哈尔滨市居民对参与生态文明建设的态度

哈尔滨市居民对参与生态文明建设的态度在较好以上的近 90%，一般的仅为7.08%，不好的只占3.30%。具体情况如图、表5-3所示。

表5-3 哈尔滨市居民参与生态文明建设的态度(%)

很好	好	较好	一般	不好
35.85	38.21	15.57	7.08	3.30

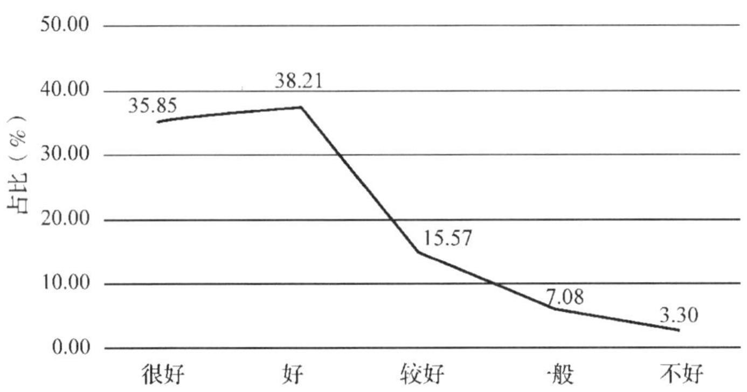

图5-3 哈尔滨市居民参与生态文明建设的态度

(4)哈尔滨市居民生态文明宣传教育参与度

哈尔滨市居民生态文明宣传教育参与度较低，本项指标依据多项选择题统计，结果为44.57%。

(5)哈尔滨市居民环境保护与监督的参与度

哈尔滨市居民环境保护与监督的参与度在较好以上的不到40%，一般的占比10.36%，不好的达到51.89%。具体情况如图、表5-4所示。

表5-4 哈尔滨市居民环境保护与监督参与度(%)

很好	好	较好	一般	不好
16.75	6.37	14.62	10.36	51.89

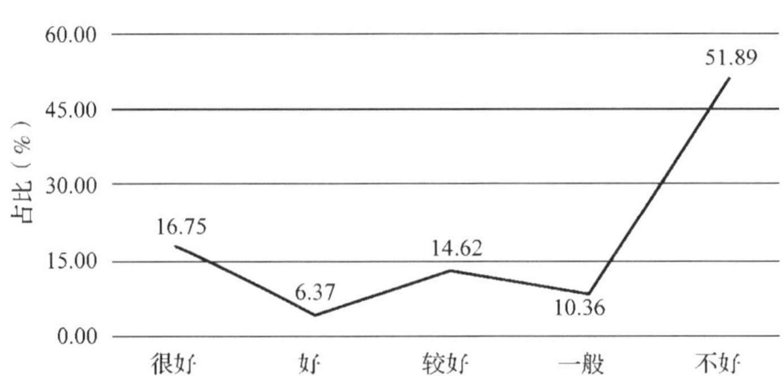

图5-4 哈尔滨市居民环境保护与监督参与度

（三）齐齐哈尔市生态文明建设公众参与情况分析

1. 齐齐哈尔市居民生态文明相关知识了解情况

齐齐哈尔市居民对生态文明相关知识了解情况在较好以上的占比近 80%，了解情况为一般的占比 7.75%，完全不了解的占比 13.25%。具体情况如图、表 5-5 所示。

表 5-5 齐齐哈尔市居民生态文明相关知识了解情况（%）

很好	好	较好	一般	不好
17.75	34.50	26.75	7.75	13.25

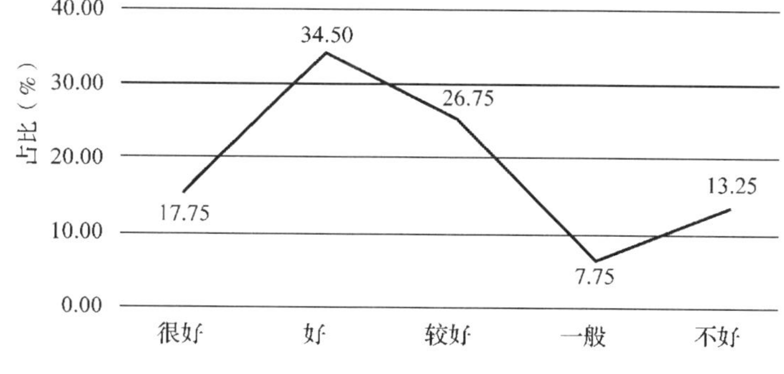

图 5-5 齐齐哈尔市居民生态文明相关知识了解情况

2. 齐齐哈尔市居民生态文明习惯养成情况

齐齐哈尔市居民生态文明习惯养成情况在较好以上的超过 90%，一般的仅为 2.25%，不好的只占 3.26%。具体情况如图、表 5-6 所示。

表 5-6 齐齐哈尔市居民生态文明习惯养成情况（%）

很好	好	较好	一般	不好
24.00	45.75	24.75	2.25	3.25

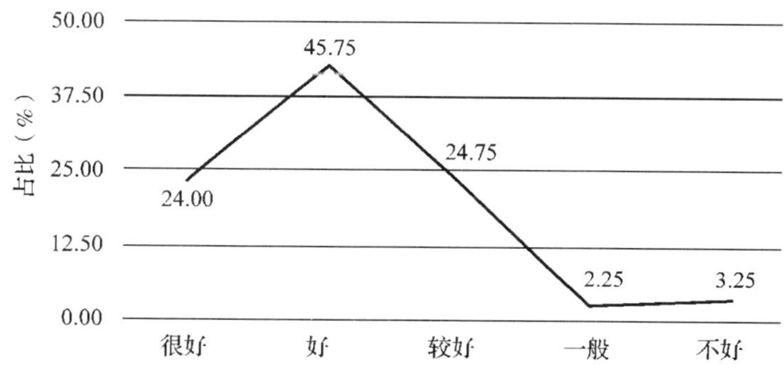

图 5-6 齐齐哈尔市居民生态文明习惯养成情况

3. 齐齐哈尔市居民对参与生态文明建设的态度

齐齐哈尔市居民对参与生态文明建设的态度在较好以上的超过80%，一般的占比12.50%，不好的占比1.50%。具体情况如图、表5-7所示。

表5-7 齐齐哈尔市居民对参与生态文明建设的态度(%)

很好	好	较好	一般	不好
23.00	42.00	21.00	12.50	1.50

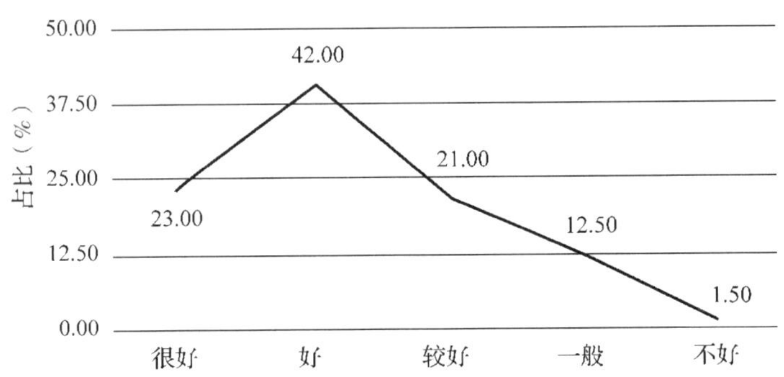

图5-7 齐齐哈尔市居民对参与生态文明建设的态度

4. 齐齐哈尔市居民生态文明宣传教育参与度

齐齐哈尔市居民生态文明宣传教育参与度较高，本项指标依据多项选择题统计，结果为132.75%。

5. 齐齐哈尔市居民环境保护与监督的参与度

齐齐哈尔市居民环境保护与监督的参与度在较好以上的超过50%，一般的占比18.25%，不好的达到31.25%。具体情况如图、表5-8所示。

表5-8 齐齐哈尔市居民环境保护与监督的参与度(%)

很好	好	较好	一般	不好
12.25	12.00	26.25	18.25	31.25

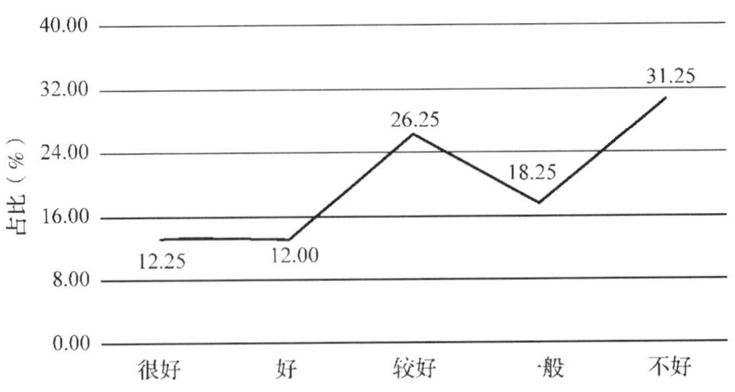

图5-8 齐齐哈尔市居民环境保护与监督的参与度

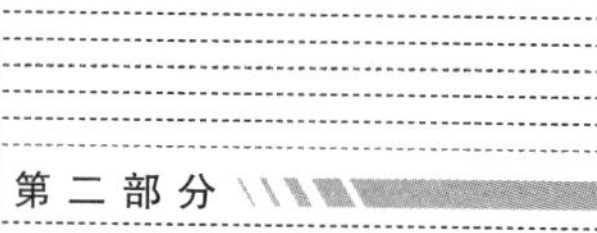

(四)牡丹江市生态文明建设公众参与情况分析

1. 牡丹江市居民生态文明相关知识了解情况

牡丹江市居民对生态文明相关知识了解情况在较好以上的占比近80%，了解情况为一般的占比7.30%，完全不了解的占比15.45%。具体情况如图、表5-9所示。

表5-9 牡丹江市居民生态文明相关知识了解情况(%)

很好	好	较好	一般	不好
31.46	31.74	14.04	7.30	15.45

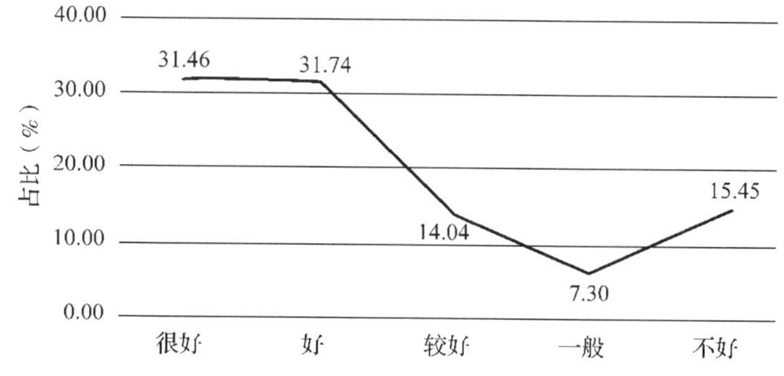

图5-9 牡丹江市居民生态文明相关知识了解情况

2. 牡丹江市居民生态文明习惯养成情况

牡丹江市居民生态文明习惯养成情况在较好以上的超过80%，一般的占比8.43%，不好的占比11.52%。具体情况如图、表5-10所示。

表5-10 牡丹江市居民生态文明习惯养成情况(%)

很好	好	较好	一般	不好
24.16	34.27	21.63	8.43	11.52

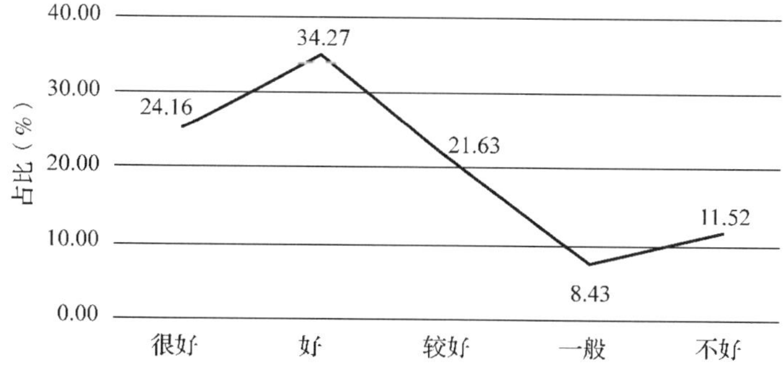

图5-10 牡丹江市居民生态文明习惯养成情况

3. 牡丹江市居民对参与生态文明建设的态度

牡丹江市居民对参与生态文明建设的态度在较好以上的超过90%，一般的仅为3.37%，不好的只占5.62%。具体情况如图、表5-11所示。

表5-11 牡丹江市居民对参与生态文明建设的态度(%)

很好	好	较好	一般	不好
45.51	36.52	8.99	3.37	5.62

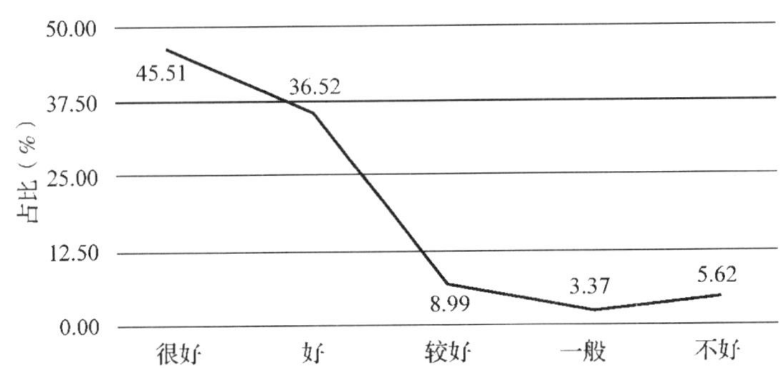

图5-11 牡丹江市居民对参与生态文明建设的态度

4. 牡丹江市居民生态文明宣传教育参与度

牡丹江市居民生态文明宣传教育参与度较低，本项指标依据多项选择题统计，结果为63.77%。

5. 牡丹江市居民环境保护与监督的参与度

牡丹江市居民环境保护与监督的参与度在较好以上的不到60%，一般的占比17.14%，不好的达到23.88%。具体情况如图、表5-12所示。

表5-12 牡丹江市居民环境保护与监督的参与度(%)

很好	好	较好	一般	不好
18.82	19.38	20.79	17.14	23.88

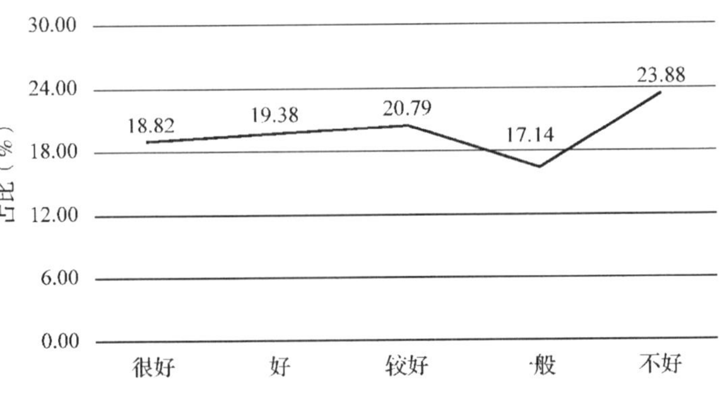

图5-12 牡丹江市居民环境保护与监督的参与度

(五)佳木斯市生态文明建设公众参与情况分析

1. 佳木斯市居民生态文明相关知识了解情况

佳木斯市居民对生态文明相关知识了解情况在较好以上的占比超过60%，了解情况为一般的占比19.75%，完全不了解的占比17.00%。具体情况如图、表5-13所示。

表5-13 佳木斯市居民生态文明相关知识了解情况(%)

很好	好	较好	一般	不好
9.75	27.00	26.50	19.75	17.00

图5-13 佳木斯市居民生态文明相关知识了解情况

2. 佳木斯市居民生态文明习惯养成情况

佳木斯市居民生态文明习惯养成情况在较好以上的近80%，一般的占比13.00%，不好的占比7.50%。具体情况如图、表5-14所示。

表5-14 佳木斯市居民生态文明习惯养成情况(%)

很好	好	较好	一般	不好
33.50	22.25	23.75	13.00	7.50

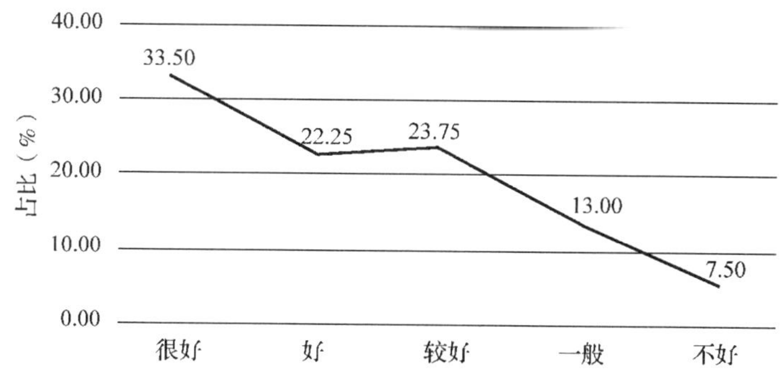

图5-14 佳木斯市居民生态文明习惯养成情况

3. 佳木斯市居民对参与生态文明建设的态度

佳木斯市居民对参与生态文明建设的态度在较好以上的超过 90%，一般的仅为 7.50%，不好的只占 0.00%。具体情况如图、表 5-15 所示。

表 5-15 佳木斯市居民对生态文明建设的态度(%)

很好	好	较好	一般	不好
31.00	40.00	21.50	7.50	0.00

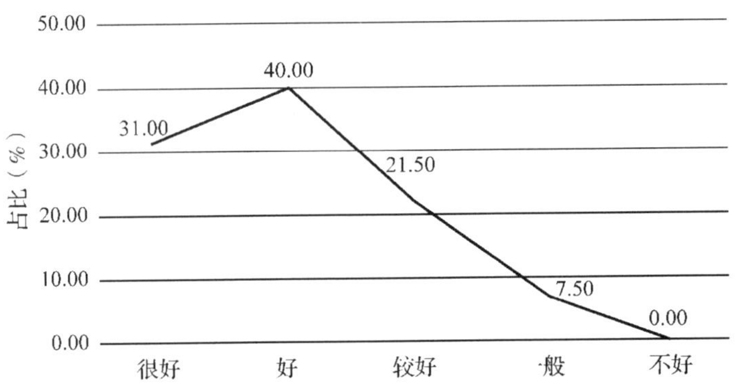

图 5-15 佳木斯市居民对生态文明建设的态度

4. 佳木斯市居民生态文明宣传教育参与度

佳木斯市居民生态文明宣传教育参与度较低，本项指标依据多项选择题统计，结果为 75.75%。

5. 佳木斯市居民环境保护与监督的参与度

佳木斯市居民环境保护与监督的参与度在较好以上的不到 30%，一般的占比 31.25%，不好的达到 40.00%。具体情况如图、表 5-16 所示。

表 5-16 佳木斯市居民环境保护与监督参与度(%)

很好	好	较好	一般	不好
0.50	5.75	21.50	31.25	40.00

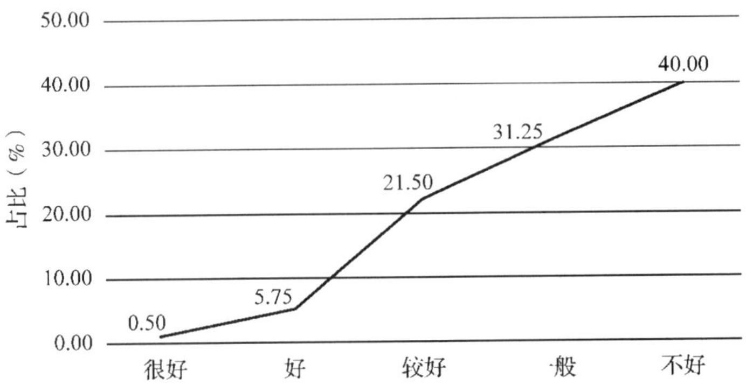

图 5-16 佳木斯市居民环境保护与监督参与度

(六)七台河市生态文明建设公众参与情况分析

1. 七台河市居民生态文明相关知识了解情况

七台河市居民对生态文明相关知识了解情况在较好以上的占比近70%，了解情况为一般的占比12.64%，完全不了解的占比11.26%。具体情况如图、表5-17所示。

表5-17 七台河市居民生态文明相关知识了解情况(%)

很好	好	较好	一般	不好
17.86	33.52	24.72	12.64	11.26

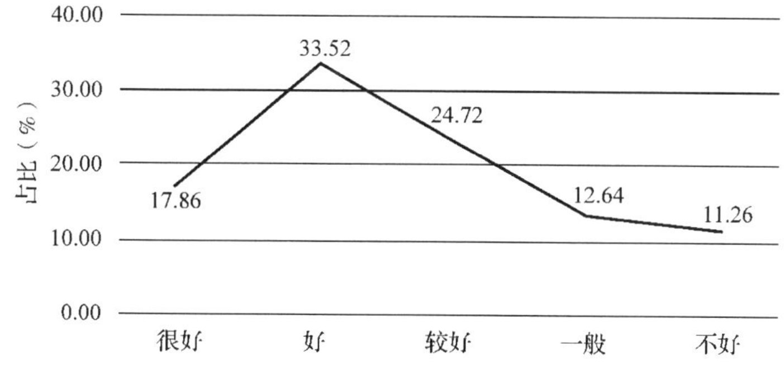

图5-17 七台河市居民生态文明相关知识了解情况

2. 七台河市居民生态文明习惯养成情况

七台河市居民生态文明习惯养成情况在较好以上的超过80%，一般的仅为7.42%，不好的只占7.69%。具体情况如图、表5-18所示。

表5-18 七台河市居民生态文明习惯养成情况(%)

很好	好	较好	一般	不好
14.29	47.25	23.35	7.42	7.69

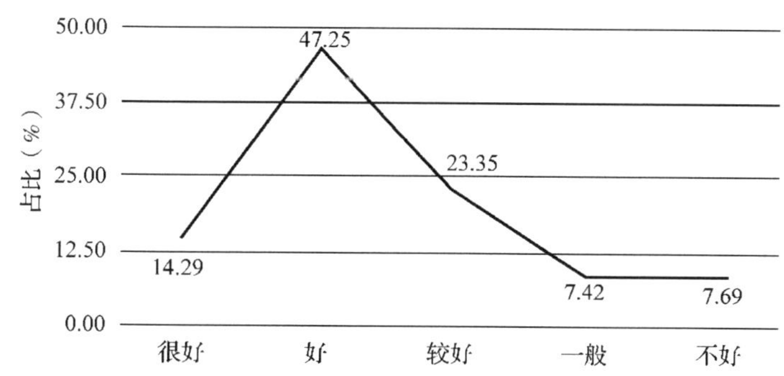

图5-18 七台河市居民生态文明习惯养成情况

3. 七台河市居民对参与生态文明建设的态度

七台河市居民对参与生态文明建设的态度在较好以上的近90%，一般的仅为9.89%，不好的只占3.30%。具体情况如图、表5-19所示。

表5-19 七台河市居民对参与生态文明建设的态度(%)

很好	好	较好	一般	不好
23.63	39.56	23.63	9.89	3.30

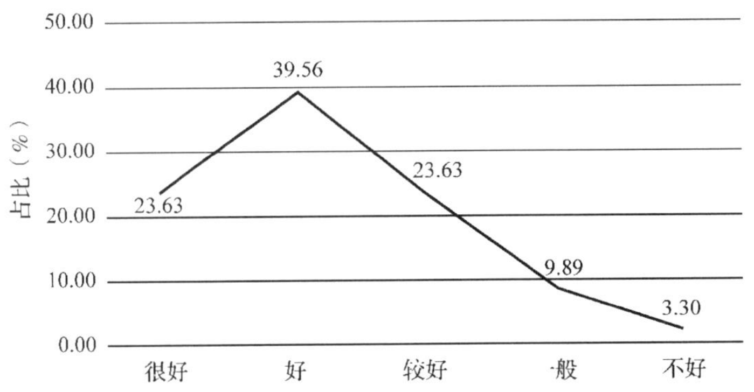

图5-19 七台河市居民对参与生态文明建设的态度

4. 七台河市居民生态文明宣传教育参与度

七台河市居民生态文明宣传教育参与度较高，本项指标依据多项选择题统计，结果为122.53%。

5. 七台河市居民环境保护与监督的参与度

七台河市居民环境保护与监督的参与度在较好以上的将近70%，一般的占比7.42%，不好的达到23.35%。具体情况如图、表5-20所示。

表5-20 七台河市居民环境保护与监督的参与度(%)

很好	好	较好	一般	不好
7.42	25.82	35.99	7.42	23.35

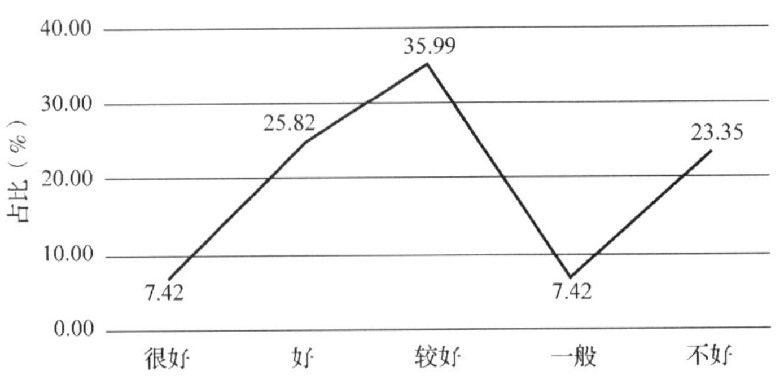

图5-20 七台河市居民环境保护与监督的参与度

(七)大庆市生态文明建设公众参与情况分析

1. 大庆市居民生态文明相关知识了解情况

大庆市居民对生态文明相关知识了解情况在较好以上的占比超过75%，了解情况为一般的占比14.50%，完全不了解的占比10.00%。具体情况如图、表5-21所示。

表5-21 大庆市居民生态文明相关知识了解情况(%)

很好	好	较好	一般	不好
16.75	29.00	29.75	14.50	10.00

图5-21 大庆市居民生态文明相关知识了解情况

2. 大庆市居民生态文明习惯养成情况

大庆市居民生态文明习惯养成情况在较好以上的超过95%，一般的仅为2.00%，不好的只占1.75%。具体情况如图、表5-22所示。

表5-22 大庆市居民生态文明习惯养成情况(%)

很好	好	较好	一般	不好
28.75	44.50	23.00	2.00	1.75

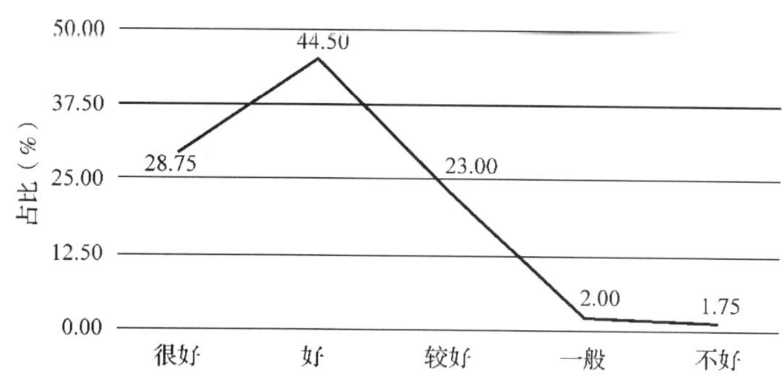

图5-22 大庆市居民生态文明习惯养成情况

3. 大庆市居民对参与生态文明建设的态度

大庆市居民对参与生态文明建设的态度在较好以上的达到68.50%，一般的占比21.00%，不好的占比10.50%。具体情况如图、表5-23所示。

表5-23 大庆市居民对参与生态文明建设的态度(%)

很好	好	较好	一般	不好
15.50	17.50	35.50	21.00	10.50

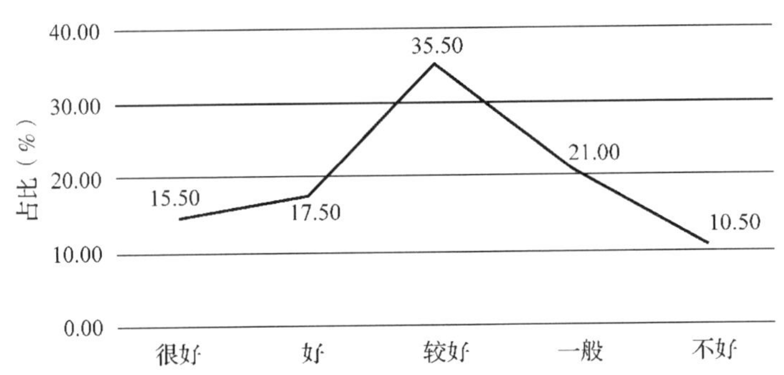

图5-23 大庆市居民对参与生态文明建设的态度

4. 大庆市居民生态文明宣传教育参与度

大庆市居民生态文明宣传教育参与度较高，本项指标依据多项选择题统计，结果为140.50%。

5. 大庆市居民环境保护与监督的参与度

大庆市居民环境保护与监督的参与度在较好以上的不到50%，一般的占比18.25%，不好的达到37.00%。具体情况如图、表5-24所示。

表5-24 大庆市居民环境保护与监督的参与度(%)

很好	好	较好	一般	不好
8.25	11.50	27.75	18.25	37.00

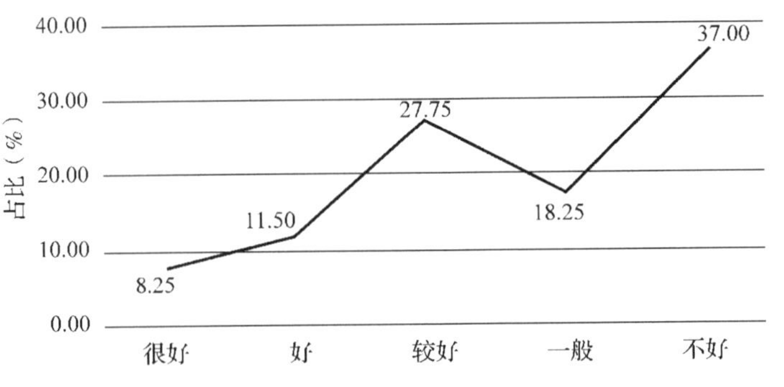

图5-24 大庆市居民环境保护与监督的参与度

(八)黑河市生态文明建设公众参与情况分析

1. 黑河市居民生态文明相关知识了解情况

黑河市居民对生态文明相关知识了解情况在较好以上的占比超过 80%，了解情况为一般的占比 15. 18%，完全不了解的占比 3. 35%。具体情况如图、表 5-25 所示。

表 5-25 黑河市居民生态文明相关知识了解情况(%)

很好	好	较好	一般	不好
19. 87	28. 35	33. 26	15. 18	3. 35

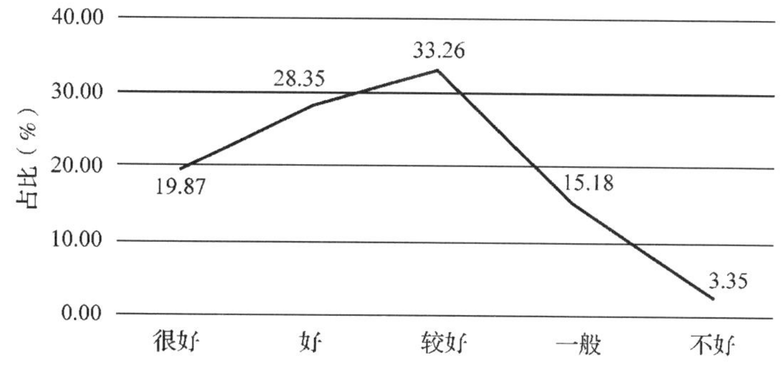

图 5-25 黑河市居民生态文明相关知识了解情况

2. 黑河市居民生态文明习惯养成情况

黑河市居民生态文明习惯养成情况在较好以上的超过 70%，一般的为 20. 09%，不好的占 8. 26%。具体情况如图、表 5-26 所示。

表 5-26 黑河市民生态文明习惯养成情况(%)

很好	好	较好	一般	不好
17. 41	24. 11	30. 13	20. 09	8. 26

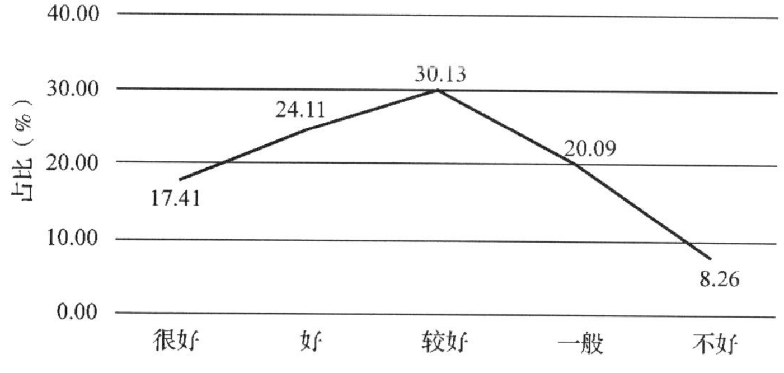

图 5-26 黑河市民生态文明习惯养成情况

3. 黑河市居民对参与生态文明建设的态度

黑河市居民对参与生态文明建设的态度在较好以上的近90%，一般的仅为7.15%，不好的只占6.70%。具体情况如图、表5-27所示。

表5-27 黑河市居民对参与生态文明建设的态度(%)

很好	好	较好	一般	不好
25.00	37.06	24.11	7.15	6.70

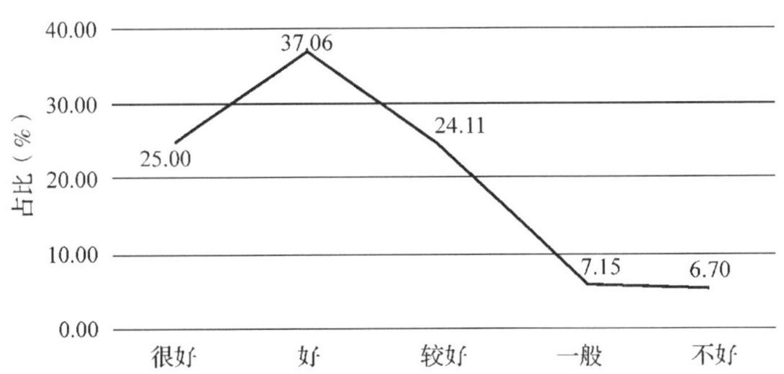

图5-27 黑河市居民对参与生态文明建设的态度

4. 黑河市居民生态文明宣传教育参与度

黑河市居民生态文明宣传教育参与度较高，本项指标依据多项选择题统计，结果为116.51%。

5. 黑河市居民环境保护与监督的参与度

黑河市居民环境保护与监督的参与度在较好以上的不到60%，一般的占比23.88%，不好的达到13.17%。具体情况如图、表5-28所示。

表5-28 黑河市居民环境保护与监督的参与度(%)

很好	好	较好	一般	不好
12.28	21.88	28.80	23.88	13.17

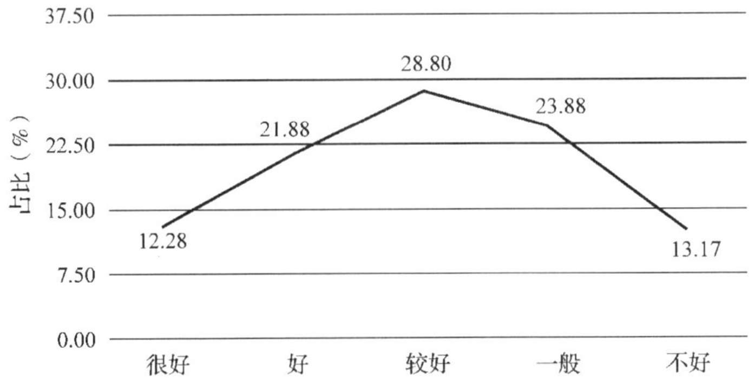

图5-28 黑河市居民环境保护与监督的参与度

(九)绥化市生态文明建设公众参与情况分析

1. 绥化市居民生态文明相关知识了解情况

绥化市居民对生态文明相关知识了解情况在较好以上的占比近80%，了解情况为一般的占比12.00%，完全不了解的占比10.25%。具体情况如图、表5-29所示。

表5-29 绥化市居民生态文明相关知识了解情况(%)

很好	好	较好	一般	不好
22.25	33.25	22.25	12.00	10.25

图5-29 绥化市居民生态文明相关知识了解情况

2. 绥化市居民生态文明习惯养成情况

绥化市居民生态文明习惯养成情况在较好以上的超过85%，一般的仅为3.00%，不好的占10.50%。具体情况如图、表5-30所示。

表5-30 绥化市居民生态文明习惯养成情况(%)

很好	好	较好	一般	不好
33.00	29.75	23.75	3.00	10.50

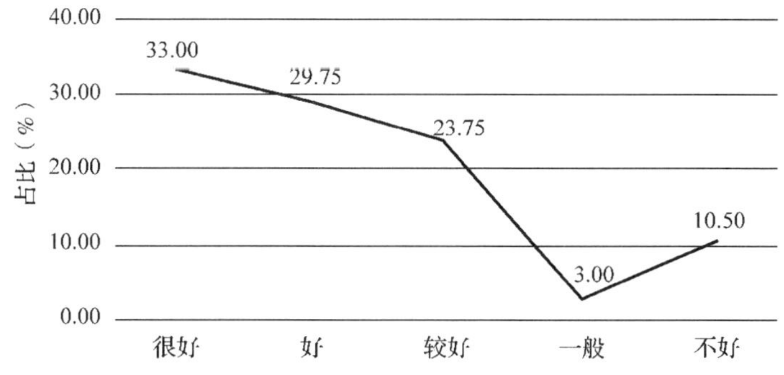

图5-30 绥化市居民生态文明习惯养成情况

3. 绥化市居民对参与生态文明建设的态度

绥化市居民对参与生态文明建设的态度在较好以上的超过 90%，一般的仅为 6.00%，不好的只占 1.00%。具体情况如图、表 5-31 所示。

表 5-31　绥化市居民对参与生态文明建设的态度(%)

很好	好	较好	一般	不好
46.50	33.00	13.50	6.00	1.00

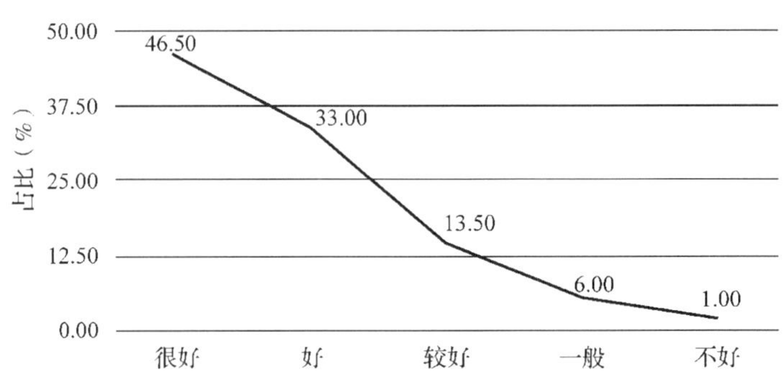

图 5-31　绥化市居民对参与生态文明建设的态度

4. 绥化市居民生态文明宣传教育参与度

绥化市居民生态文明宣传教育参与度较好，本项指标依据多项选择题统计，结果为 91.75%。

5. 绥化市居民环境保护与监督的参与度

绥化市居民环境保护与监督的参与度在较好以上的不到 60%，一般的占比 20.00%，不好的达到 22.25%。具体情况如图、表 5-32 所示。

表 5-32　绥化市居民环境保护与监督的参与度(%)

很好	好	较好	一般	不好
18.25	10.75	28.75	20.00	22.25

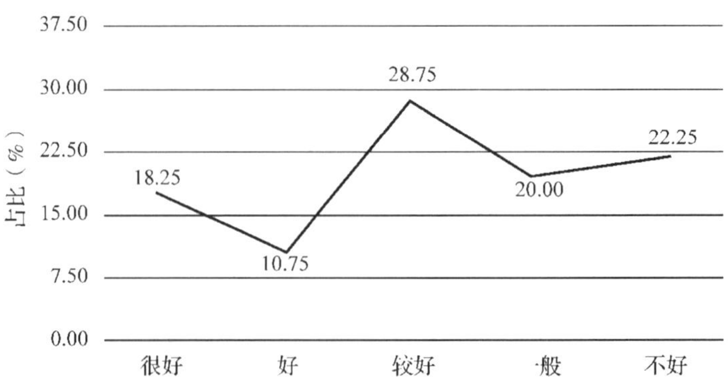

图 5-32　绥化市居民环境保护与监督的参与度

(十)伊春市生态文明建设公众参与情况分析

1. 伊春市居民生态文明相关知识了解情况

伊春市居民对生态文明相关知识了解情况在较好以上的占比近80%，了解情况为一般的占比16.00%，完全不了解的占比5.50%。具体情况如图、表5-33所示。

表5-33 伊春市居民生态文明相关知识了解情况(%)

很好	好	较好	一般	不好
23.00	33.00	22.50	16.00	5.50

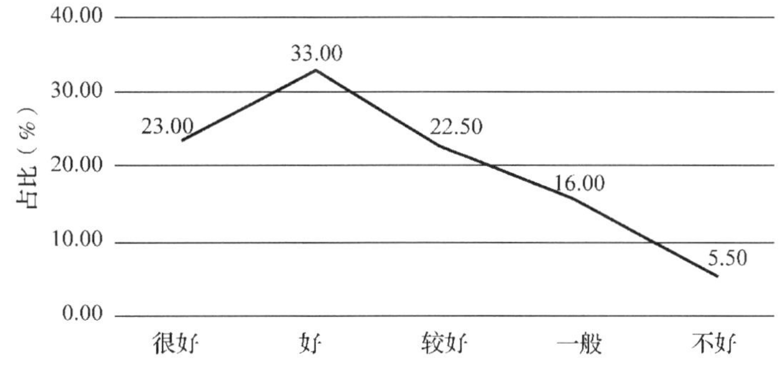

图5-33 伊春市居民生态文明相关知识了解情况

2. 伊春市居民生态文明习惯养成情况

伊春市居民生态文明习惯养成情况在较好以上的近80%，一般的为12.00%，不好的占11.00%。具体情况如图、表5-34所示。

表5-34 伊春市居民生态文明习惯养成情况(%)

很好	好	较好	一般	不好
27.50	31.25	18.25	12.00	11.00

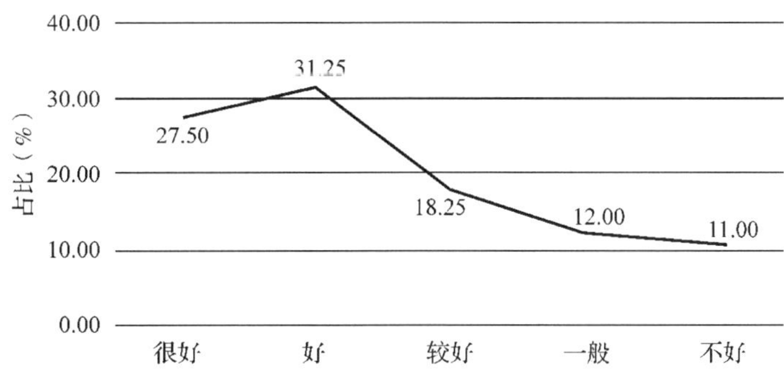

图5-34 伊春市居民生态文明习惯养成情况

3. 伊春市居民对参与生态文明建设的态度

伊春市居民对参与生态文明建设的态度在较好以上的近 100%，一般的仅为 0. 50%，不好的占比 0 %。具体情况如图、表 5-35 所示。

表 5-35　伊春市居民对参与生态文明建设的态度(%)

很好	好	较好	一般	不好
55. 50	39. 50	4. 50	0. 50	0. 00

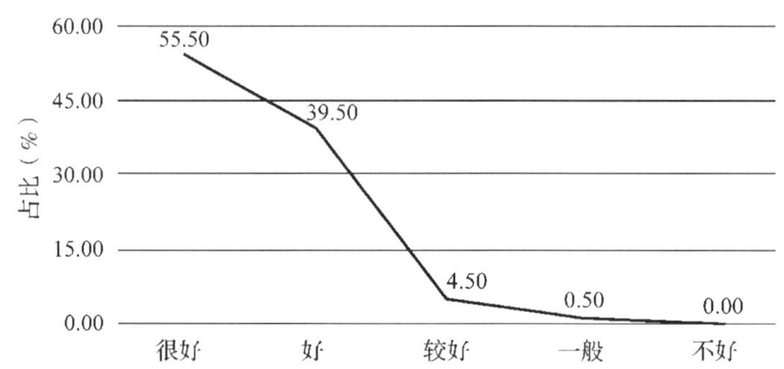

图 5-35　伊春市居民对参与生态文明建设的态度

4. 伊春市居民生态文明宣传教育参与度

伊春市居民生态文明宣传教育参与度较高，本项指标依据多项选择题统计，结果为 99. 00%。

5. 伊春市居民环境保护与监督的参与度

伊春市居民环境保护与监督的参与度在较好以上的将近 80%，一般的占比 15. 00%，不好的占比 9. 25%。具体情况如图、表 5-36 所示。

表 5-36　伊春市居民环境保护与监督的参与度(%)

很好	好	较好	一般	不好
17. 00	15. 00	43. 75	15. 00	9. 25

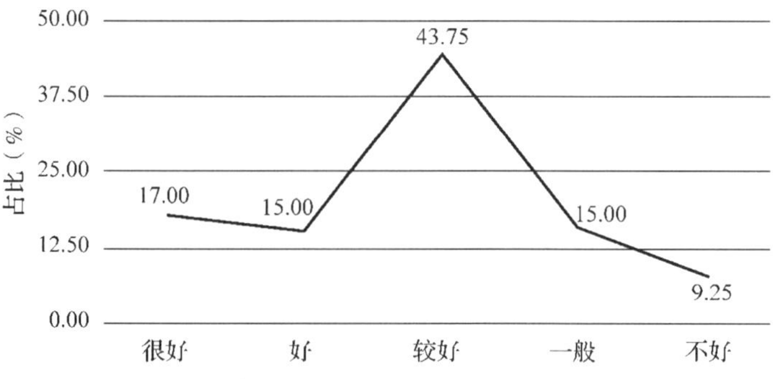

图 5-36　伊春市居民环境保护与监督的参与度

（十一）鹤岗市生态文明建设公众参与情况分析

1. 鹤岗市居民生态文明相关知识了解情况

鹤岗市居民对生态文明相关知识了解情况在较好以上的占比近 80%，了解情况为一般的占比 13.61%，完全不了解的占比 8.42%。具体情况如图、表 5-37 所示。

表 5-37　鹤岗市居民生态文明相关知识了解情况（%）

很好	好	较好	一般	不好
23.51	34.40	20.05	13.61	8.42

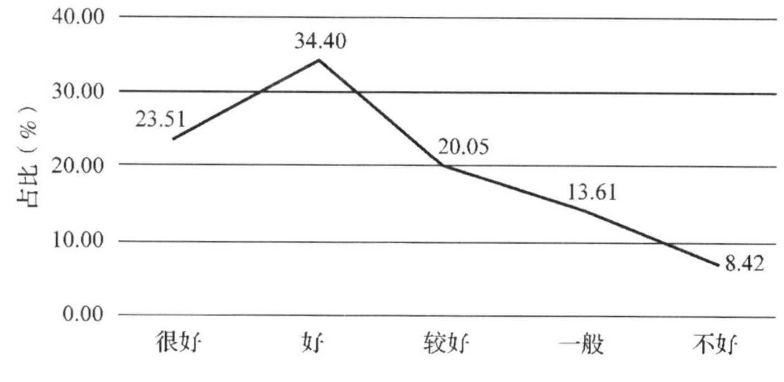

图 5-37　鹤岗市居民生态文明相关知识了解情况

2. 鹤岗市居民生态文明习惯养成情况

鹤岗市居民生态文明习惯养成情况在较好以上的近 90%，一般的仅为 4.70%，不好的只占 6.44%。具体情况如图、表 5-38 所示。

表 5-38　鹤岗市居民生态文明习惯养成情况（%）

很好	好	较好	一般	不好
21.26	48.52	19.06	4.70	6.44

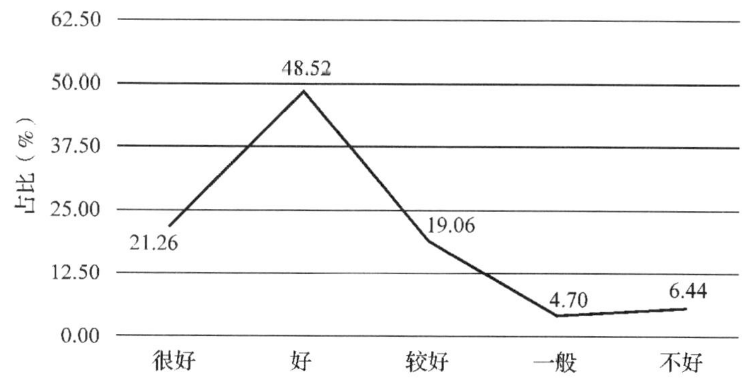

图 5-38　鹤岗市居民生态文明习惯养成情况

3. 鹤岗市居民对参与生态文明建设的态度

鹤岗市居民对参与生态文明建设的态度在较好以上的近 90%，一般的仅为 2.97%，不好的只占 8.91%。具体情况如图、表 5-39 所示。

表 5-39 鹤岗市居民对参与生态文明建设的态度(%)

很好	好	较好	一般	不好
34.16	38.61	15.35	2.97	8.91

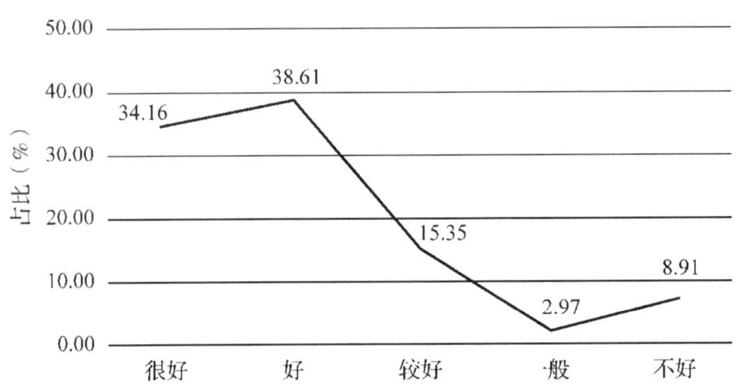

图 5-39 鹤岗市居民对参与生态文明建设的态度

4. 鹤岗市居民生态文明宣传教育参与度

鹤岗市居民生态文明宣传教育参与度较高，本项指标依据多项选择题统计，结果为 123.26%。

5. 鹤岗市居民环境保护与监督的参与度

鹤岗市居民环境保护与监督的参与度在较好以上的超过 60%，一般的占比 13.12%，不好的达到 20.79%。具体情况如图、表 5-40 所示。

表 5-40 鹤岗市居民环境保护与监督的参与度(%)

很好	好	较好	一般	不好
15.10	19.80	31.19	13.12	20.79

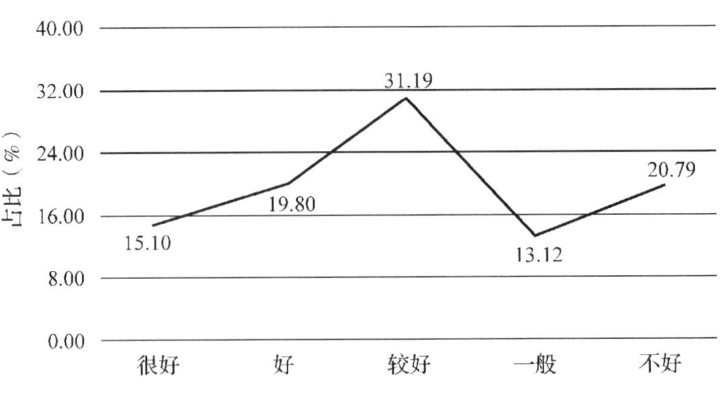

图 5-40 鹤岗市居民环境保护与监督的参与度

（十二）双鸭山市生态文明建设公众参与情况分析

1. 双鸭山市居民生态文明相关知识了解情况

双鸭山市居民对生态文明相关知识了解情况在较好以上的占比近 80%，了解情况为一般的占比 14.86%，完全不了解的占比 9.16%。具体情况如图、表 5-41 所示。

表 5-41 双鸭山市居民生态文明相关知识了解情况（%）

很好	好	较好	一般	不好
9.65	32.67	33.67	14.86	9.16

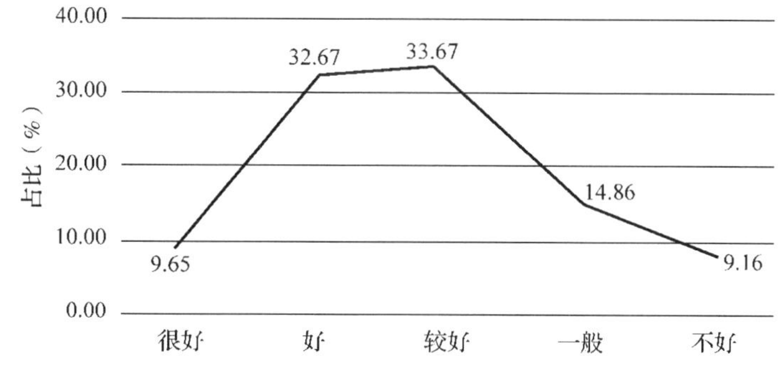

图 5-41 双鸭山市居民生态文明相关知识了解情况

2. 双鸭山市居民生态文明习惯养成情况

双鸭山市居民生态文明习惯养成情况在较好以上的超过 80%，一般的为 12.13%，不好的占 2.97%。具体情况如图、表 5-42 所示。

表 5-42 双鸭山市居民生态文明习惯养成情况（%）

很好	好	较好	一般	不好
16.09	39.85	28.96	12.13	2.97

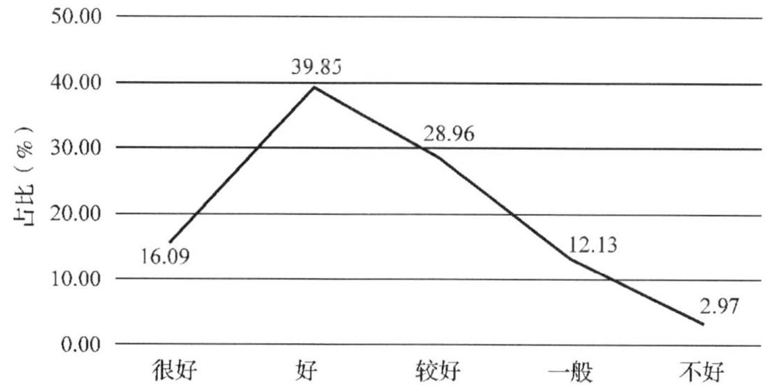

图 5-42 双鸭山市居民生态文明习惯养成情况

3. 双鸭山市居民对参与生态文明建设的态度

双鸭山市居民对参与生态文明建设的态度在较好以上的占比不到70%，一般的占比20.79%，不好的占比10.40%。具体情况如图、表5-43所示。

表5-43　双鸭山市居民对参与生态文明建设的态度(%)

很好	好	较好	一般	不好
7.43	17.82	43.56	20.79	10.40

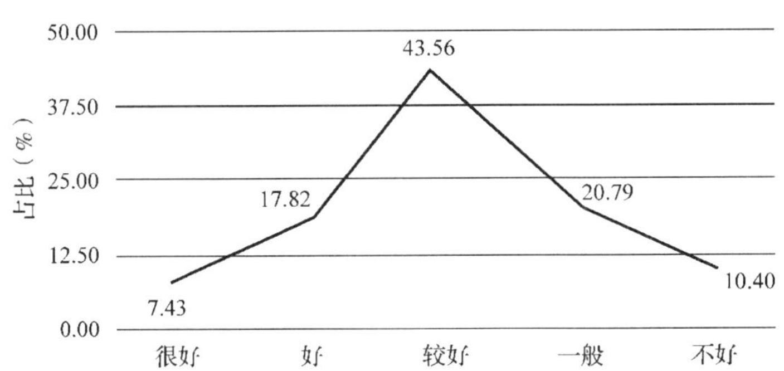

图5-43　双鸭山市居民对参与生态文明建设的态度

4. 双鸭山市居民生态文明宣传教育参与度

双鸭山市居民生态文明宣传教育参与度较高，本项指标依据多项选择题统计，结果为163.61%。

5. 双鸭山市居民环境保护与监督的参与度

双鸭山市居民环境保护与监督的参与度在较好以上的不到50%，一般的占比19.31%，不好的达到35.64%。具体情况如图、表5-44所示。

表5-44　双鸭山市居民环境保护与监督的参与度(%)

很好	好	较好	一般	不好
5.20	10.40	29.50	19.31	35.64

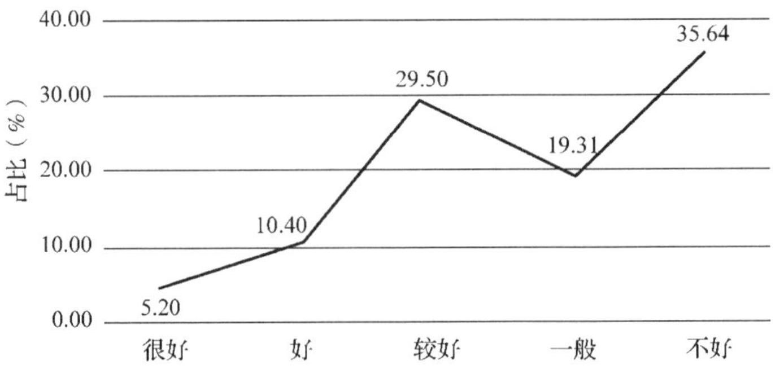

图5-44　双鸭山市居民环境保护与监督的参与度

（十三）鸡西市生态文明建设公众参与情况分析

1. 鸡西市居民生态文明相关知识了解情况

鸡西市居民对生态文明相关知识了解情况在较好以上的占比超过 70%，了解情况为一般的占比 11.32%，完全不了解的占比 16.27%。具体情况如图、表 5-45 所示。

表 5-45　鸡西市居民生态文明相关知识了解情况（%）

很好	好	较好	一般	不好
21.23	31.84	19.34	11.32	16.27

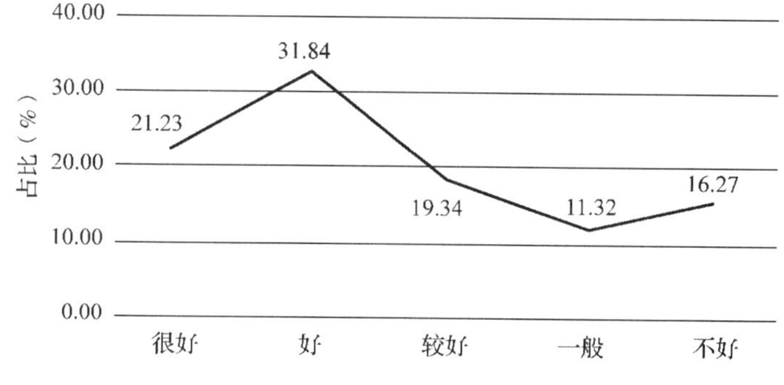

图 5-45　鸡西市居民生态文明相关知识了解情况

2. 鸡西市居民生态文明习惯养成情况

鸡西市居民生态文明习惯养成情况在较好以上的近 80%，一般的占比 7.31%，不好的占比 11.09%。具体情况如图、表 5-46 所示。

表 5-46　鸡西市居民生态文明习惯养成情况（%）

很好	好	较好	一般	不好
33.26	30.43	17.93	7.31	11.09

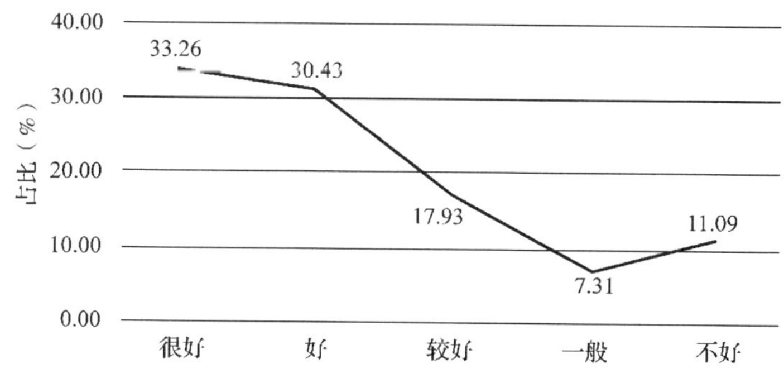

图 5-46　鸡西市居民生态文明习惯养成情况

3. 鸡西市居民对参与生态文明建设的态度

鸡西市居民对参与生态文明建设的态度在较好以上的近 90%，一般的仅为 6.60%，不好的只占 1.89%。具体情况如图、表 5-47 所示。

表 5-47 鸡西市居民对参与生态文明建设的态度（%）

很好	好	较好	一般	不好
29.72	43.87	17.93	6.60	1.89

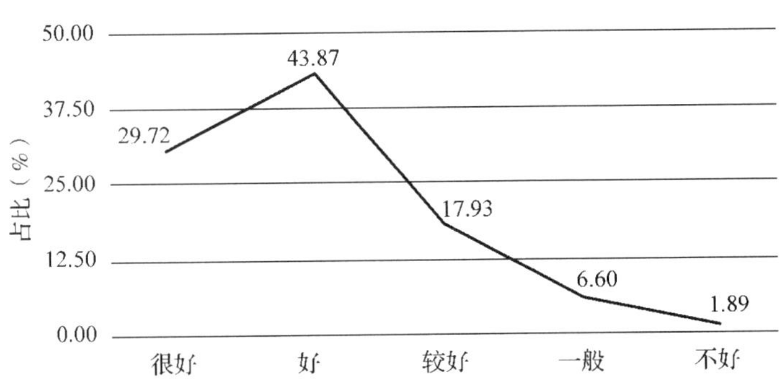

图 5-47 鸡西市居民对参与生态文明建设的态度

4. 鸡西市居民生态文明宣传教育参与度

鸡西市居民生态文明宣传教育参与度较低，本项指标依据多项选择题统计，结果为 79.48%。

5. 鸡西市居民环境保护与监督的参与度

鸡西市居民环境保护与监督的参与度在较好以上的超过 50%，一般的占比 24.07%，不好的达到 23.82%。具体情况如图、表 5-48 所示。

表 5-48 鸡西市居民环境保护与监督的参与度（%）

很好	好	较好	一般	不好
12.97	11.79	27.36	24.07	23.82

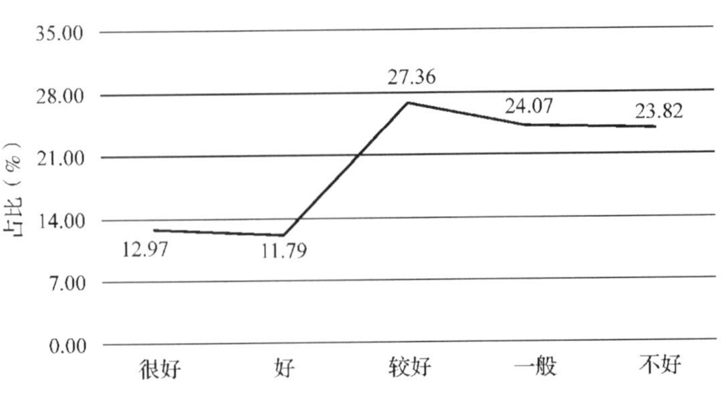

图 5-48 鸡西市居民环境保护与监督的参与度

(十四)大兴安岭地区生态文明建设公众参与情况分析

1. 大兴安岭地区居民生态文明相关知识了解情况

大兴安岭地区居民对生态文明相关知识了解情况在较好以上的占比超过80%，了解情况为一般的占比6.90%，完全不了解的占比9.91%。具体情况如图、表5-49所示。

表5-49 大兴安岭地区居民生态文明相关知识了解情况(%)

很好	好	较好	一般	不好
40.09	31.04	12.07	6.90	9.91

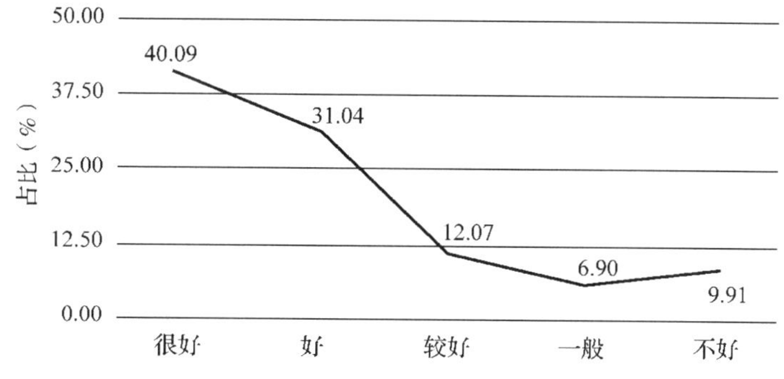

图5-49 大兴安岭地区居民生态文明相关知识了解情况

2. 大兴安岭地区居民生态文明习惯养成情况

大兴安岭地区居民生态文明习惯养成情况在较好以上的超过90%，一般的仅为1.72%，不好的只占6.04%。具体情况如图、表5-50所示。

表5-50 大兴安岭地区居民生态文明习惯养成情况(%)

很好	好	较好	一般	不好
44.00	25.43	22.85	1.72	6.04

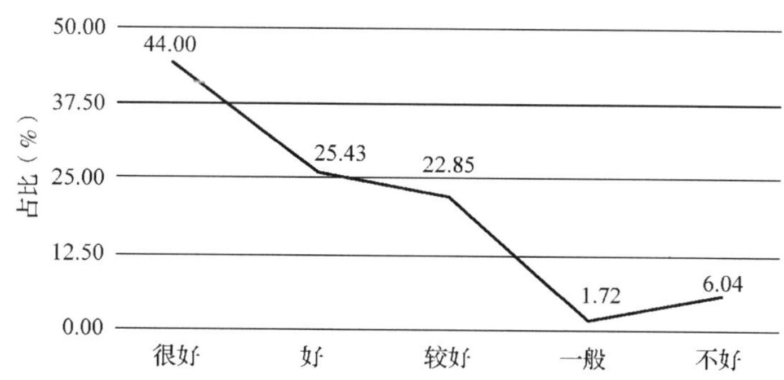

图5-50 大兴安岭地区居民生态文明习惯养成情况

3. 大兴安岭地区居民对参与生态文明建设的态度

大兴安岭地区居民对参与生态文明建设的态度在较好以上的近100%，一般的为0%，不好的只占1.72%。具体情况如图、表5-51所示。

表5-51 大兴安岭地区居民对参与生态文明建设的态度(%)

很好	好	较好	一般	不好
59.49	34.49	4.31	0.00	1.72

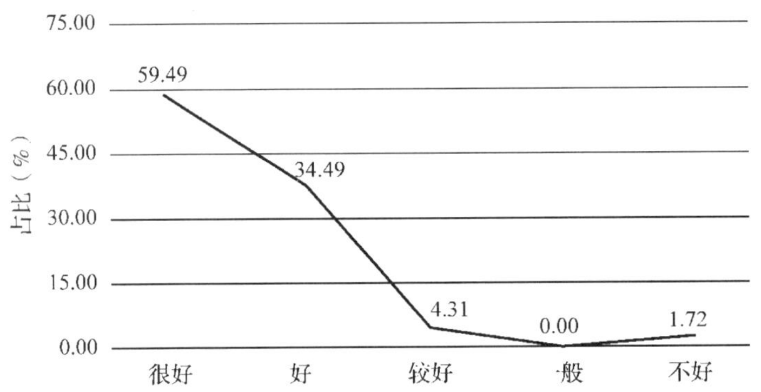

图5-51 大兴安岭地区居民对参与生态文明建设的态度

4. 大兴安岭地区居民生态文明宣传教育参与度

大兴安岭地区居民生态文明宣传教育参与度较高，本项指标依据多项选择题统计，结果为134.05%。

5. 大兴安岭地区居民环境保护与监督的参与度

大兴安岭地区居民环境保护与监督的参与度在较好以上的超过70%，一般的占比6.04%，不好的达到22.42%。具体情况如图、表5-52所示。

表5-52 大兴安岭地区居民环境保护与监督的参与度(%)

很好	好	较好	一般	不好
25.86	10.78	34.92	6.04	22.42

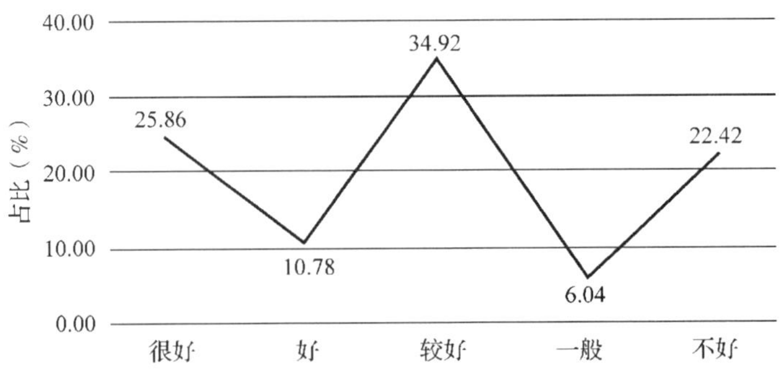

图5-52 大兴安岭地区居民环境保护与监督的参与度

第二节 公众参与二级指标总体分析

一、二级指标总体分析统计方法

“生态文明建设公众参与情况”一级指标下设5个二级指标，即“居民生态文明相关知识了解情况”“居民生态文明养成情况”“居民对参与生态文明建设的态度”“居民生态文明宣传教育参与度”“居民环境保护与监督的参与度”。

(一)居民生态文明相关知识了解情况

在单项分析结果的基础上，对五个等级选项进行赋值，即将“很好”赋值为4分，“好”赋值为3分，“较好”赋值为2分，“一般”赋值为1分，“不好”赋值为0分。相应地，居民生态文明相关知识了解情况=(选项很好的百分比×4+选项好的百分比×3+选项较好的百分比×2+选项一般的百分比×1+选项不好的百分比×0)÷10。

(二)居民生态文明养成情况

在单项分析结果的基础上，对五个等级选项进行赋值，即将“很好”赋值为4分，“好”赋值为3分，“较好”赋值为2分，“一般”赋值为1分，“不好”赋值为0分。相应地，居民生态文明养成情况=(选项很好的百分比×4+选项好的百分比×3+选项较好的百分比×2+选项一般的百分比×1+选项不好的百分比×0)÷10。

(三)居民对参与生态文明建设的态度

在单项分析结果的基础上，对五个等级选项进行赋值，即将“很好”赋值为4分，“好”赋值为3分，“较好”赋值为2分，“一般”赋值为1分，“不好”赋值为0分。相应地，居民对生态文明建设的态度=(选项很好的百分比×4+选项好的百分比×3+选项较好的百分比×2+选项一般的百分比×1+选项不好的百分比×0)÷10。

(四)居民生态文明宣传教育参与度

本部分为多选题，在单项分析结果的基础上，对五个同级选项进行赋值，每个选项均赋值2分。相应地，居民生态文明宣传教育参与度=(选项的百分比之和×2）÷10。

（五）居民环境保护与监督的参与度

在单项分析结果的基础上，对五个等级选项进行赋值，即将“很好”赋值为4分，“好”赋值为3分，“较好”赋值为2分，“一般”赋值为1分，“不好”赋值为0分。相应地，居民环境保护与监督的参与度=（选项很好的百分比×4+选项好的百分比×3+选项较好的百分比×2+选项一般的百分比×1+选项不好的百分比×0）÷10。

二、二级指标总体分析结果

（一）哈尔滨市生态文明建设公众参与情况二级指标总体分析结果

表5-53　哈尔滨市生态文明建设公众参与情况（%）

居民生态文明相关知识了解情况	居民生态文明养成情况	居民对参与生态文明建设的态度	居民生态文明宣传教育参与度	居民环境保护与监督的参与度
17.95	30.42	29.63	8.91	12.57

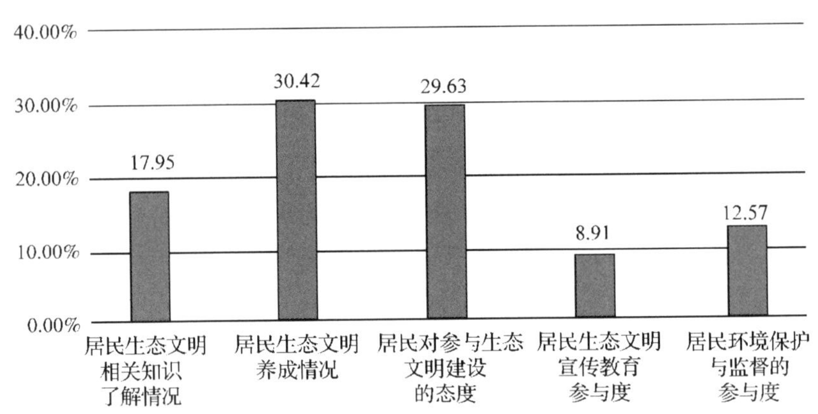

图5-53　哈尔滨市生态文明建设公众参与情况

（二）齐齐哈尔市生态文明建设公众参与情况二级指标总体分析结果

表5-54　齐齐哈尔市生态文明建设公众参与情况（%）

居民生态文明相关知识了解情况	居民生态文明养成情况	居民对参与生态文明建设的态度	居民生态文明宣传教育参与度	居民环境保护与监督的参与度
23.58	28.50	27.25	26.55	15.58

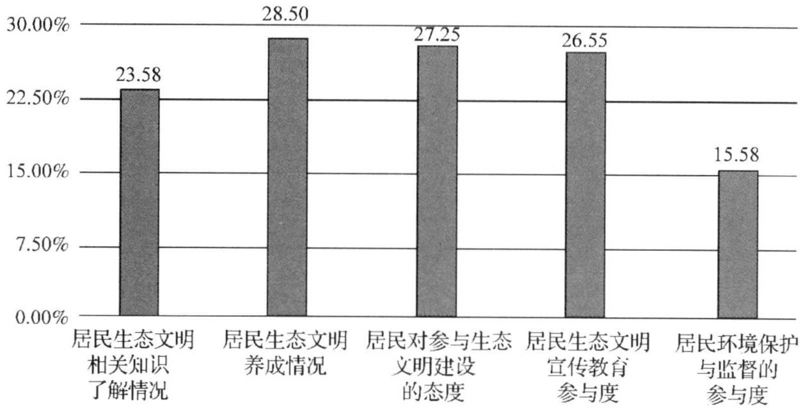

图 5-54 齐齐哈尔市生态文明建设公众参与情况

(三)牡丹江市生态文明建设公众参与情况二级指标总体分析结果

表 5-55 牡丹江市生态文明建设公众参与情况(%)

居民生态文明相关知识了解情况	居民生态文明养成情况	居民对参与生态文明建设的态度	居民生态文明宣传教育参与度	居民环境保护与监督的参与度
25.64	25.11	31.30	12.75	19.21

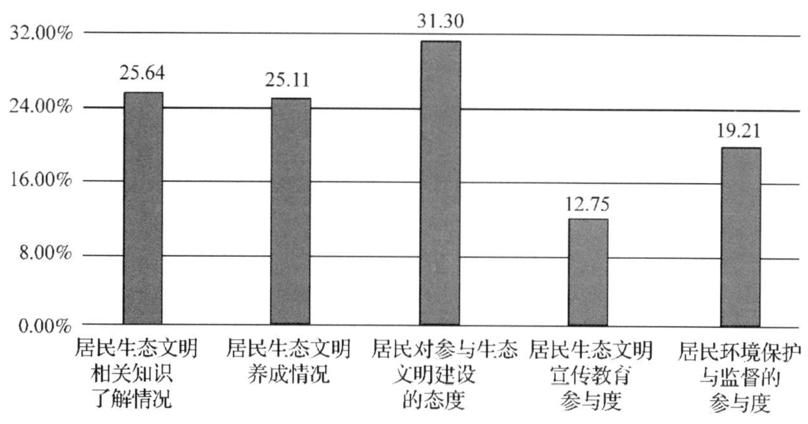

图 5-55 牡丹江市生态文明建设公众参与情况

(四)佳木斯市生态文明建设公众参与情况二级指标总体分析结果

表 5-56 佳木斯市生态文明建设公众参与情况(%)

居民生态文明相关知识了解情况	居民生态文明养成情况	居民对参与生态文明建设的态度	居民生态文明宣传教育参与度	居民环境保护与监督的参与度
19.28	26.12	29.45	15.15	9.35

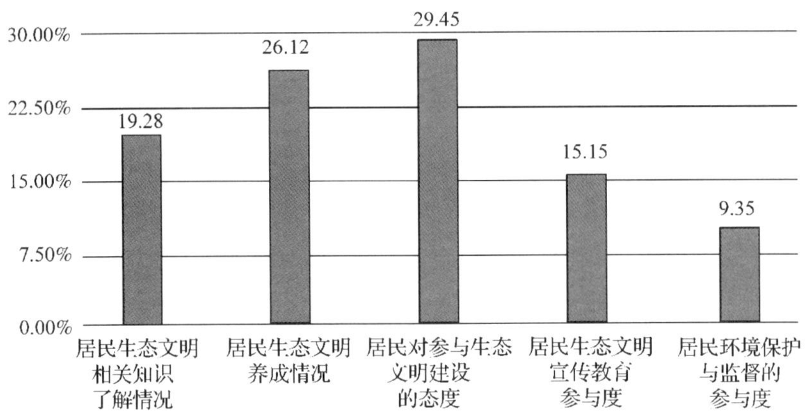

图 5-56 佳木斯市生态文明建设公众参与情况

(五)七台河市生态文明建设公众参与情况二级指标总体分析结果

表 5-57 七台河市生态文明建设公众参与情况(%)

居民生态文明相关知识了解情况	居民生态文明养成情况	居民对参与生态文明建设的态度	居民生态文明宣传教育参与度	居民环境保护与监督的参与度
23.41	25.30	27.04	24.51	18.65

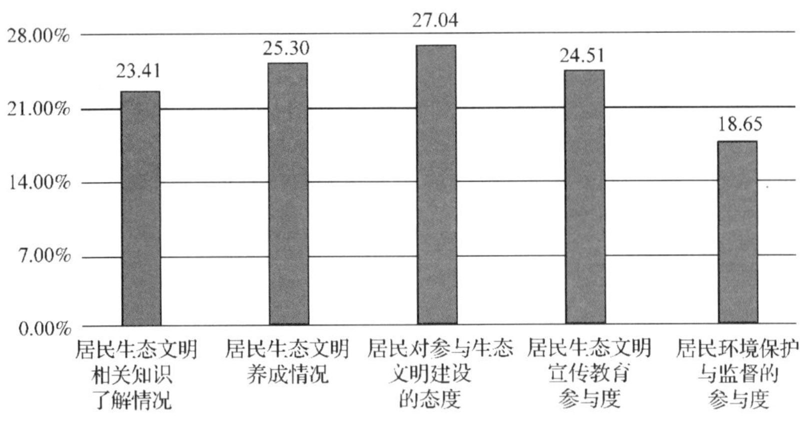

图 5-57 七台河市生态文明建设公众参与情况

(六)大庆市生态文明建设公众参与情况二级指标总体分析结果

表 5-58 大庆市生态文明建设公众参与情况(%)

居民生态文明相关知识了解情况	居民生态文明养成情况	居民对参与生态文明建设的态度	居民生态文明宣传教育参与度	居民环境保护与监督的参与度
22.80	29.65	20.65	28.10	14.13

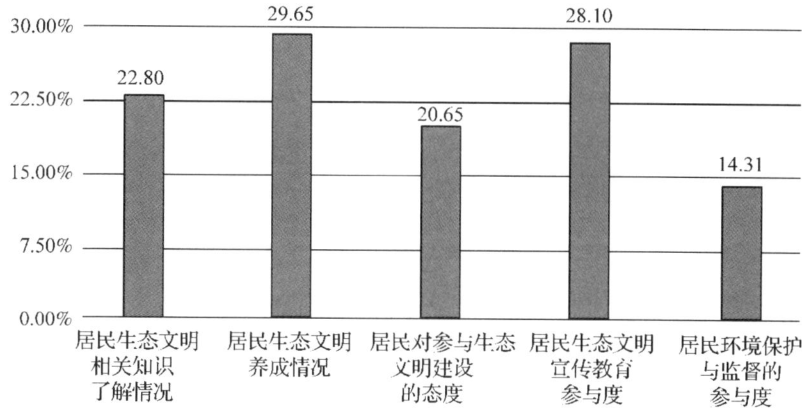

图 5-58 大庆市生态文明建设公众参与情况

(七)黑河市生态文明建设公众参与情况二级指标总体分析结果

表 5-59 黑河市生态文明建设公众参与情况(%)

居民生态文明相关知识了解情况	居民生态文明养成情况	居民对参与生态文明建设的态度	居民生态文明宣传教育参与度	居民环境保护与监督的参与度
24.62	22.23	26.66	23.30	19.62

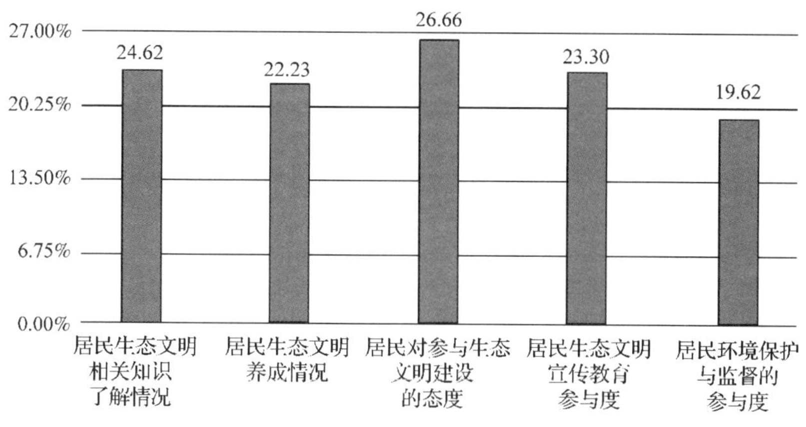

图 5-59 黑河市生态文明建设公众参与情况

(八)绥化市生态文明建设公众参与情况二级指标总体分析结果

表 5-60 绥化市生态文明建设公众参与情况(%)

居民生态文明相关知识了解情况	居民生态文明养成情况	居民对参与生态文明建设的态度	居民生态文明宣传教育参与度	居民环境保护与监督的参与度
24.53	27.18	31.80	18.35	18.28

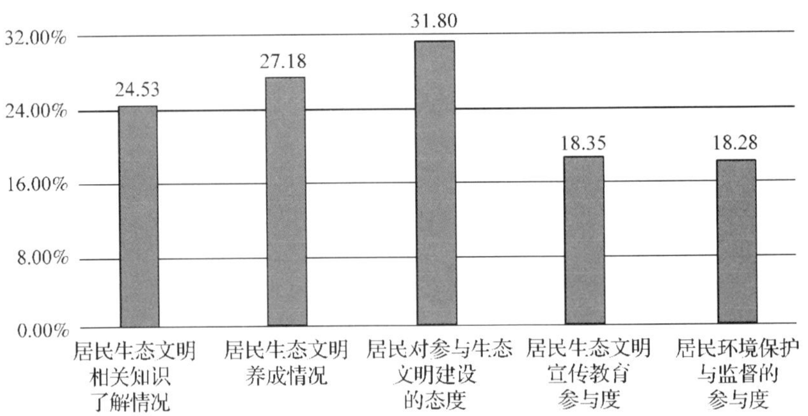

图 5-60　绥化市生态文明建设公众参与情况

(九)伊春市生态文明建设公众参与情况二级指标总体分析结果

表 5-61　伊春市生态文明建设公众参与情况(%)

居民生态文明相关知识了解情况	居民生态文明养成情况	居民对参与生态文明建设的态度	居民生态文明宣传教育参与度	居民环境保护与监督的参与度
25. 20	25. 23	35. 00	19. 80	21. 55

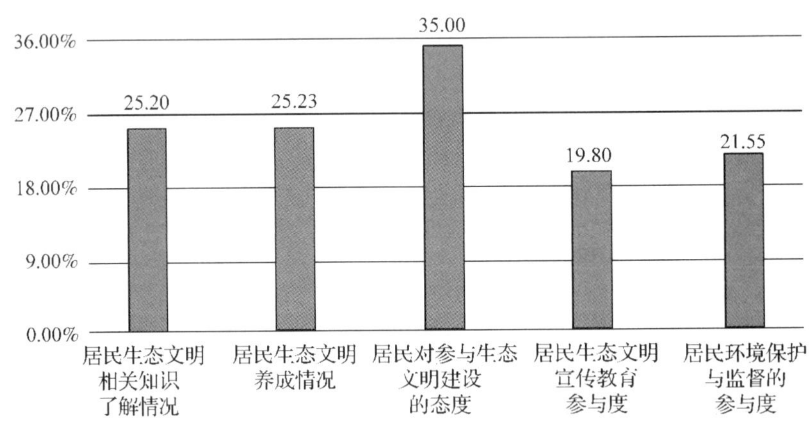

图 5-61　伊春市生态文明建设公众参与情况

(十)鹤岗市生态文明建设公众参与情况二级指标总体分析结果

表 5-62　鹤岗市生态文明建设公众参与情况(%)

居民生态文明相关知识了解情况	居民生态文明养成情况	居民对参与生态文明建设的态度	居民生态文明宣传教育参与度	居民环境保护与监督的参与度
25. 10	27. 34	28. 61	24. 65	19. 53

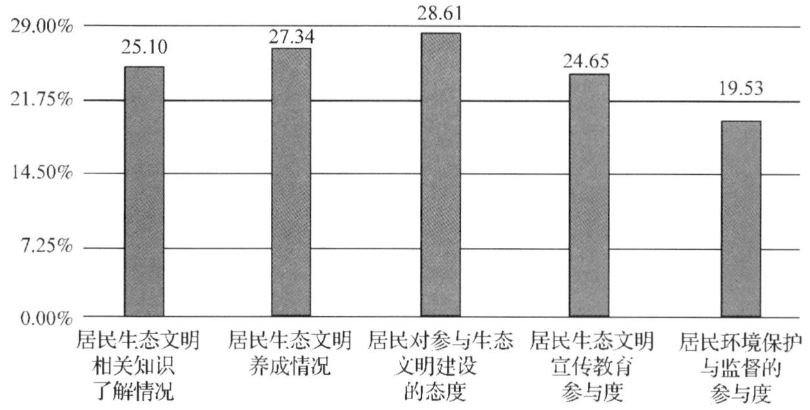

图 5-62 鹤岗市生态文明建设公众参与情况

(十一)双鸭山市生态文明建设公众参与情况二级指标总体分析结果

表 5-63 双鸭山市生态文明建设公众参与情况(%)

居民生态文明相关知识了解情况	居民生态文明养成情况	居民对参与生态文明建设的态度	居民生态文明宣传教育参与度	居民环境保护与监督的参与度
21. 88	25. 40	19. 11	32. 72	13. 03

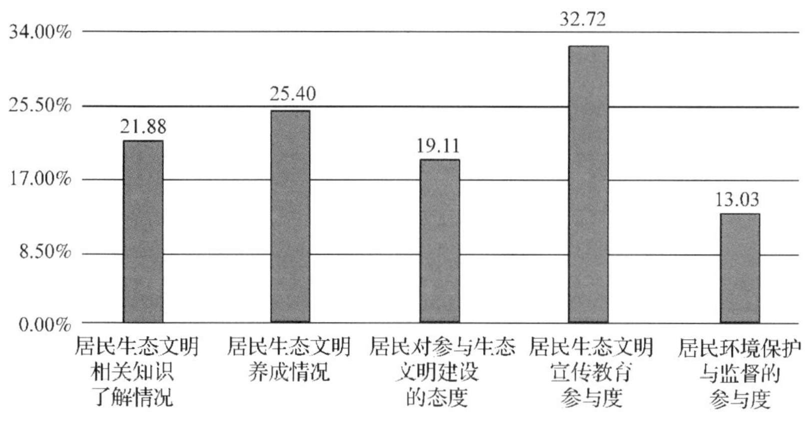

图 5-63 双鸭山市生态文明建设公众参与情况

(十二)鸡西市生态文明建设公众参与情况二级指标总体分析结果

表 5-64 鸡西市生态文明建设公众参与情况(%)

居民生态文明相关知识了解情况	居民生态文明养成情况	居民对参与生态文明建设的态度	居民生态文明宣传教育参与度	居民环境保护与监督的参与度
23. 04	26. 75	29. 30	15. 90	16. 60

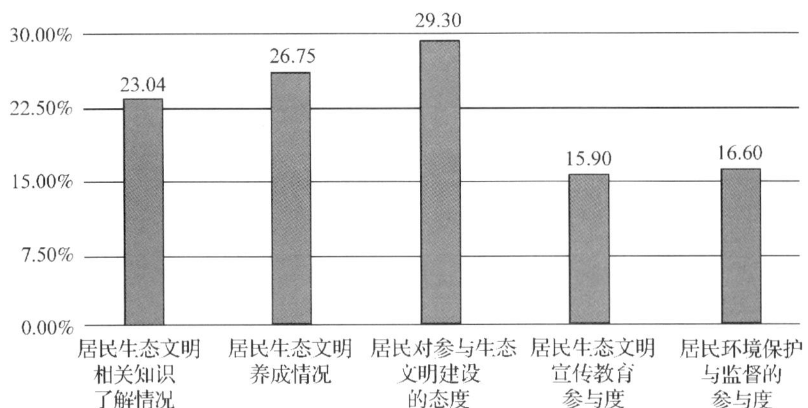

图 5-64 鸡西市生态文明建设公众参与情况

（十三）大兴安岭地区生态文明建设公众参与情况二级指标总体分析结果

表 5-65 大兴安岭地区生态文明建设公众参与情况（%）

居民生态文明相关知识了解情况	居民生态文明养成情况	居民对参与生态文明建设的态度	居民生态文明宣传教育参与度	居民环境保护与监督的参与度
28.45	29.97	35.01	26.81	21.17

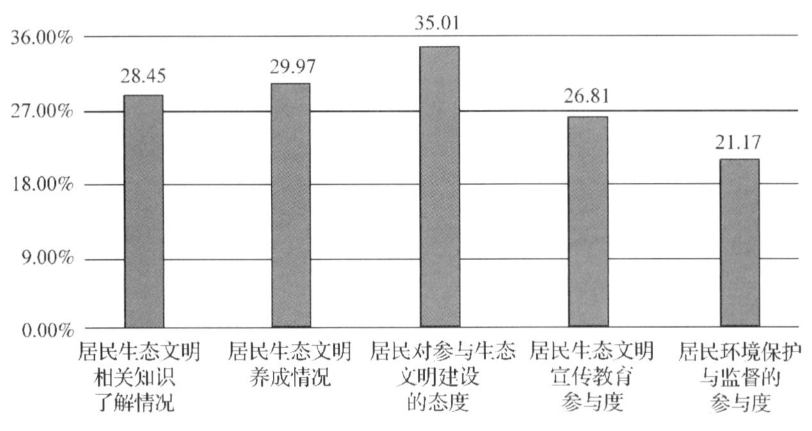

图 5-65 大兴安岭地区生态文明建设公众参与情况

第三节 公众参与二级指标对比分析

一、各地市生态文明建设公众参与情况二级指标对比分析统计方法

基于总体分析的基础上，每个二级指标，13 个地市由高到低依次排序，排名第一赋值 13 分、排名第二赋值 12 分、排名第三赋值 11 分、排名第四赋值 10

分、排名第五赋值9分、排名第六赋值8分、排名第七赋值7分、排名第八赋值6分、排名第九赋值5分、排名第十赋值4分、排名第十一赋值3分、排名第十二赋值2分、排名第十三赋值1分。每个地市5个二级指标得分加和，计算出该地市生态文明建设公众参与情况的总分。最后，按照得分高低情况，计算出各地市的排名顺序。

二、各地市生态文明建设公众参与情况二级指标对比分析

(一)各地市居民生态文明相关知识了解情况对比分析

表 5-66 各地市居民生态文明相关知识了解情况对比(%)

大兴安岭地区	牡丹江市	伊春市	鹤岗市	黑河市	绥化市	齐齐哈尔市	七台河市	鸡西市	大庆市	双鸭山市	佳木斯市	哈尔滨市
28. 45	25. 64	25. 20	25. 10	24. 62	24. 52	23. 58	23. 41	23. 04	22. 80	21. 88	19. 28	17. 95

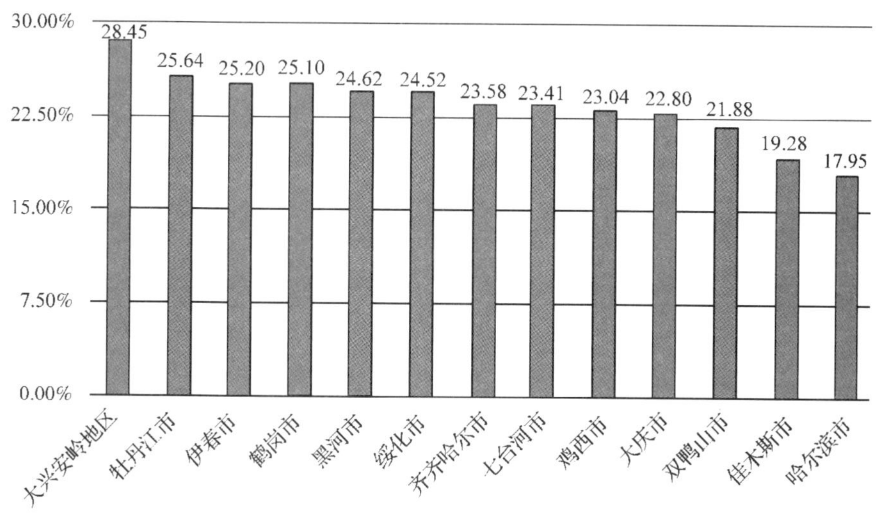

图 5-66 各地市居民生态文明相关知识了解情况对比

(二)各地市居民生态文明习惯养成情况对比分析

表 5-67 各地市居民生态文明习惯养成情况对比(%)

哈尔滨市	大兴安岭地区	大庆市	齐齐哈尔市	鹤岗市	绥化市	鸡西市	佳木斯市	双鸭山市	七台河市	伊春市	牡丹江市	黑河市
30. 42	29. 97	29. 65	28. 50	27. 34	27. 18	26. 75	26. 13	25. 40	25. 30	25. 23	25. 11	22. 23

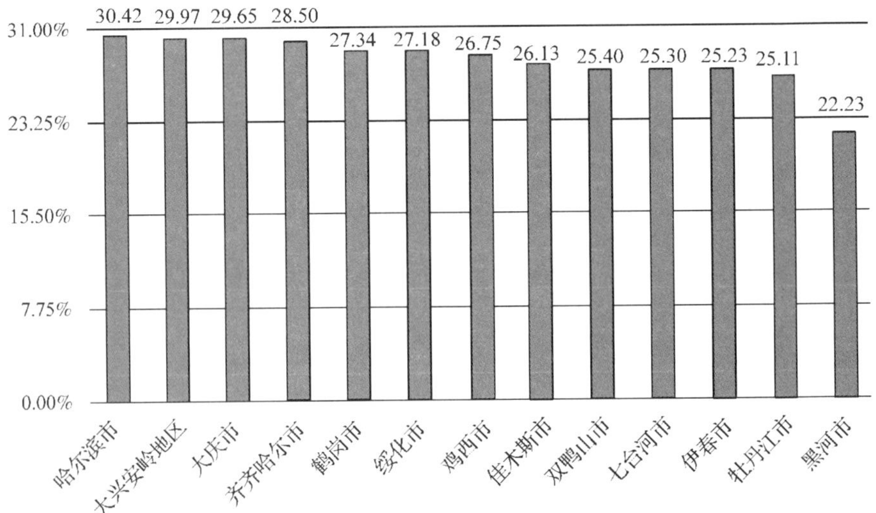

图 5-67 各地市居民生态文明习惯养成情况对比

(三)各地市居民对参与生态文明建设的态度对比分析

表 5-68 各地市居民对参与生态文明建设的态度对比(%)

大兴安岭地区	伊春市	绥化市	牡丹江市	哈尔滨市	佳木斯市	鸡西市	鹤岗市	齐齐哈尔市	七台河市	黑河市	大庆市	双鸭山市
35. 01	35. 00	31. 80	31. 30	29. 63	29. 45	29. 30	28. 61	27. 25	27. 04	26. 66	20. 65	19. 11

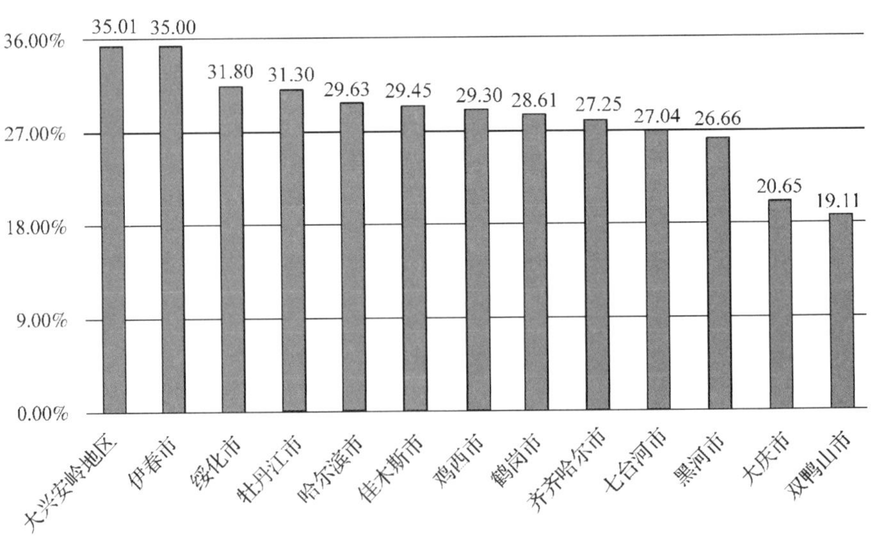

图 5-68 各地市居民对参与生态文明建设的态度对比

(四)各地市居民生态文明宣传教育参与度对比分析

表 5-69 各地市居民生态文明宣传教育参与度对比(%)

双鸭山市	大庆市	大兴安岭地区	齐齐哈尔市	鹤岗市	七台河市	黑河市	伊春市	绥化市	鸡西市	佳木斯市	牡丹江市	哈尔滨市
32.72	28.10	26.81	26.55	24.65	24.51	23.30	19.80	18.35	15.90	15.15	12.75	8.91

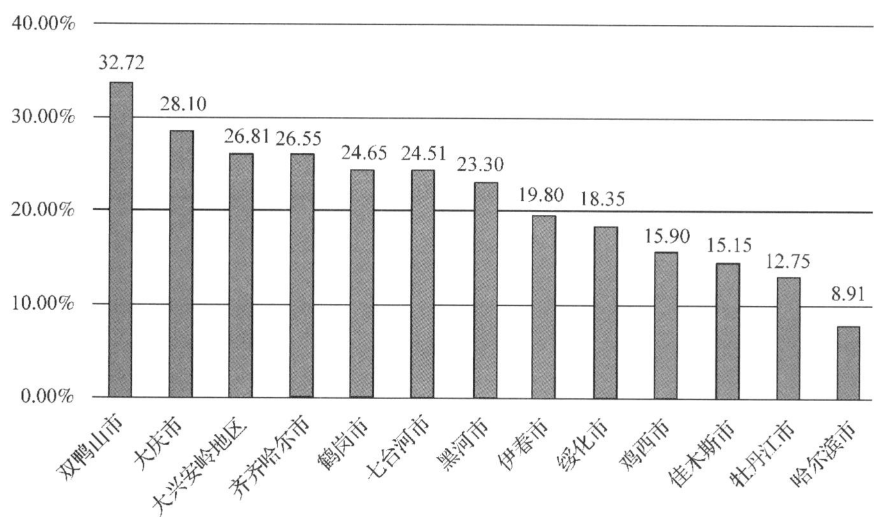

图 5-69 各地市居民生态文明宣传教育参与度对比

(五)各地市居民环境保护与监督的参与度对比分析

表 5-70 各地市居民环境保护与监督的参与度对比(%)

伊春市	大兴安岭地区	鹤岗市	牡丹江市	黑河市	七台河市	绥化市	鸡西市	齐齐哈尔市	大庆市	双鸭山市	哈尔滨市	佳木斯市
21.55	21.17	19.53	19.21	18.65	18.65	18.28	16.60	15.58	14.13	13.03	12.57	9.35

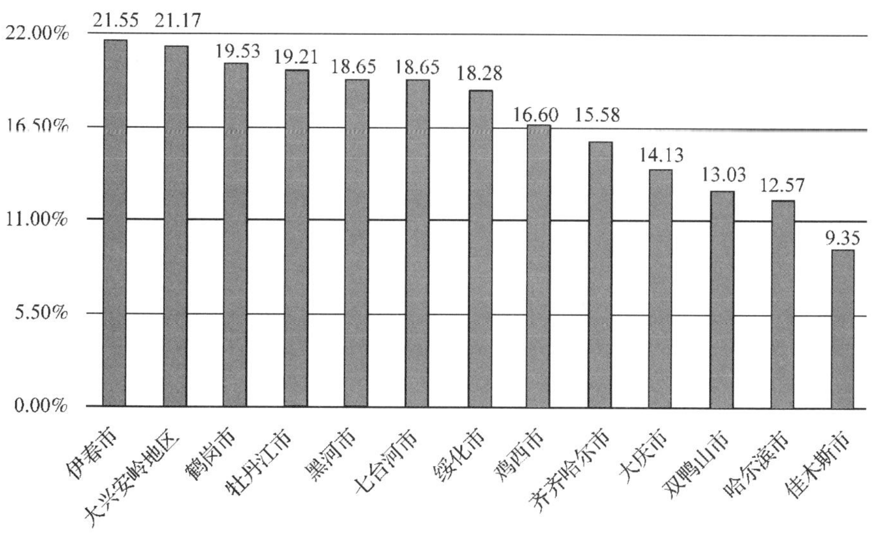

图 5-70 各地市居民环境保护与监督的参与度对比

三、各地市生态文明建设公众参与情况最终排名

表 5-71 各地市生态文明建设公众参与情况排名

排名	地市	得分(满分为65)	十分制得分
1	大兴安岭地区	61	9.38
2	伊春市	45	6.92
2	鹤岗市	45	6.92
4	绥化市	39	6.00
5	齐齐哈尔市	37	5.69
6	牡丹江市	36	5.54
7	大庆市	33	5.08
8	七台河市	31	4.77
9	黑河市	29	4.46
9	鸡西市	29	4.46
11	哈尔滨市	26	4.00
12	双鸭山市	25	3.85
13	佳木斯市	20	3.08

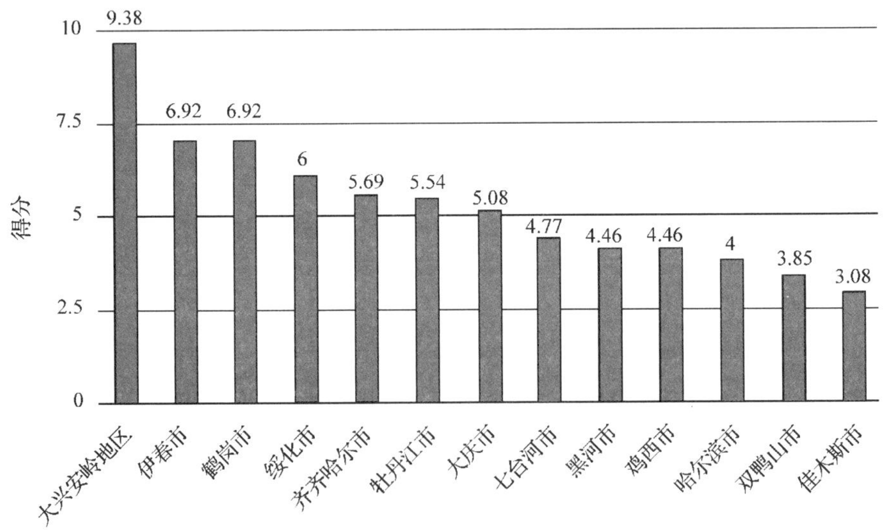

图 5-71 各地市生态文明建设公众参与情况排名

第四节 公众参与生态文明建设存在的问题及改进措施

一、存在的问题

(一)参与意识不高

意识是行动的向导。在生态文明建设中，公众参与意识的高低，不仅决定着实践中公众参与积极性的强弱，更影响着我国生态文明建设的进程和效果。本次调查数据显示，黑龙江省各地市居民选择“非常愿意”参与生态文明建设的比例分别为哈尔滨 35.85%，齐齐哈尔 23.00%，牡丹江 45.51%，佳木斯 31.00%，七台河 23.63%，大庆 15.50%，黑河 25.00%，绥化 46.50%，伊春 55.50%，鹤岗 34.16%，双鸭山 7.43%，鸡西 29.72%，大兴安岭地区 59.49%。显而易见，黑龙江省居民参与生态文明建设的意识相对薄弱，热情不高，公众参与生态文明建设的主体意识、权利意识普遍偏低，部分公众的认识存在偏差，不能正确认识和处理生态文明与经济发展之间的关系，少数公众认为生态文明建设只是政府的任务和职责，与自己无关，认为凭借个人力量无法改变生态状况。公众参与生态文明建设意识的缺乏，直接导致参与行动不力，对政府生态治理所能发挥的实质影响将会非常有限。

(二)参与能力不足

目前，黑龙江省大多数公众还缺少一定的生态科学与生态文明知识，这严重限制了公众参与生态文明建设的能力。本次调查数据显示，黑龙江省各地市居民准确掌握植树节、“地球一小时”活动、《新环保法》、绿色发展、美丽中国等生态文明相关知识的情况分别为哈尔滨 8.96%，齐齐哈尔 17.75%，牡丹江 31.46%，佳木斯 9.75%，七台河 17.86%，大庆 16.75%，黑河 19.87%，绥化 22.25%，伊春 23.00%，鹤岗 23.51%，双鸭山 9.65%，鸡西 21.23%，大兴安岭地区 40.09%。很显然，黑龙江省公众对生态文明相关知识的了解还很欠缺，少数公众甚至对生态文明建设的理解尚存在误区，简单地把生态文明建设等同于环境保护和污染治理，认为建设生态文明就是环境污染的治理。

(三)参与方式单一

现阶段，黑龙江省公众参与生态文明建设的方式主要以宣传倡议形式为主，如以生态保护、环境治理为主题的专题展览、讲座、研讨会、编写科普读物等形式。毫无疑问，宣传倡议活动对生态文明相关知识的传播、具体生态文明建设活动的开展，生态文明建设立法和行政决策的落实，环境保护、污染治理等方面发挥着越来越重要的作用。但是，宣传教育形式较为枯燥、刻板，难以入耳、入脑、入心，不能有效提升公众参与意识和参与积极性。

(四)参与效果有限

公众参与生态文明建设的情况影响着日常生活的生态文明养成情况。本次调查数据显示，黑龙江省各地市居民生态文明养成情况“很好”的比例分别为哈尔滨48.16%，齐齐哈尔24.00%，牡丹江24.16%，佳木斯33.50%，七台河14.29%，大庆28.75%，黑河17.41%，绥化33.00%，伊春27.50%，鹤岗21.26%，双鸭山16.09%，鸡西33.26%，大兴安岭地区44.00%。由此可见，黑龙江省居民生态文明养成情况尚有较大提升空间，公众参与生态文明建设的效果不够明显。

二、改进措施

(一)加大生态文明宣传教育

宣传教育是提升公众生态文明相关知识的认识水平、生态文明建设参与意识和参与能力的最根本、最有效的途径。生态文明宣传教育应面向全体公民，形成覆盖各层级、各行业、各领域的教育网络。将生态文明融入国民教育发展规划，构建大、中、小一体化的生态文明教育体系。通过宣传教育，在全社会树立生态环境是公共产品、维护公众生态利益的理念，形成生态文明建设人人有责的责任意识，进而努力培养具有崇高生态道德、强烈生态意识、完备生态知识、自觉生态行为，且勇于承担生态责任，依法维护生态权利的“生态公民”。

(二)完善政府信息公开制度

公共环境知情权是我国公民享有的一项基本权利，公民有权以合法的方式从政府或环境管理部门了解我国环境状况，获得环境信息。政府只有向公众公开环境信息，才能让公众更好地了解当地环境情况，从而积极地参与到生态文明建设。政府应向公众传达五个方面的环境信息：一是环境政策的法律法规信息，如《新环保法》的内容及立法情况等；二是环境管理相关部门的信息，如环境监管部门的职责等；三是环境状态信息，如气候、环境指数、污染指数等；四是环境科学信息，如环境的科学原理和研究成果等；五是环境生活信息，如垃圾分类、绿色环保生活理念等。

（三）创新公众参与方式

实现公众生态文明建设的有效参与，创新参与方式是关键。公众参与方式主要有提（议）案式、咨询调研式、信访式、活动式、媒体式、窗口式等。人大代表、政协委员等代表民意的群体，在向政府反映提出议案前应广泛收集民众的意见，应如实反映民众关于生态文明建设的相关意见；听证会、座谈会等民主会议是公众参与建设、表达利益诉求的重要形式，举办时应广泛宣传，鼓励各行业、各领域的相关专家、学者、其他公众的参与，听取社会各界的建议；微博、微信等新兴媒体是公众参与生态文明建设的便捷途径，政府应借助网络环境及时向社会公布信息，搭建政民互动的网络平台，听取公众意见，收集公众建议。此外，应丰富其他辅助方式，改变公众被动参与的局面，使公众参与不流于形式，发挥实效作用。

（四）发挥环保组织的作用

党的十八届三中全会明确提出："激发社会组织活力。正确处理政府和社会关系，加快实施政社分开，推进社会组织明确权责、依法自治、发挥作用。适合由社会组织提供的公共服务和解决的事业，交由社会组织承担。"提升生态文明建设公众参与度，应当采取降低环保组织的准入门槛、为环保组织的发展提供资金支持、提供培训和法律援助、加大对环保组织的宣传力度、创建环保组织与政府企业间的交流平台等多种措施推动环保组织发展壮大，使其生态文明建设中发挥更大的作用。

第六章
各地市生态文明建设公众满意度

为了解黑龙江省生态文明建设公众满意度，项目组通过实地考察、入户访谈、发放和收集调查问卷等方式对黑龙江省各地市进行了生态文明建设公众满意度的调研。生态文明建设公众满意度调研综合反映了公众对本地区生态环境各方面情况以及生态文明建设情况的评价，重点调查居民对本地区空气质量、水质量和生活环境改善等问题的评价，同时了解居民对政府生态文明建设工作的整体满意度等情况。

生态文明建设公众满意度调查结果能够客观真实反映各地市居民对生态文明建设成效的获得感，方便查找生态环境领域存在的问题和短板，为各地市、各部门改进工作、推进生态文明建设提供参考依据。

经过对实地调研结果进行的科学研究，主要通过以下两个层面对黑龙江省13个地市的生态文明建设公众满意度进行分析和比对。

一是分别对黑龙江省13个地市的二级指标进行整理分析，以图表和曲线图的形式展示。

二是对黑龙江省13个地市的生态文明建设公众满意度进行比对分析，以图表和柱形图的形式展示。

第一节　公众满意度二级指标统计方法及分析

一、各地市生态文明建设公众满意度二级指标统计方法

生态文明建设公众满意度在本次生态文明建设评价目标体系中目标类分值是10，为了更科学全面地反映黑龙江省各地市生态文明建设公众满意度的情况，生态文明建设公众满意度的调研设置了4个二级指标，指标内容和权数情况是：

居民对空气质量的满意度(权数2)；

居民对水质量的满意度(权数 2);

居民对本地生活环境改善的满意度(权数 3);

居民对政府生态文明建设工作的满意度(权数 3)。

在对 4 个二级指标进行调研的过程中，采取抽样调查的方法，共设计了 23 道题目支撑 4 个二级指标，每道题目的选项分为 5 个等级，分别是很满意、满意、一般、不满意和很不满意。为了对这 23 道题目进行科学的分析和统计，每道题目设置了相应的权数。

(一)第 1 个二级指标的内容、权数和计算方法

第 1 个二级指标居民对空气质量的满意度，共设置了 3 道题目，内容和权数分别是:

对空气总体质量的满意度(权数 1);

对雾霾情况的满意度(权数 0.5);

对空气负氧离子含量的满意度(权数 0.5)。

计算方法是对调查题目的选项进行赋权，每道题目根据赋权比例获得最后的分数，然后进行相加，就是第 1 个二级指标满意度的结果。

比如：居民对空气质量满意度共 5 个等级，其中很满意的百分比例 = (对空气总体质量的满意度百分比 + 对雾霾情况的满意度 ×0.5 + 对空气负氧离子含量的满意度 ×0.5) ÷2。

(二)第 2 个二级指标的内容、权数和计算方法

第 2 个二级指标居民对水质量的满意度，共设置了 3 道题目，内容和权数分别是:

对水总体质量的满意度(权数 1);

对江河湖泊水质量的满意度(权数 0.5);

对饮用水安全的满意度(权数 0.5)。

计算方法是对调查题目的选项进行赋权，每道题目根据赋权比例获得最后的分数，然后进行相加，就是第 2 个二级指标满意度的结果。

比如：居民对水质量满意度共 5 个等级，其中很满意的百分比例 = (对水总体质量的满意度百分比 + 对江河湖泊水质量的满意度 ×0.5 + 对饮用水安全的满意度 ×0.5) ÷2。

(三)第 3 个二级指标的内容、权数和计算方法

第 3 个二级指标居民对本地生活环境改善的满意度，共设置了 9 道题目，内

容和权数分别是：

对食品安全总体的满意度（权数0.5）；

对粮食绿色品质的满意度（权数0.25）；

对蔬菜绿色品质的满意度（权数0.25）；

对垃圾处理的满意度（权数0.5）；

对工业污染处理的满意度（权数0.5）；

对市容市貌（村容村貌）的满意度（权数0.25）；

对噪声处理的满意度（权数0.25）；

对城市绿化（乡村绿化）的满意度（权数0.25）；

对本地区生态环境不断改善的满意度（权数0.25）。

计算方法是对调查题目的选项进行赋权，每道题目根据赋权比例获得最后的分数，然后进行相加，就是第3个二级指标满意度的结果。

比如：居民对本地生活环境改善的满意度共5个等级，其中很满意的百分比例=对食品安全总体的满意度×0.5+对粮食绿色品质的满意度×0.25+对蔬菜绿色品质的满意度×0.25+对垃圾处理的满意度×0.5+对工业污染处理的满意度×0.5+对市容市貌（村容村貌）的满意度×0.25+对噪声处理的满意度×0.25+对城市绿化（乡村绿化）的满意度×0.25+对本地区生态环境不断改善的满意度×0.25）÷3。

（四）第4个二级指标的内容、权数和计算方法

第4个二级指标对政府生态文明建设工作的满意度，共设置了8道题目，内容和权数分别是：

对自然景观的满意度（权数0.25）；

对人文景观的满意度（权数0.25）；

对交通环保的满意度（权数0.25）；

对便民环保设施的满意度（权数0.25）；

对政府生态文明建设理念的满意度（权数0.50）；

对生政府态文明建设举措的满意度（权数0.50）；

对政府生态文明建设周期（长或短）的满意度（权数0.50）；

对政府生态文明建设成效的满意度（权数0.50）。

计算方法是对调查题目的选项进行赋权，每道题目根据赋权比例获得最后的分数，然后进行相加，就是第4个二级指标满意度的结果。

比如，居民对政府生态文明建设工作的满意度共5个等级，其中很满意的百分比例=对自然景观的满意度×0.25+对人文景观的满意度×0.25+对交通环

保的满意度 ×0.25 + 对便民环保设施的满意度 ×0.25 + 对政府生态文明建设理念的满意度 ×0.5 + 对政府生态文明建设举措的满意度 ×0.5 + 对政府生态文明建设周期(长或短)的满意度 ×0.5 + 对政府生态文明建设成效的满意度 ×0.5) ÷3。

二、各地市生态文明建设公众满意度二级指标分析结果

(一)哈尔滨市生态文明建设公众满意度二级指标单项分析结果

1. 哈尔滨市居民对本地空气质量的满意度

哈尔滨市居民对本地空气质量满意度占比在60%以上，22%的人认为一般，不满意以下只有10%左右。由此可见，哈尔滨市居民对本地空气质量总体满意度较高。经过访谈了解，哈尔滨市居民对空气满意度较高的原因是冬季雾霾天呈现减少趋势，空气质量有较为明显的提升。具体情况如图 6-1、表 6-1 所示。

表 6-1 哈尔滨市居民对本地空气质量的满意度(%)

很满意	满意	一般	不满意	很不满意
14.25	52.25	22.00	9.50	2.00

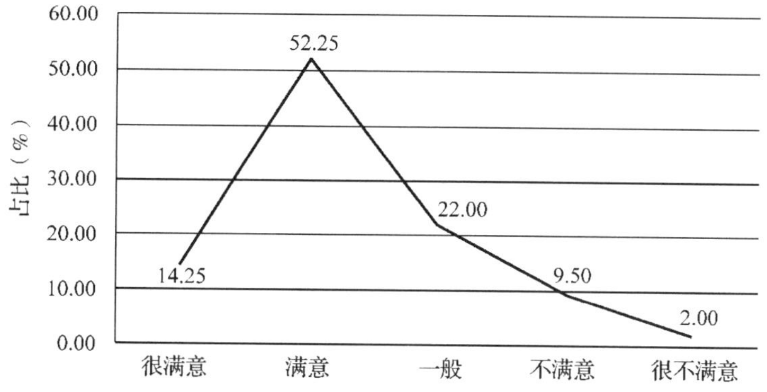

图 6-1 哈尔滨市居民对本地空气质量的满意度

2. 哈尔滨市居民对本地水质量满意度

哈尔滨市居民对本地水质量的满意度较好，满意以上的占比达到40%以上，一般占比达到33.75%，不满意以下的占到25%左右。整体上绝大多数哈尔滨市居民认为无论是江河湖泊水还是饮用水，水质量总体是比较好的，也有1/4的哈尔滨市居民认为饮用水的质量较差，江河湖泊的水有受到污染的情况，亟待提升。具体情况如图 6-2、表 6-2 所示。

表 6-2 哈尔滨市居民对本地水质量的满意度(%)

很满意	满意	一般	不满意	很不满意
9.00	32.75	33.75	19.75	4.75

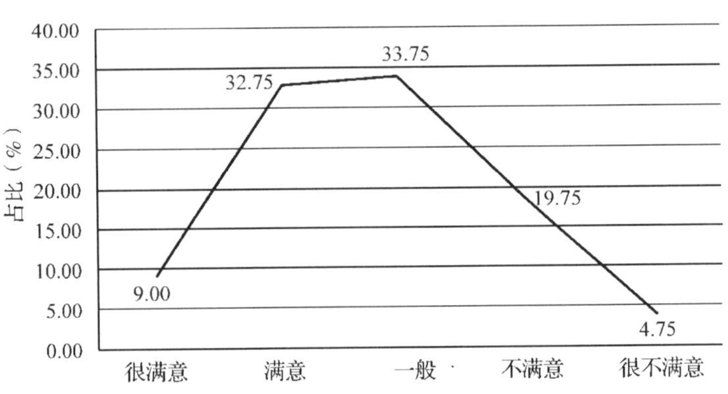

图 6-2　哈尔滨市居民对本地水质量的满意度

3. 哈尔滨市居民对本地生活环境改善的满意度

哈尔滨市居民对本地生活环境改善的总体满意度是中等偏上的，不满意度以下的比例有 15%。不满意的原因主要涉及食品安全、垃圾分类处理和城市绿化率。具体情况如图 6-3、表 6-3 所示。

表 6-3　哈尔滨市居民对本地生活环境改善的满意度(%)

很满意	满意	一般	不满意	很不满意
11. 34	45. 08	28. 58	12. 00	3. 00

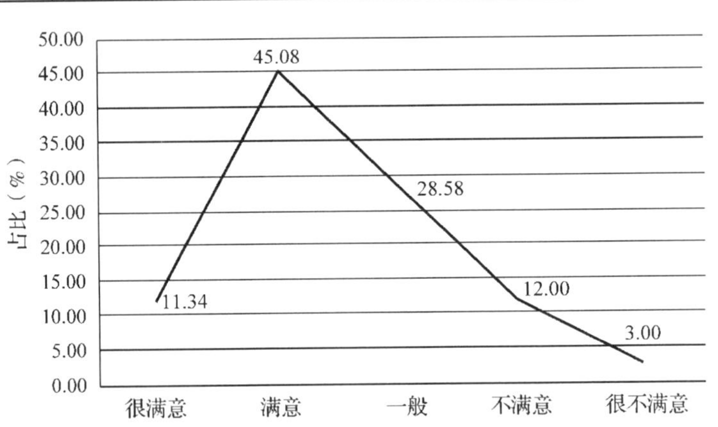

图 6-3　哈尔滨市居民对本地生活环境改善的满意度

4. 哈尔滨市居民对本地政府生态文明建设工作的满意度

哈尔滨市居民对本地政府生态文明建设工作的总体满意度较高，45% 左右的哈尔滨市居民对本地政府生态文明建设理念和生态文明建设举措持肯定态度，10% 左右的不满意度，主要原因是认为本地政府生态文明建设的投入力度应该进一步加强。具体情况如图 6-4、表 6-4 所示。

表 6-4 哈尔滨市居民对本地政府生态文明建设工作的满意度(%)

很满意	满意	一般	不满意	很不满意
8. 50	36. 65	42. 40	9. 95	2. 50

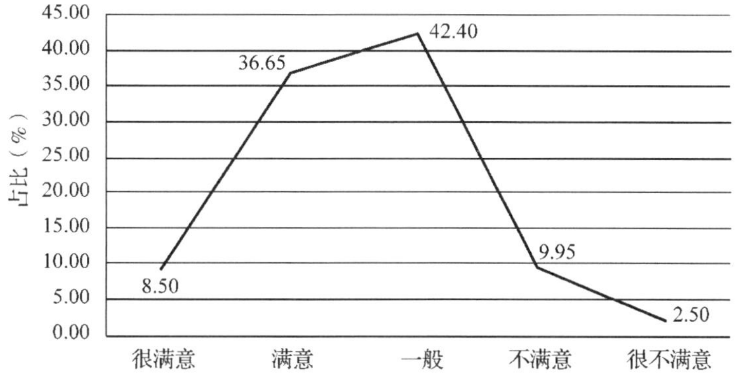

图 6-4 哈尔滨市居民对本地政府生态文明建设工作的满意度

(二)齐齐哈尔市生态文明建设公众满意度二级指标单项分析结果

1. 齐齐哈尔市居民对本地空气质量的满意度

齐齐哈尔市居民对本地空气质量的总体情况认为一般，占总比例的一半以上，影响居民对空气质量满意度的因素，主要就是雾霾问题，绝大多数市民对齐齐哈尔市的雾霾情况不够满意。具体情况如图 6-5、表 6-5 所示。

表 6-5 齐齐哈尔市居民对本地空气质量的满意度(%)

很满意	满意	一般	不满意	很不满意
7. 25	25. 5	54. 25	11. 75	1. 25

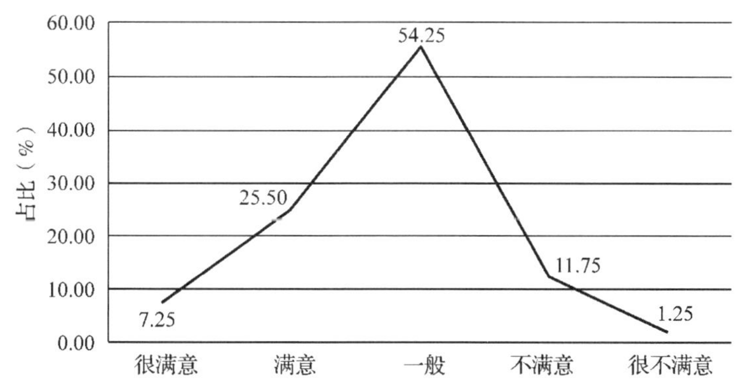

图 6-5 齐齐哈尔市居民对本地空气质量的满意度

2. 齐齐哈尔市居民对本地水质量满意度

齐齐哈尔市居民对本地水质量总体满意度不够高，在满意度以上的比例不到 1/3。但很不满意所占比例为 0。所以，大部分居民认为水质量总体是没有太大问题的。具体情况如图6-6、表6-6所示。

表6-6 齐齐哈尔市居民对本地水质量满意度(%)

很满意	满意	一般	不满意	很不满意
6.25	23.00	45.75	25.00	0.00

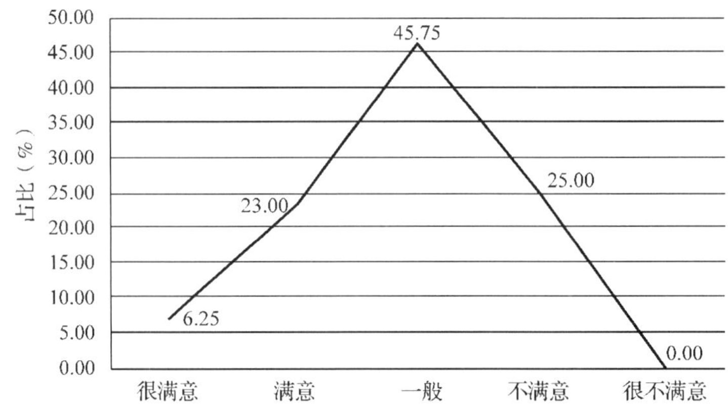

图6-6 齐齐哈尔市居民对本地水质量满意度

3. 齐齐哈尔市居民对本地生活环境改善的满意度

齐齐哈尔市居民对本地生活环境改善的满意度同上两个二级指标有共同之处，都是中间大，两头小。说明齐齐哈尔市居民对本地区的生活环境虽然不是特别满意，但是也不是完全否定的态度。比如：居民对齐齐哈尔市的自然景观和人文景观的整体满意度还是较高的，但对于噪声处理、环保实施、垃圾处理等问题，觉得改善的空间还比较大。具体情况如图6-7、表6-7所示。

表6-7 齐齐哈尔市居民对本地生活环境改善的满意度(%)

很满意	满意	一般	不满意	很不满意
6.83	29.42	44.75	17.83	1.17

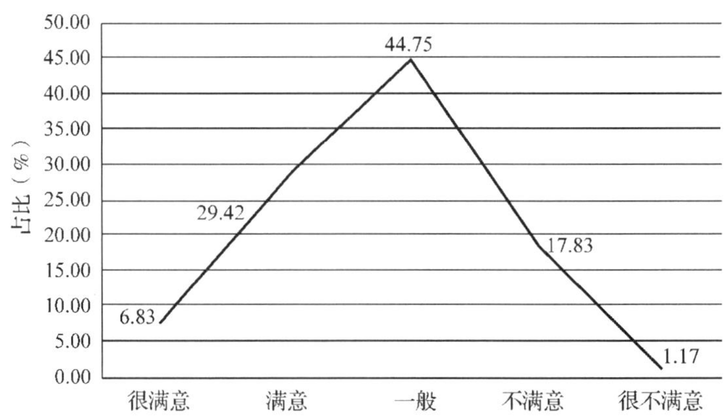

图6-7 齐齐哈尔市居民对本地生活环境改善的满意度

4. 齐齐哈尔市居民对本地政府生态文明建设工作的满意度

齐齐哈尔市居民对本地政府生态文明建设工作的整体满意度居于中间状态，一般的比例占到50%以上。影响公众对本地政府生态文明建设工作态度的原因是多方面的，比如生态文明建设的理念、举措、周期、实施等。具体情况如图6-8、表6-8所示。

表 6-8　齐齐哈尔市居民对本地政府生态文明建设工作的满意度(%)

很满意	满意	一般	不满意	很不满意
4. 92	29. 33	54. 83	10. 67	0. 25

图 6-8　齐齐哈尔市居民对本地政府生态文明建设工作的满意度

(三)牡丹江市生态文明建设公众满意度二级指标单项分析结果

1. 牡丹江市居民对本地空气质量的满意度

牡丹江市居民对本地空气质量的总体满意度较高，很满意达到了15%左右，1/3左右的居民认为牡丹江市空气质量是满意的。很不满意只约占1%。具体情况如图6-9、表6-9所示。

表 6-9　牡丹江市居民对本地空气质量的满意度(%)

很满意	满意	一般	不满意	很不满意
15. 33	29. 57	45. 97	8. 06	1. 07

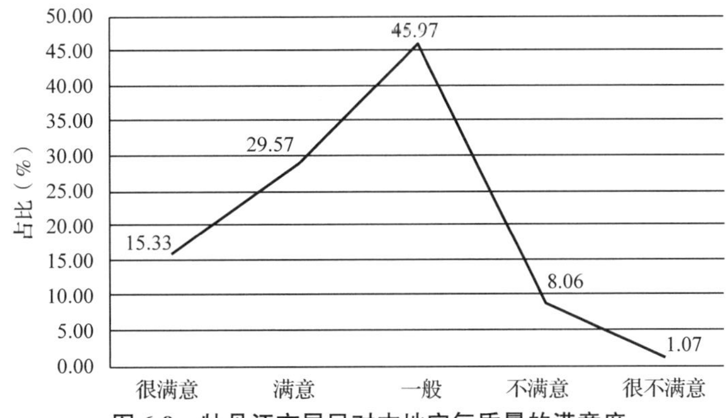

图 6-9　牡丹江市居民对本地空气质量的满意度

2. 牡丹江市居民对本地水质量满意度

牡丹江市居民对本地水质量的满意度情况是持中间态度，认为一般的约占一半左右。很不满意的比例是比较小的，之约占2%左右。所以牡丹江水质量基本没有问题，能保证居民基本的饮用要求，江河湖泊水质也相对较好。具体情况如图6-10、表6-10所示。

表6-10 牡丹江市居民对本地水质量满意度(%)

很满意	满意	一般	不满意	很不满意
11.02	31.99	49.47	5.37	2.15

图6-10 牡丹江市居民对本地水质量满意度

3. 牡丹江市居民对本地生活环境改善的满意度

牡丹江市居民对本地生态环境改善的情况总体的认可度比较高，只有8%左右的居民持否定态度。说明牡丹江市生活环境有较好的改善，居民是相对满意的。具体情况如图6-11、表6-11所示。

表6-11 牡丹江市居民对本地生活环境改善的满意度(%)

很满意	满意	一般	不满意	很不满意
12.19	33.96	45.96	5.20	2.69

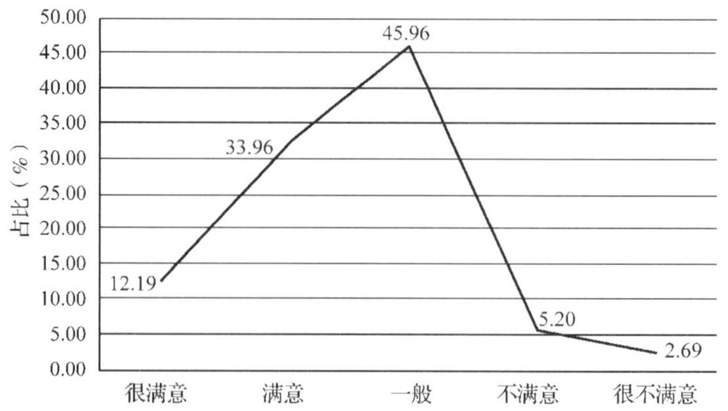

图6-11 牡丹江市居民对本地生活环境改善的满意度

4. 牡丹江市居民对政府生态文明建设工作的满意度

生态文明的建设是一项系统工程，需要有科学合理的统筹部署，需要有详细具体的推进规划。牡丹江市居民对政府生态文明建设工作是比较满意的，其中满意以上的比例占到一半以上，认为持中的也约占40%作用。牡丹江市政府生态文明建设工作得到了公众的基本认可。具体情况如图6-12、表6-12所示。

表6-12　牡丹江市居民对本地政府生态文明建设工作的满意度（%）

很满意	满意	一般	不满意	很不满意
13.00	37.54	40.50	7.08	1.88

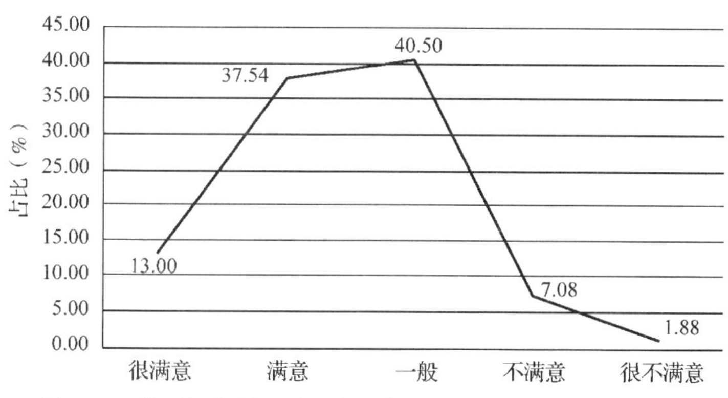

图6-12　牡丹江市居民对本地政府生态文明建设工作的满意度

（四）佳木斯市生态文明建设公众满意度二级指标单项分析结果

1. 佳木斯市居民对本地空气质量的满意度

佳木斯居民对本地空气质量是比较满意的，满意率达到60%以上。大多居民认为本市的空气污染情况并不严重，雾霾天气不是很多，空气比较清新。具体情况如图6-13、表6-13所示。

表6-13　佳木斯市居民对本地空气质量的满意度（%）

很满意	满意	一般	不满意	很不满意
10.00	51.75	16.00	12.00	10.25

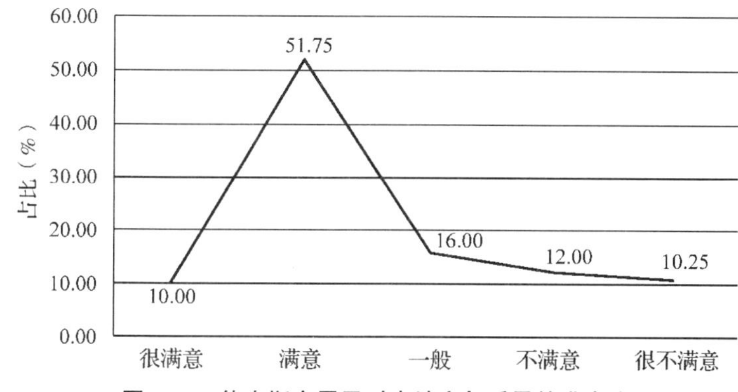

图6-13　佳木斯市居民对本地空气质量的满意度

2. 佳木斯市居民对本地水质量满意度

调查结果显示，佳木斯市居民对本地水质量满意度并不乐观。无论是江河湖泊的污染情况还是饮用水安全方面，居民都不是很满意。经实地考察发现，佳木斯市水质较差，江河湖泊不够清澈，水面垃圾较多，并且持续恶化已久，但并没有得到有效的处理。具体情况如图6-14、表6-14所示。

表6-14　佳木斯市居民对本地水质量满意度（%）

很满意	满意	一般	不满意	很不满意
0.00	19.00	53.00	23.75	4.25

图6-14　佳木斯市居民对本地水质量满意度

3. 佳木斯市居民对本地生活环境改善的满意度

佳木斯市居民对本地生活环境改善的满意度较高，满意比率在70%左右。居民对噪声处理、城市绿化、垃圾处理及回收情况比较认可。但对于车辆污染情况和绿色出行方面，认为应该加大改善力度。具体情况如图6-15、表6-15所示。

表6-15　佳木斯市居民对本地生活环境改善的满意度（%）

很满意	满意	一般	不满意	很不满意
4.42	65.66	26.00	3.42	0.50

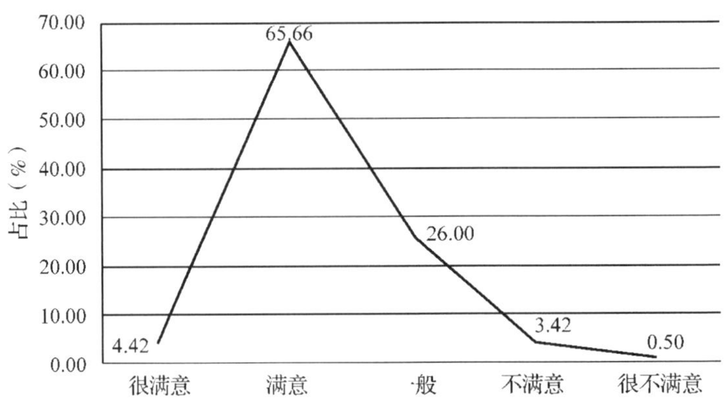

图6-15　佳木斯市居民对本地生活环境改善的满意度

4. 佳木斯市居民对政府生态文明建设工作的满意度

佳木斯市居民对政府生态文明建设工作满意度达到了60%以上，政府在生态文明建设的理念和举措方面，得到了居民的认可。在水质量、车辆污染、交通环保设备的设置方面，居民认为是生态文明建设的瓶颈，应该努力加强这些方面的建设。具体情况如图6-16、表6-16所示。

表6-16 佳木斯市居民对政府生态文明建设工作的满意度(%)

很满意	满意	一般	不满意	很不满意
0.67	60.84	35.33	3.08	0.08

图6-16 佳木斯市居民对政府生态文明建设工作的满意度

(五)大庆市生态文明建设公众满意度二级指标单项分析结果

1. 大庆市居民对本地空气质量的满意度

调查结果显示，大庆市居民对空气总体质量满意率达到48.75%，认为雾霾天气不多，空气清新。但不满意的比率也接近30%，对空气负氧离子含量不高，期待空气质量能提升一个高度。具体情况如图6-17、表6-17所示。

表6-17 大庆市居民对本地空气质量的满意度(%)

很满意	满意	一般	不满意	很不满意
11.75	37.00	22.75	22.75	5.75

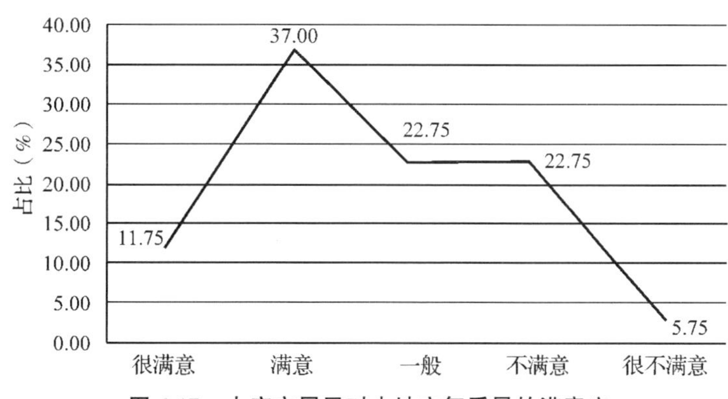

图6-17 大庆市居民对本地空气质量的满意度

2. 大庆市居民对水质量满意度

大庆市居民对水质量的满意度比较低，很满意的不到10%，持否定态度的比例在50%左右，认为饮用水质量不够好，地表水、地下水和人居环境污染严重。具体情况如图6-18、表6-18所示。

表6-18　大庆市居民对本地水质量满意度（%）

很满意	满意	一般	不满意	很不满意
8.75	13.25	26.75	30.25	21.00

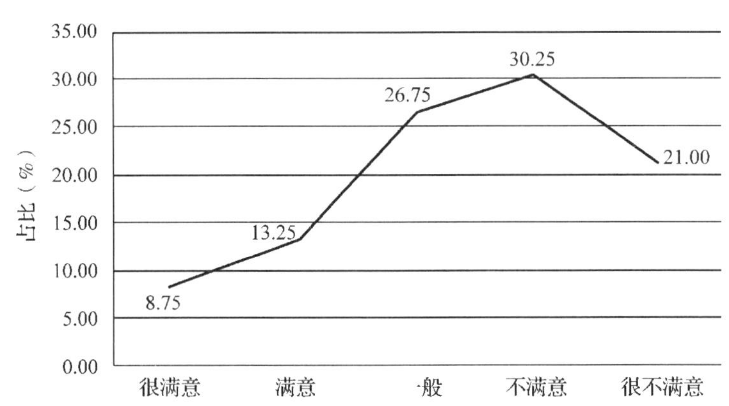

图6-18　大庆市居民对本地水质量满意度

3. 大庆市居民对本地生活环境改善的满意度

据调查结果显示，大庆市居民对生活环境改善的满意度不高，其中，对工业污染处理、垃圾处理、相应环保设施地配置上满意度不高，一部分居民认为相应设施投入力度小，且识别性以及作用不足。在人文景观传播和自然景观建设两方面的满意率均较好，居民给予了肯定。具体情况如图6-19、表6-19所示。

表6-19　大庆市居民对本地生活环境改善的满意度（%）

很满意	满意	一般	不满意	很不满意
12.75	20.25	31.67	20.33	15.00

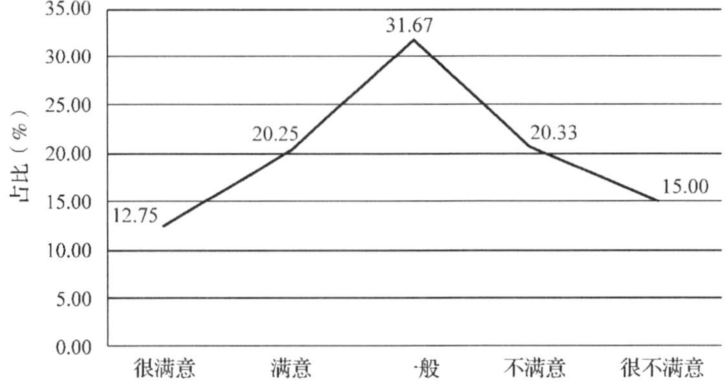

图6-19　大庆市居民对本地生活环境改善的满意度

4. 大庆市居民对政府生态文明建设工作的满意度

调查结果显示，大庆市居民对政府生态文明建设工作的满意率接近50%，肯定了大庆市政府在生态文明建设方面出台的政策措施和开展环保的行动，认为这些措施和行动取得了一定成效。但同时不满意率也不低，认为还有很多生态文明建设工作推进有待提升。具体情况如图6-20、表6-20所示。

表6-20 大庆市居民对政府生态文明建设工作的满意度(%)

很满意	满意	一般	不满意	很不满意
12.25	35.42	21.25	19.33	11.75

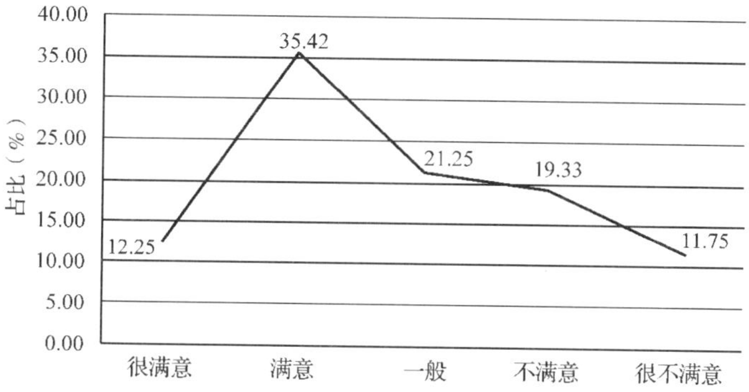

图6-20 大庆市居民对政府生态文明建设工作的满意度

(六)鸡西市生态文明建设公众满意度二级指标单项分析结果

1. 鸡西市居民对本地空气质量的满意度

在空气质量方面，只有少数居民对此表示满意。不满意的原因是空气中负氧离子的含量不高，并随着受访者年龄递增而减少。在走访过程中，鸡西市的植被覆盖率并不算高，汽车污染相对较严重，这也是造成空气质量满意度不高的一大重要原因。具体情况如图6-21、表6-21所示。

表6-21 鸡西市居民对本地空气质量的满意度(%)

很满意	满意	一般	不满意	很不满意
4.00	26.00	48.00	19.00	3.00

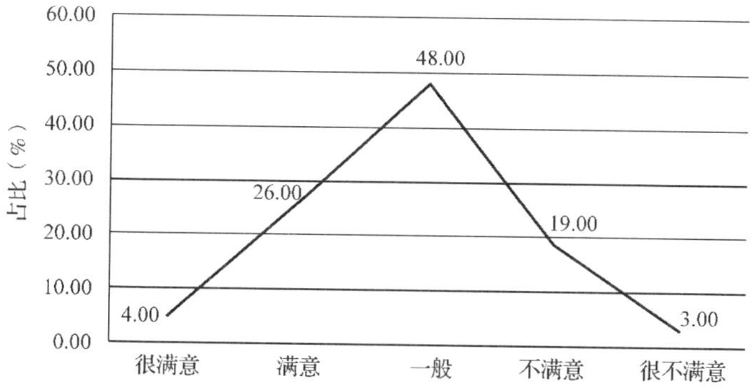

图6-21 鸡西市居民对本地空气质量的满意度

2. 鸡西市居民对本地水质量满意度

在水质满意度方面，调查组查阅相关资料，近年来鸡西市的饮用水质量检验报告均为Ⅲ类达标，供水为良好。但在实际调研中，居民对水质量的满意度持中间态度的占一半左右。具体情况如图6-22、表6-22所示。

表6-22 鸡西市居民对本地水质量满意度(%)

很满意	满意	一般	不满意	很不满意
3.00	25.00	49.00	22.00	1.00

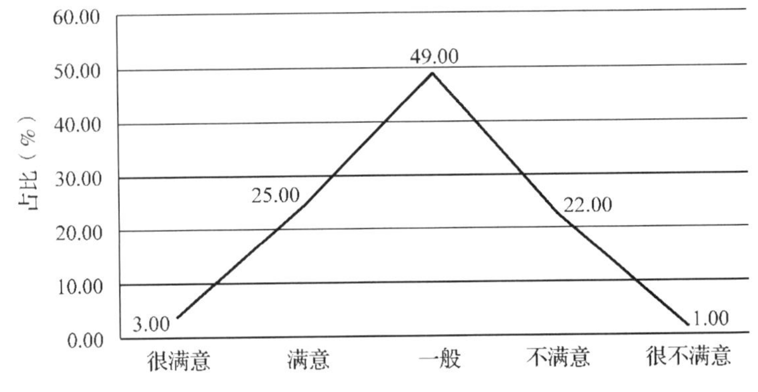

图6-22 鸡西市居民对本地水质量满意度

3. 鸡西市居民对本地生活环境改善的满意度

数据显示，鸡西市居民对本地生活环境改善的满意度处于一般水平。居民对鸡西市食品方面的满意程度较为理想，对交通及便民设施上，持一般态度。但对于垃圾处理、噪声处理、城市绿化的满意度方面不高。在走访过程中，鸡西城市道路两旁的植被较为稀疏，养护水平较低，在环保绿化方面，鸡西市还需加大治理力度。具体情况如图6-23、表6-23所示。

表6-23 鸡西市居民对本地生活环境改善的满意度(%)

很满意	满意	一般	不满意	很不满意
4.50	24.00	41.00	28.00	2.50

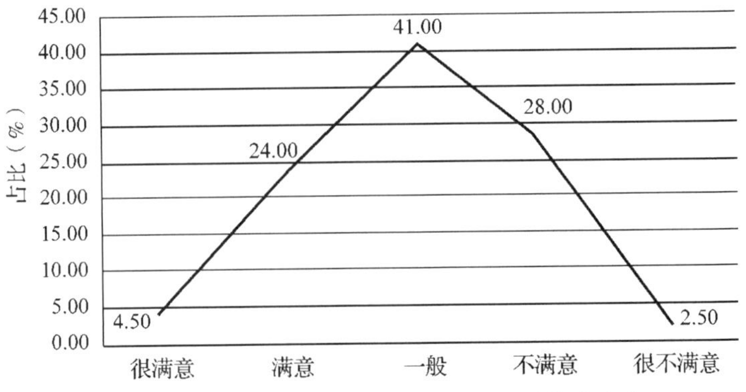

图6-23 鸡西市居民对本地生活环境改善的满意度

4. 鸡西市居民对政府生态文明建设工作的满意度

关于对政府相关工作的满意度调查中，居民表示鸡西市政府及相关工作部门先后采取一定的手段和策略对之前的不环保、不节约的问题做出修整与改进，已经初见成效，并对政府的工作表示支持与肯定。但政府在生态文明建设工作中仍有较多需要完善的地方。具体情况如图 6-24、表 6-24 所示。

表 6-24 鸡西市居民对政府生态文明建设工作的满意度(%)

很满意	满意	一般	不满意	很不满意
1.00	31.00	46.00	19.00	3.00

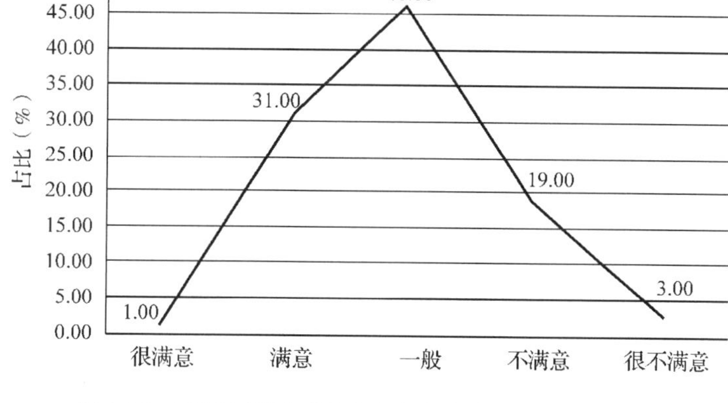

图 6-24 鸡西市居民对政府生态文明建设工作的满意度

(七)双鸭山市生态文明建设公众满意度二级指标单项分析结果

1. 双鸭山市居民对本地空气质量的满意度

在对本地区空气质量满意度的调查中，居民呈现了两极分化的态势，一部分受访群众满意度较高，而另一部分满意度较低。经过我们进一步的询问调查，得知由于双鸭山的地区问题，四面环山，在山脚下的住宅区部分，绿化程度较高，空气质量较好，而在接近工厂的部分，空气污染较为严重，排出的废气量也较大，居民的空气质量问题的满意度较低。具体情况如图 6-25、表 6-25 所示。

表 6-25 双鸭山市居民对本地空气质量的满意度(%)

很满意	满意	一般	不满意	很不满意
15.00	24.00	35.00	26.00	0.00

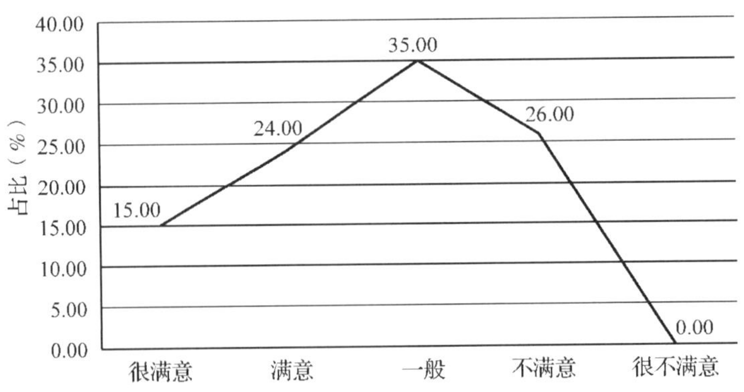

图 6-25 双鸭山市居民对本地空气质量的满意度

2. 双鸭山市居民对本地水质量满意度

双鸭山市居民对本地水质量的满意度持比较缓和的态度。既没有很满意，没有很不满意的态度。居民对本地的水质量总体是比较认可的，持满意态度的比例在40%左右，尤其是对饮用水的安全问题较为放心。而在水质量的调查中，很多居民对于江河湖泊的水质满意度较低，希望能进一步改善水质，也能同时使饮用水的质量得到更好的保障。具体情况如图6-26、表6-26所示。

表 6-26 双鸭山市居民对本地水质量满意度（%）

很满意	满意	一般	不满意	很不满意
0.00	42.00	37.00	21.00	0.00

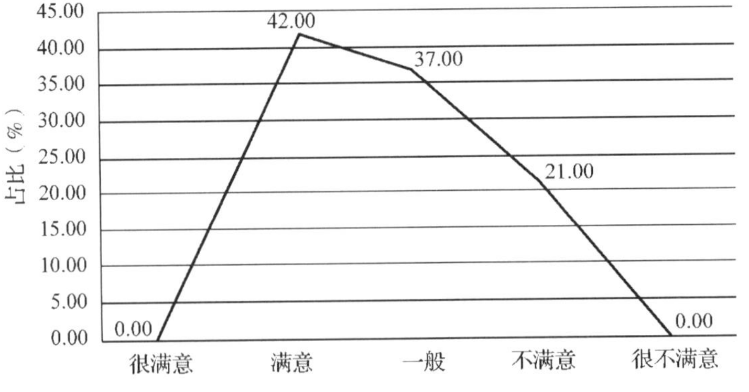

图 6-26 双鸭山市居民对本地水质量满意度

3. 双鸭山市居民对本地生活环境改善的满意度

在本次调查中，居民对本地生活环境改善的满意度是比较高的，持肯定态度的居民在大多数。居民对食品安全、城市绿化、环保设施配备的满意度都比较高。关于噪声处理的满意度调查，呈现两极分化的趋势，在山脚附近的居民满意度较高，在闹市区的人们满意度较差，特别是部分工程建设和工厂附近，希望政府能做好规划统筹，减少对闹市区的工程建设、工厂开设等行为，减少噪声污染。具体情况如图 6-27、表 6-27 所示。

表 6-27　双鸭山市居民对本地生活环境改善的满意度（%）

很满意	满意	一般	不满意	很不满意
12.00	41.00	28.00	15.00	4.00

图 6-27　双鸭山市居民对本地生活环境改善的满意度

4. 双鸭山市居民对政府生态文明建设工作的满意度

对于政府生态文明建设的满意度调查中，总体呈现较为满意的趋势。居民对于政府的认可度较高，也对未来的生态文明建设有更好的期待。但在询问中，也有一些问题值得政府部门进一步改进，如民众对于政府生态文明建设的新政策、新活动了解较少，对于现今的重点目标了解不多，对于生态文明建设的进程也知之甚少，希望能拓宽关于政府生态文明建设工作的信息获取渠道。具体情况如图 6-28、表 6-28 所示。

表 6-28　双鸭山市居民对政府生态文明建设工作的满意度（%）

很满意	满意	一般	不满意	很不满意
28.00	31.00	23.00	12.00	6.00

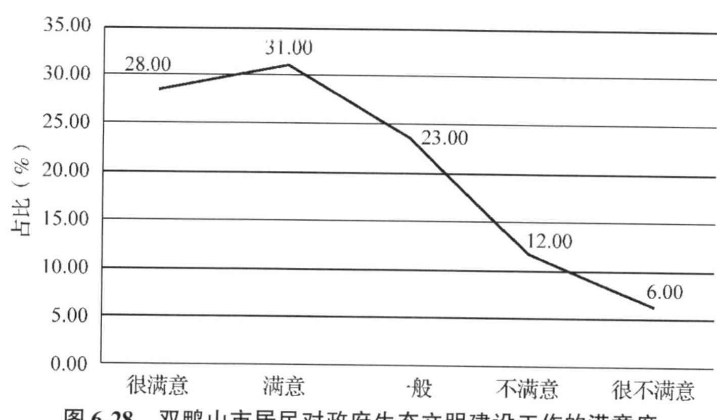

图 6-28　双鸭山市居民对政府生态文明建设工作的满意度

(八)伊春市生态文明建设公众满意度二级指标单项分析结果

1. 伊春市居民对本地空气质量的满意度

伊春市居民对本地空气质量是比较认可的。由于伊春市的森林覆盖率比较高，居民对本地的负离子含量尤为满。所以，居民对本地空气质量持满意态度的占比较高。具体情况如图 6-29、表 6-29 所示。

表 6-29 伊春市居民对本地空气质量的满意度(%)

很满意	满意	一般	不满意	很不满意
17.75	59.75	11.50	9.50	1.50

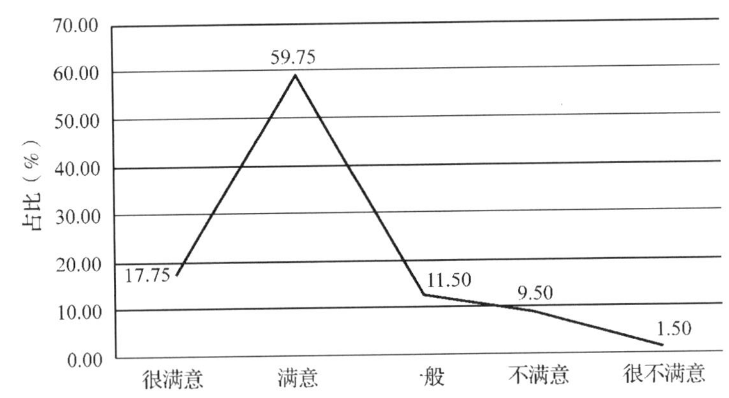

图 6-29 伊春市居民对本地空气质量的满意度

2. 伊春市居民对本地水质量满意度

调查结果显示，伊春市居民对水质量的满意度不高。有 1/3 左右的伊春市居民觉得水质量总体质量、江河湖泊水质、饮用水安全一般或者不满意。伊春市政府应当重视并加强水质量的管理。具体情况如图 6-30、表 6-30 所示。

表 6-30 伊春市居民对本地水质量满意度(%)

很满意	满意	一般	不满意	很不满意
5.25	35.00	29.00	29.25	1.50

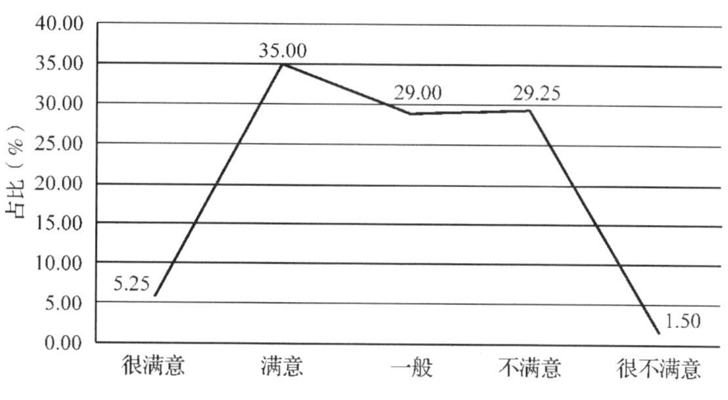

图 6-30　伊春市居民对本地水质量满意度

3. 伊春市居民对本地生活环境改善的满意度

数据显示，伊春市居民对本地生活环境改善是比较满意的。尤其是对于食品安全、垃圾处理、城市绿化(乡村绿化)、交通环保等大多数居民都表示满意，对伊春市近几年的发展和变化持肯定态度。具体情况如图 6-31、表 6-31 所示。

表 6-31　伊春市居民对本地生活环境改善的满意度(%)

很满意	满意	一般	不满意	很不满意
14. 33	55. 50	27. 50	2. 50	0. 17

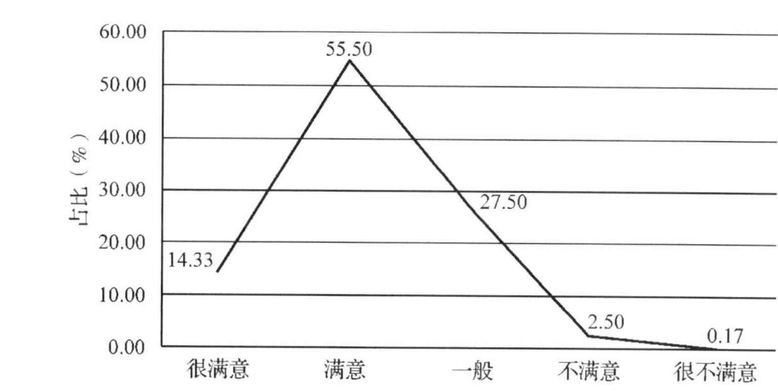

图 6-31　伊春市居民对本地生活环境改善的满意度

4. 伊春市居民对政府生态文明建设工作的满意度

伊春市整体的生态建设深得民意。在调研和走访的过程中，对政府生态文明建设取得的成效，绝大多数伊春市居民表示满意或者很满意。由此可见伊春市政府十分重视生态文明建设，且取得了令人满意的成效。具体情况如图 6-32、表 6-32 所示。

表 6-32 伊春市居民对政府生态文明建设工作的满意度(%)

很满意	满意	一般	不满意	很不满意
17.83	56.67	23.17	2.25	0.08

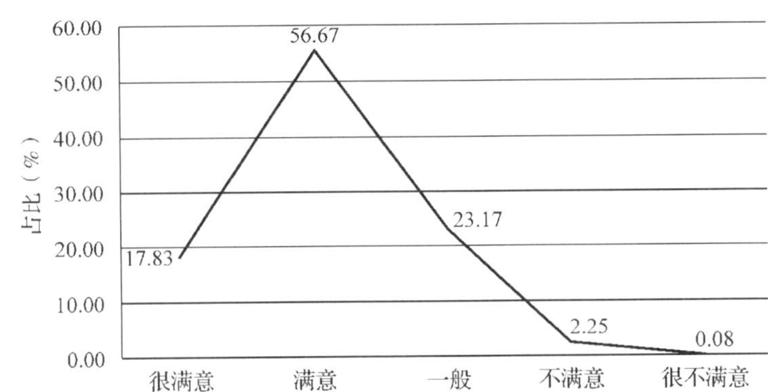

图 6-32 伊春市居民对政府生态文明建设工作的满意度

(九)七台河市生态文明建设公众满意度二级指标单项分析结果

1. 七台河市居民对本地空气质量的满意度

数据显示，七台河市居民对本地空气质量的满意度，很满意和满意合计40%左右。认为一般的占比最高，接近一半左右，但无人表示很不满意。具体情况如图 6-33、表 6-33 所示。

表 6-33 七台河市居民对本地空气质量的满意度(%)

很满意	满意	一般	不满意	很不满意
6.25	35.50	49.50	8.75	0.00

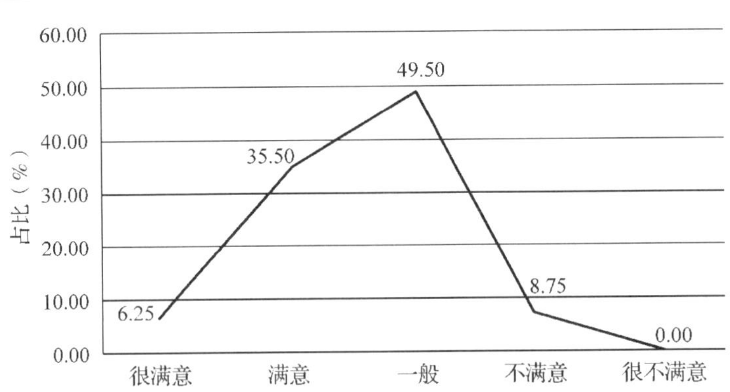

图 6-33 七台河市居民对本地空气质量的满意度

2. 七台河市居民对本地水质量满意度

七台河市居民对于水体质量的满意程度不高，不论是水质总体质量，江河湖泊水质还是饮用水的安全的满意程度都是一般的占比较高，表示满意的只有1%左右。具体情况如图6-34、表6-34所示。

表6-34　七台河市居民对本地水质量满意度(%)

很满意	满意	一般	不满意	很不满意
1.25	26.25	54.25	18.25	0.00

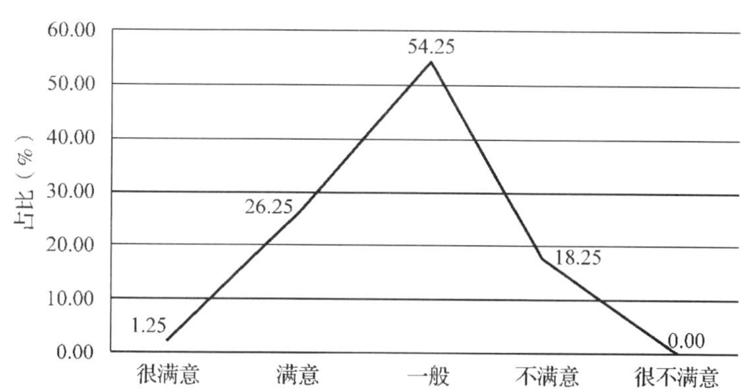

图6-34　七台河市居民对本地水质量满意度

3. 七台河市居民对本地生活环境改善的满意度

通过调查显示，七台河市居民对本地生活改善的满意度相对较好，虽然很满意的比例只有2.25%，但满意的比例达到了47.92%，居民对食品安全、市容市貌、噪声处理是比较满意的，对垃圾处理、工业污染处理、便民的环保设施的配备等方面表示有待加强。具体情况如图6-35、表6-35所示。

表6-35　七台河市居民对本地生活环境改善的满意度(%)

很满意	满意	一般	不满意	很不满意
2.25	47.92	42.08	7.58	0.17

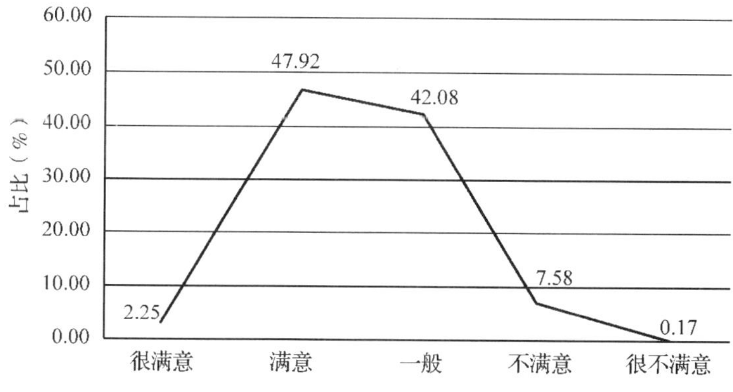

图6-35　七台河市居民对本地生活环境改善的满意度

4. 七台河市居民对政府生态文明建设工作的满意度

数据显示，七台河市居民对政府生态文明建设工作总体是满意的，也有40%的居民保持中立态度，极少数人选择不满意和很不满意，说明七台河市政府生态文明的建设取得了一些成绩，但也应该再接再厉，为七台河市居民创造出更舒适、安宁的居住环境。具体情况如图 6-36、表 6-36 所示。

表 6-36　七台河市居民对政府生态文明建设工作的满意度(%)

很满意	满意	一般	不满意	很不满意
0. 25	52. 00	40. 00	7. 58	0. 17

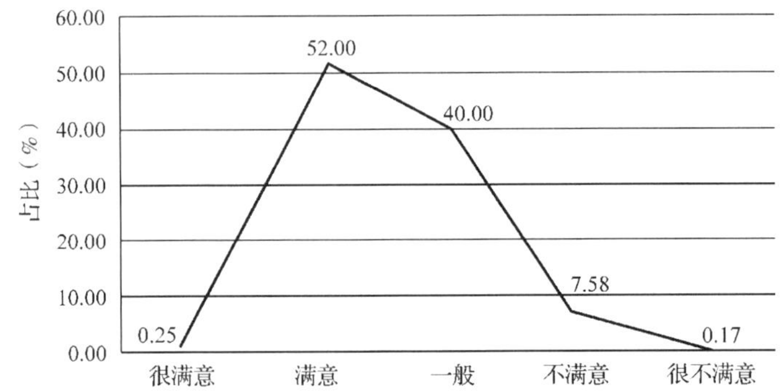

图 6-36　七台河市居民对政府生态文明建设工作的满意度

(十)鹤岗市生态文明建设公众满意度二级指标单项分析结果

1. 鹤岗市居民对空气质量的满意度

鹤岗市城市居民对城市空气质量总体满意度非常高，雾霾天气较少，尤其是乡村居民对空气质量的非常满意，据团队走访发现乡村地区距山较近，植被覆盖率高，空气含负氧离子含量较高，且生产方式较为单一，污染很少。具体情况如图 6-37、表 6-37 所示。

表 6-37　鹤岗市居民对本地空气质量的满意度(%)

很满意	满意	一般	不满意	很不满意
34. 50	37. 00	23. 50	5. 00	0. 00

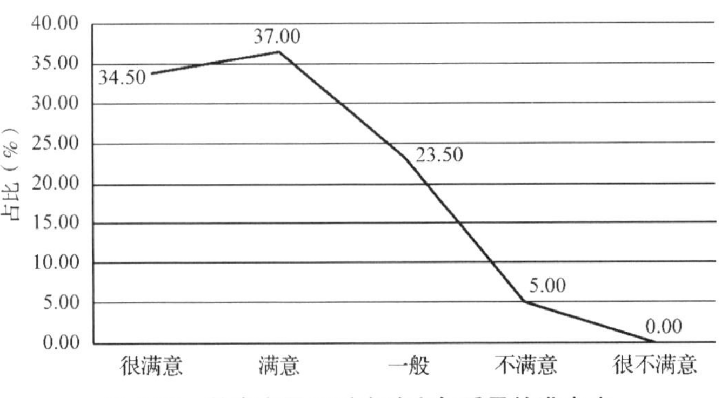

图 6-37　鹤岗市居民对本地空气质量的满意度

2. 鹤岗市居民对本地水质量满意度

鹤岗市居民对于市内水质的总体质量比较满意，居民对于饮用水安全满意度较高。但对于江河湖泊治理满意度不高，居民认为市内有许多湖泊，但多数为死水湖泊，治理不好时易发臭，影响环境和附近空气质量。具体情况如图 6-38、表 6-38 所示。

表 6-38 鹤岗市居民对本地水质量满意度(%)

很满意	满意	一般	不满意	很不满意
7.00	44.00	41.50	7.50	0.00

图 6-38 鹤岗市居民对本地水质量满意度

3. 鹤岗市居民对本地生活环境改善的满意度

数据显示，鹤岗市居民对本地生活环境改善的满意度很高。鹤岗城市地区近年来生活改善体现在方方面面，垃圾处理、工业污染市容市貌等多项尽在问卷中得以体现。鹤岗地区食品安全方面，市民反映多数出自本地菜农之手，安全绿色健康，当地粮食局实行很多举措共同推进粮食产业高质量发展。具体情况如图 6-39、表 6-39 所示。

表 6-39 鹤岗市居民对本地生活环境改善的满意度(%)

很满意	满意	一般	不满意	很不满意
14.67	48.00	28.00	9.33	0.00

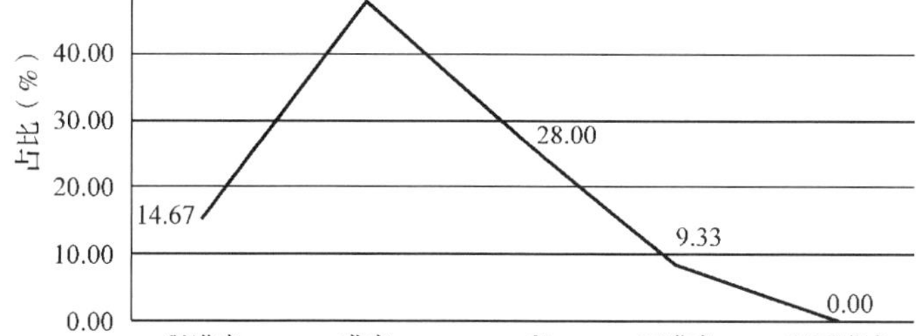

图 6-39 鹤岗市居民对本地生活环境改善的满意度

4. 鹤岗市居民对政府生态文明建设工作的整体满意度

鹤岗城市居民在生态文明建设工程的很多细节上均有十分满意的评价，整体满意度比较高，说明鹤岗市政府生态文明建设在整体方略和具体工作上还有许多不贴近民生和与人民群众需求的举措。具体情况如图6-40、表6-40所示。

表6-40 鹤岗市居民对政府生态文明建设工作的满意度(%)

很满意	满意	一般	不满意	很不满意
19.17	42.00	28.17	9.83	0.83

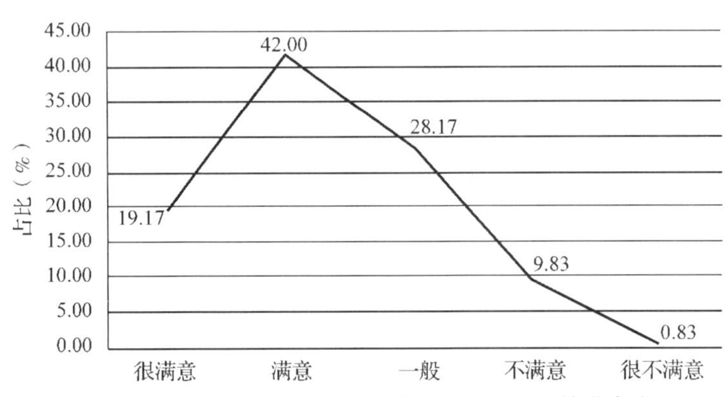

图6-40 鹤岗市居民对政府生态文明建设工作的满意度

(十一)黑河市生态文明建设公众满意度二级指标单项分析结果

1. 黑河市居民对本地空气质量的满意度

调查结果显示，黑河市居民对于空气质量总体满意度非常高，56%的居民表示很满意，23%的居民表示满意，只有极少数的居民表示不满意和很不满意，说明黑河市的空气质量较好。具体情况如图6-41、表6-41所示。

表6-41 黑河市居民对本地空气质量的满意度(%)

很满意	满意	一般	不满意	很不满意
56.00	23.00	18.00	1.00	2.00

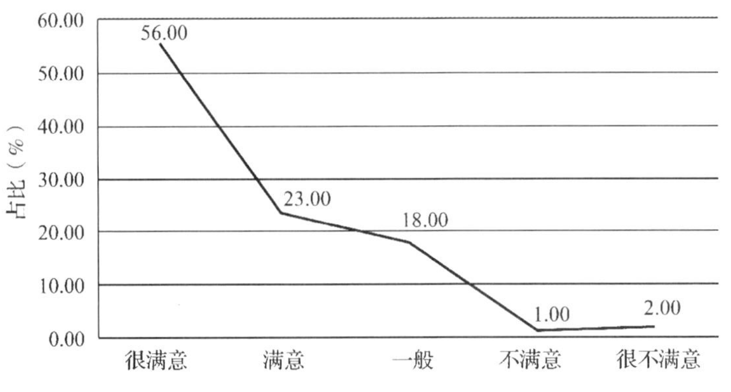

图6-41 黑河市居民对本地空气质量的满意度

2. 黑河市居民对本地水质量满意度

在走访和调研过程中，黑河市居民对饮水安全和关于江河湖泊的水质，都表示比较满意。黑河市居民对水质总体质量满意度达到了2/3左右。具体情况如图6-42、表6-42所示。

表6-42 黑河市居民对本地水质量满意度(%)

很满意	满意	一般	不满意	很不满意
32. 50	35. 50	28. 50	1. 50	2. 00

图6-42 黑河市居民对本地水质量满意度

3. 黑河市居民对本地生活环境改善的满意度

数据显示，黑河市居民认为生活环境整体有很大改善。居民对食品安全、垃圾处理、工业污染处理、城市绿化(乡村绿化)的满意度非常高。居民对交通环保和环保设施配备的满意度相对满意，但和其他项目比较，满意度较差一些。具体情况如图6-43、表6-43所示。

表6-43 黑河市居民对本地生活环境改善的满意度(%)

很满意	满意	一般	不满意	很不满意
40. 17	36. 33	22. 34	0. 33	0. 83

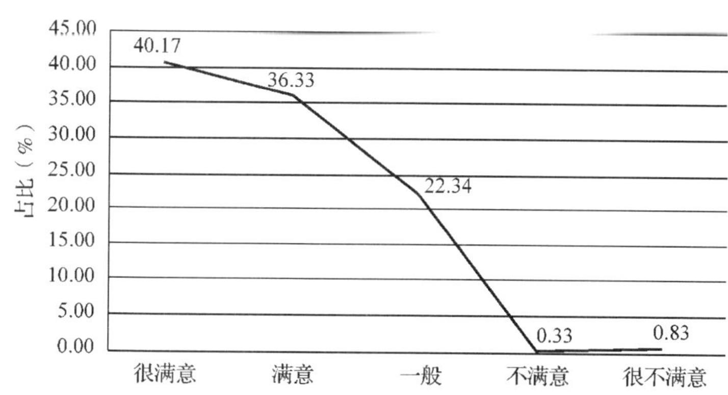

图6-43 黑河市居民对本地生活环境改善的满意度

4. 黑河市居民对政府生态文明建设工作的满意度

数据显示，黑河市居民对政府的生态文明建设的满意度比较好，对政府的生态文文明建设理念和举措都比较满意。不满意的比例不到1%。说明黑河市政府生态文明建设工作比较成功，并取得了比较好的成绩。具体情况如图6-44、表6-44所示。

表6-44 黑河市居民对政府生态文明建设工作的满意度(%)

很满意	满意	一般	不满意	很不满意
44.00	33.00	22.17	0.67	0.16

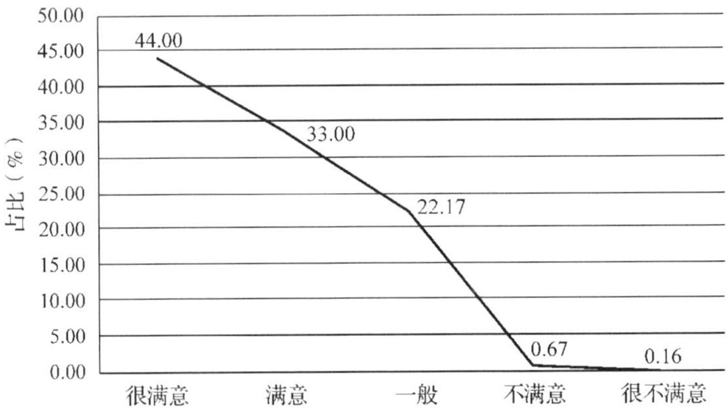

图6-44 黑河市居民对政府生态文明建设工作的满意度

(十二)绥化市生态文明建设公众满意度二级指标单项分析结果

1. 绥化市居民对本地空气质量的满意度

调查结果显示，绥化市居民对当地空气质量比较满意，满意度占比在50%左右。居民表示不满意的占比在20%左右，不满意的主要原因是雾霾情况的存在，近三分之二的居民认为本市空气质量夏、秋季较好，冬季较差，常出现雾霾，且基本认为是由于冬季供暖的影响，也表示希望政府能提出合理的解决办法，希望雾霾天气能逐渐减少。具体情况如图6-45、表6-45所示。

表6-45 绥化市居民对本地空气质量的满意度(%)

很满意	满意	一般	不满意	很不满意
18.00	35.00	28.5	10.00	8.50

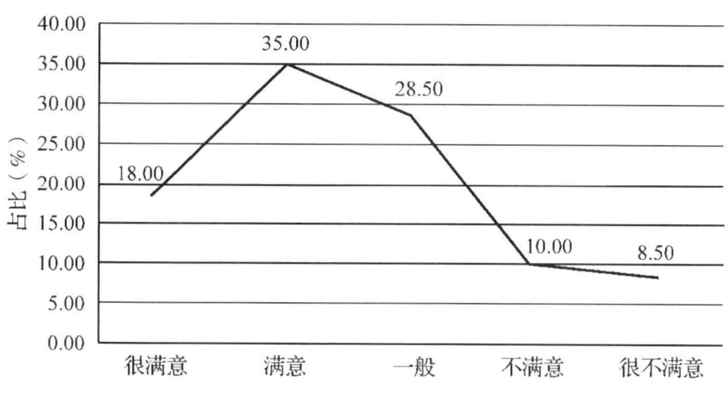

图 6-45　绥化市居民对本地空气质量的满意度

2. 绥化市居民对本地水质量满意度

调查结果显示，绥化市居民对本地水质量满意情况持中，虽然满意的占比接近一半，但在走访过程中，居民对江河湖泊水质基本满意，但对饮用水存在一些质疑，近一半居民希望政府能采取措施提高饮用水的质量。具体情况如图 6-46、表 6-46 所示。

表 6-46　绥化市居民对本地水质量满意度(%)

很满意	满意	一般	不满意	很不满意
14.00	34.75	29.00	15.75	6.50

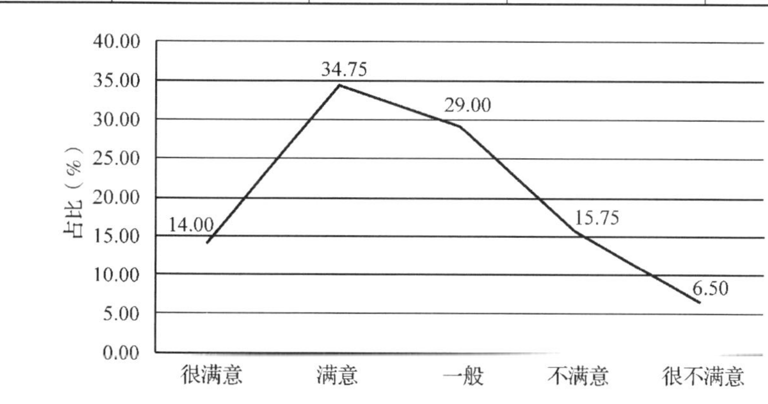

图 6-46　绥化市居民对本地水质量满意度

3. 绥化市居民对本地生活环境改善的满意度

调查结果显示，绥化市居民对本地生活环境改善的满意度良好，对于调研内容持满意和一般的态度的市民较多，总体认为生活环境是有改善的，但改善的程度和范围有待提升。具体情况如图 6-47、表 6-47 所示。

表 6-47 绥化市居民对本地生活环境改善的满意度（%）

很满意	满意	一般	不满意	很不满意
15.50	30.17	27.25	14.58	12.50

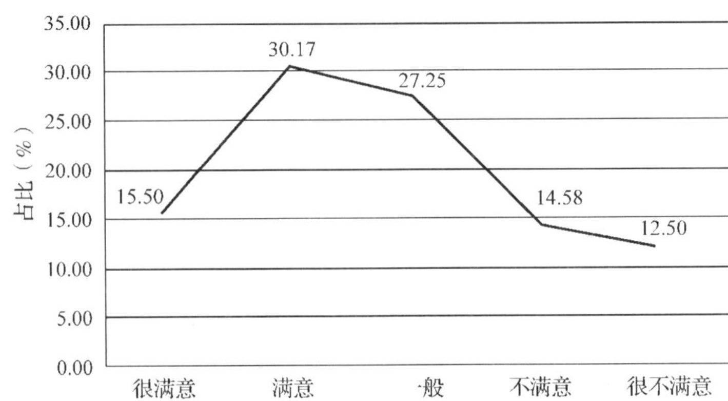

图 6-47 绥化市居民对本地生活环境改善的满意度

4. 绥化市居民对政府生态文明建设工作的满意度

绥化市居民对政府生态文明建设整体还较为满意，认为政府生态建设理念、举措还是较好的，但也存在一些不足。市民对于政府比较有信心，相信城市会建设的越来越好。具体情况如图 6-48、表 6-48 所示。

表 6-48 绥化市居民对政府生态文明建设工作的满意度（%）

很满意	满意	一般	不满意	很不满意
15.75	26.92	28.75	15.50	13.08

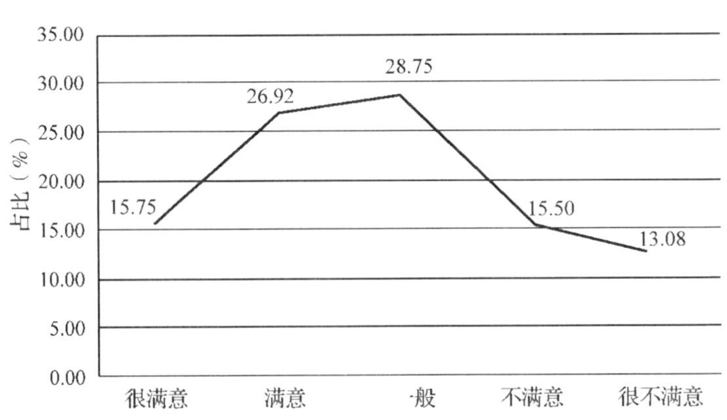

图 6-48 绥化市居民对政府生态文明建设工作的满意度

（十三）大兴安岭地区生态文明建设公众满意度二级指标单项分析结果

1. 大兴安岭地区居民对本地空气质量的满意度

数据显示，大兴安岭地区的空气质量总体是非常优良的，居民满意度非常高。在走访中，居民反映大气优良天气主要出现在 4 ~9 月，每年冬季采暖期轻度污染天气各月都有出现，由此可见，大兴安岭地区污染的主要来源在于冬季采暖产生的煤烟污染。具体情况如图 6-49、表 6-49 所示。

表 6-49 大兴安岭地区居民对本地空气质量的满意度(%)

很满意	满意	一般	不满意	很不满意
57.01	29.83	10.53	0.88	1.75

图 6-49 大兴安岭地区居民对本地空气质量的满意度

2. 大兴安岭地区居民对本地水质量满意度

数据显示，大兴安岭地区居民对本地水质量总体满意度比较高。大兴安岭地区水资源丰富，水质优异，地下水储量较为丰富，但部分地区自来水、饮用水有少量杂质，大部分居民对本地区河流湖泊水质表示满意，但也有居民对饮用水水质表示有待提升。具体情况如图 6-50、表 6-50 所示。

表 6-50 大兴安岭地区居民对本地水质量满意度(%)

很满意	满意	一般	不满意	很不满意
36.85	31.14	27.19	1.75	3.07

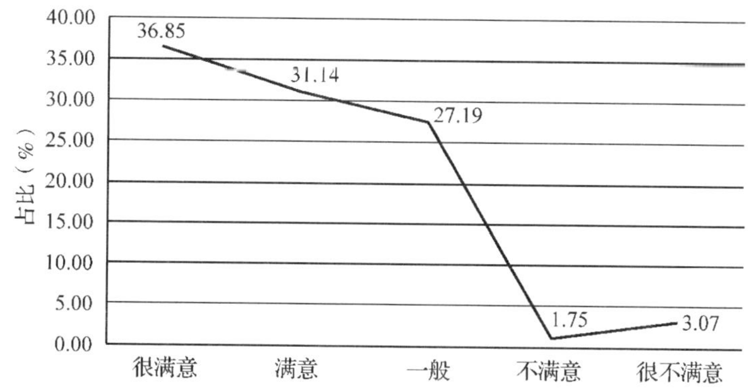

图 6-50 大兴安岭地区居民对本地水质量满意度

3. 大兴安岭地区居民对本地生活环境改善的满意度

数据显示，大兴安岭地区居民对本地生活环境改善的满意度较好。大兴安岭生态体系较为完备，森林覆盖率较高，居民对大兴安岭城市绿化、交通环保、食品安全等项较为满，但也有有待提升的地方，比如便民环保设施配备、垃圾分类处理等，未能达到低碳环保，节能减排的效果。具体情况如图6-51、表6-51所示。

表6-51　大兴安岭地区居民对本地生活环境改善的满意度（%）

很满意	满意	一般	不满意	很不满意
25.73	33.77	29.97	8.19	2.34

图6-51　大兴安岭地区居民对本地生活环境改善的满意度

4. 大兴安岭地区居民对政府生态文明建设工作的满意度

数据显示，大兴安岭地区居民对政府生态文明建设工作总体满意度较好，对政府对生态文明的重视程度表示肯定。但也有居民对本地区政府生态文明建设的理念存有不完全赞同的观念，希望政府能够规划出有可持续性并高效的生态文明建设举措。具体情况如图6-52、表6-52所示。

表6-52　大兴安岭地区居民对政府生态文明建设工作的满意度（%）

很满意	满意	一般	不满意	很不满意
29.68	32.31	31.43	4.24	2.34

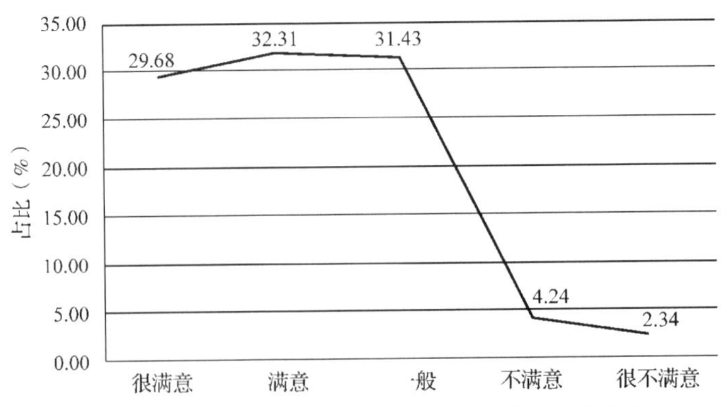

图6-52　大兴安岭地区居民对政府生态文明建设工作的满意度

第二节 公众满意度总体统计分析结果

一、各地市生态文明建设公众满意度统计方法

生态文明建设公众满意度设置了4个二级指标，指标内容和权数情况是：

居民对空气质量的满意度(权数2)；

居民对水质量满意度(权数2)；

居民对本地生活环境改善的满意度(权数3)；

居民对政府生态文明建设工作的满意度(权数3)。

计算方法是根据每个二级指标的赋权数，获得最后的分数，然后进行相加，就是各地市生态文明建设公众满度的结果。

比如：生态文明建设公众满意度共5个等级，其中很满意的百分比例＝居民对空气质量的满意度×0.2＋居民对水质量满意度×0.2＋居民对本地生活环境改善的满意度×0.3＋居民对政府生态文明建设工作的满意度×0.3。

二、各地市生态文明建设公众满意度分析结果

(一)哈尔滨市生态文明建设公众满意度总体分析结果

根据对哈尔滨市生态文明建设公众满意度二级指标单项分析，总结出了哈尔滨市生态文明建设公众满意度的总体分析结果。哈尔滨市居民对本地生态文明建设的总体满意度较高，很满意占10.60%，满意占41.52%，占总体比例的一半左右。哈尔滨市居民对本地的生态环境以及政府的生态文明建设工作总体是满意的，但是对雾霾治理、江河湖泊的水质、垃圾处理、交通环保和便民环保设施等还有不满意之处，主要体现在汽车尾气排放过量、冬季供暖排烟、河流污染严重、垃圾清理区域不平衡等方面，希望相关部门继续加强相关政策的出台和执行力度，全面平衡开展整个哈尔滨市的生态文明建设。具体情况如图、表6-53所示。

表6-53 哈尔滨市生态文明建设公众满意度总体分析结果(%)

很满意	满意	一般	不满意	很不满意
10.60	41.52	32.44	12.44	3.00

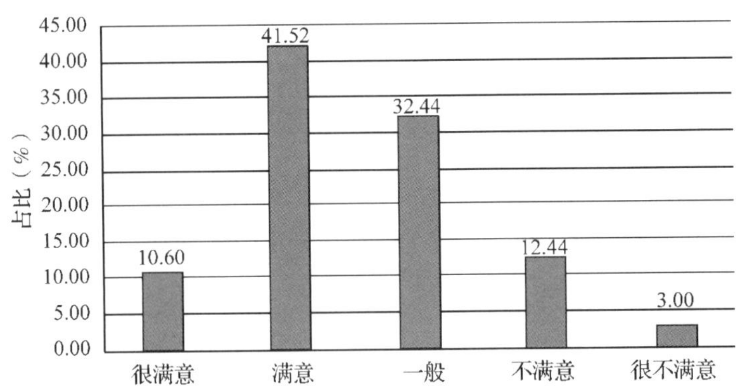

图 6-53　哈尔滨市生态文明建设公众满意度总体分析结果

(二)齐齐哈尔市生态文明建设公众满意度总体分析结果

齐齐哈尔市生态文明建设公众满意度总体分析结果并不是特别理想，居民持一般态度的人数较多，约占 50% 左右。通过调查和走访，齐齐哈尔市生态文明建设公众满意度虽然不够高，但相当一部分齐齐哈尔市居民对于生态文明建设的态度是积极的。生态文明建设是全面建成小康社会的重要基础，生态文明建设不仅需要政府的顶层设计和规划，也需要整体社会和人民群众的共同参与。从齐齐哈尔市居民的积极态度来看，齐齐哈尔市未来的生态文明建设工作一定会取得更好的成绩。具体情况如图 6-54、表 6-54 所示。

表 6-54　齐齐哈尔市生态文明建设公众满意度总体分析结果(%)

很满意	满意	一般	不满意	很不满意
6. 23	27. 33	49. 87	15. 90	0. 67

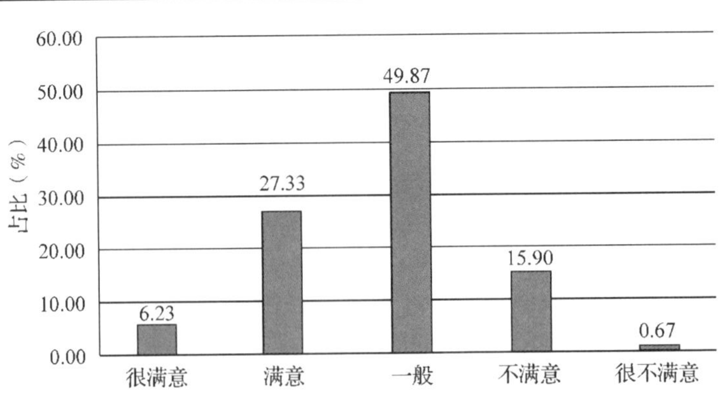

图 6-54　齐齐哈尔市生态文明建设公众满意度总体分析结果

(三)牡丹江市生态文明建设公众满意度总体分析结果

从牡丹江市生态文明建设公众满意度的分析结果来看，牡丹江市生态文明建设得到了公众的认可，不满意以下的比例只占到8%左右，大多数居民对空气质量、食品安全、政府生态文明建设工作等是比较满意的。具体情况如图6-55、表6-55所示。

表6-55　牡丹江市生态文明建设公众满意度总体分析结果(%)

很满意	满意	一般	不满意	很不满意
12.81	33.77	45.04	6.37	2.01

图6-55　牡丹江市生态文明建设公众满意度总体分析结果

(四)佳木斯市生态文明建设公众满意度总体分析结果

佳木斯市生态文明建设公众满意度水平比较乐观。公众满意比例在一半左右，持中间态度的比例在1/3左右，整体满意度较高。居民对市容市貌(村容村貌)、自然和人文景观、空气质量、政府生态文明建设水平等方面大多持肯定态度。具体情况如图6-56、表6-56所示。

表6-56　佳木斯市生态文明建设公众满意度总体分析结果(%)

很满意	满意	一般	不满意	很不满意
3.53	52.10	32.20	9.10	3.07

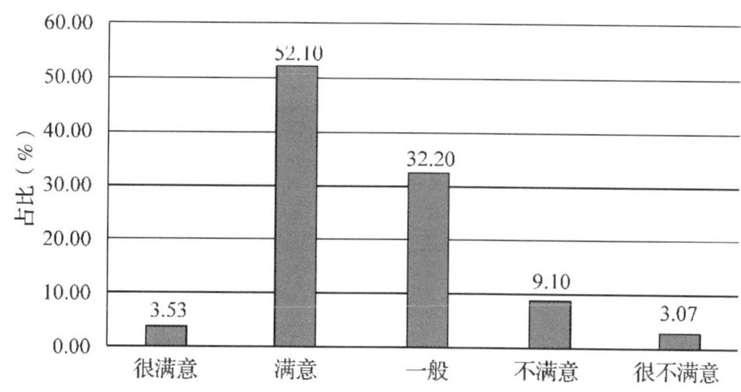

图6-56　佳木斯市生态文明建设公众满意度总体分析结果

(五)大庆市生态文明建设公众满意度总体分析结果

根据调查结果显示，大庆市生态文明建设公众满意度不高。未来的生态文明建设要更加突出人民群众对环境质量的需求，将百姓满意率下降或较低的指标，作为当前工作的主攻方向，如工业减排、垃圾处理、江河湖泊水质量等问题，有的放矢加以解决。具体情况如图 6-57、表 6-57 所示。

表 6-57　大庆市生态文明建设公众满意度总体分析结果(%)

很满意	满意	一般	不满意	很不满意
11.60	26.75	25.78	22.50	13.37

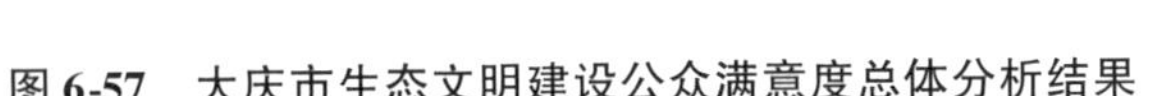

图 6-57　大庆市生态文明建设公众满意度总体分析结果

(六)鸡西市生态文明建设公众满意度总体分析结果

鸡西市生态文明建设公众满意度持一般态度的比例较高，说明鸡西市生态文明建设还有很多的提升空间，公众满意度不高的因素主要是城市生活环境改善的程度比较迟缓，居民对城市环保设施的配备、噪声处理、城市绿化等方面表示提升的空间还很大，作为一座拥有着浓厚工业文化底蕴的老工业基地城市之一，鸡西市的生态文明建设需要投入大力地进行推进。具体情况如图 6-58、表 6-58 所示。

表 6-58　鸡西市生态文明建设公众满意度总体分析结果(%)

很满意	满意	一般	不满意	很不满意
3.05	26.70	45.50	22.30	2.45

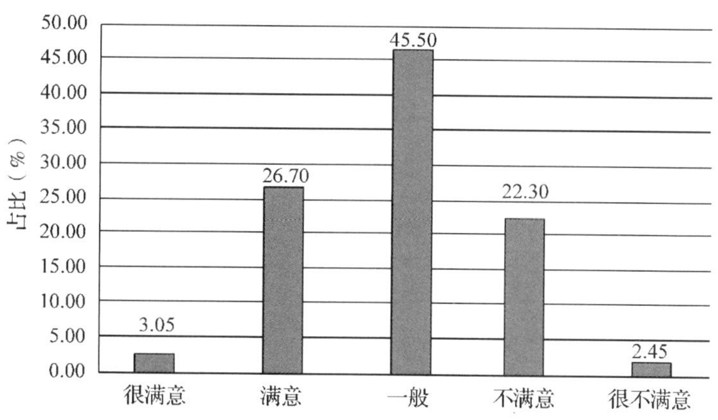

图 6-58　鸡西市生态文明建设公众满意度总体分析结果

（七）双鸭山市生态文明建设公众满意度总体分析结果

双鸭山市生态文明建设公众满意度总体情况较为乐观。居民对空气质量、水质量、生活环境改善及其政府生态文明建设工作大多持肯定态度。但由于双鸭山市的地理环境特殊，四面环山，在山脚居住的居民生态文明建设公众满意度较高，处在闹市区和工业区的居民生态文明建设满意度较低，呈现不平衡、不协调的状态。具体情况如图 6-59、表 6-59 所示。

表 6-59　双鸭山市生态文明建设公众满意度总体分析结果（%）

很满意	满意	一般	不满意	很不满意
15. 00	34. 80	29. 70	17. 50	3. 00

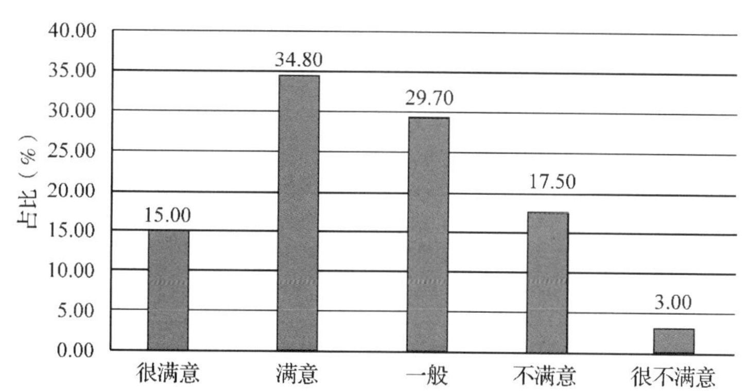

图 6-59　双鸭山市生态文明建设公众满意度总体分析结果

（八）伊春市生态文明建设公众满意度总体分析结果

调查分析结果显示，伊春市生态文明建设公众满意度非常高，居民对伊春市生态文明建设的成绩给予了肯定。尤其是对于生活环境的改善，在调查问卷的项目和数据中，体现尤为明显。居民对政府生态文明建设也表示出了满意和支持。在整体满意度居高的大数据中，对水质量的满意度显得偏低一些。这为伊春市生态文明建设的未来举措和关注点提供了借鉴和依据。具体情况如图6-60、表6-60所示。

表6-60　伊春市生态文明建设公众满意度总体分析结果（%）

很满意	满意	一般	不满意	很不满意
14. 25	52. 60	23. 30	9. 18	0. 67

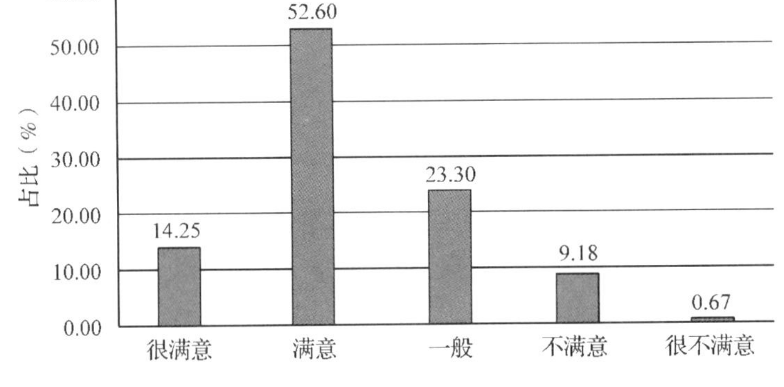

图6-60　伊春市生态文明建设公众满意度总体分析结果

（九）七台河市生态文明建设公众满意度总体分析结果

七台河市生态文明建设公众满意度调查结果显示，民众持中间态度的比例较大，很满意和很不满意的占比非常小，尤其是很不满意只有0.1%。说明七台河市生态文明建设是取得一定成绩的，但居民对生态文明建设的成果，又不是十分满意。生态文明建设还任重道远。具体情况如图6-61、表6-61所示。

表6-61　七台河市生态文明建设公众满意度总体分析结果（%）

很满意	满意	一般	不满意	很不满意
2. 25	42. 33	45. 37	9. 95	0. 10

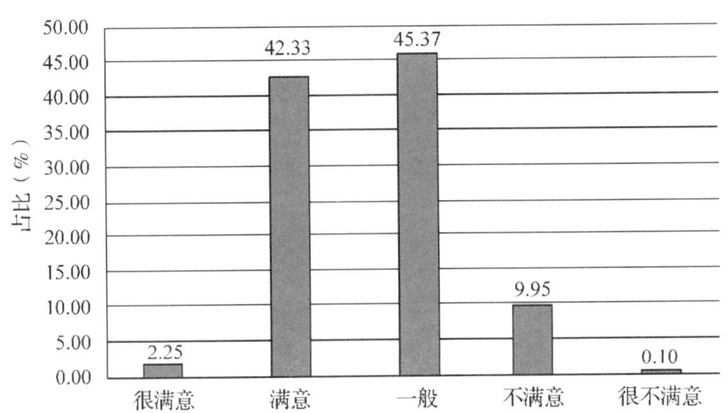

图6-61　七台河市生态文明建设公众满意度总体分析结果

(十)鹤岗市生态文明建设公众满意度总体分析结果

调查结果显示，鹤岗市生态文明建设公众满意度非常高，很满意和满意两项占比达到60%。鹤岗市居民对生态文明建设各个方面都是比较满意的，对政府生态文明建设工作也持肯定态度。但在实地走访过程中，也发现一些问题，比如城乡差距还是存在的。很多乡村的生态环境好主要是由于生产方式单一，相对封闭的状态决定的。由于受教育程度和生态文明宣传工作覆盖面等原因，很多乡村居民对空气负氧离子含量、环保设施等问题并不是很了解。具体情况如图6-62、表6-62所示。

表 6-62　鹤岗市生态文明建设公众满意度总体分析结果(%)

很满意	满意	一般	不满意	很不满意
18.45	43.20	29.85	8.25	0.25

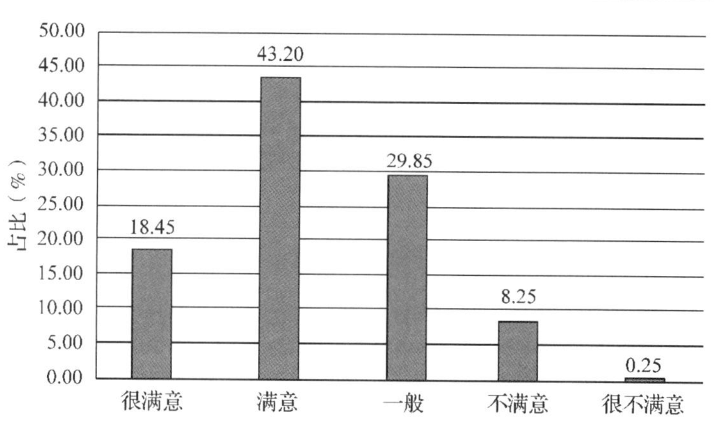

图 6-62　鹤岗市生态文明建设公众满意度总体分析结果

(十一)黑河市生态文明建设公众满意度总体分析结果

黑河市生态文明建设公众满意度非常高。居民对空气质量、水质量均表示很满意，认为生活环境也是不断改善的，各方面发展均衡，并相信本地政府能够解决生态文明建设、可持续发展、能源生产再利用等问题。具体情况如图6-63、表6-63所示。

表 6-63　黑河市生态文明建设公众满意度总体分析结果(%)

很满意	满意	一般	不满意	很不满意
42.95	32.55	22.65	0.75	1.10

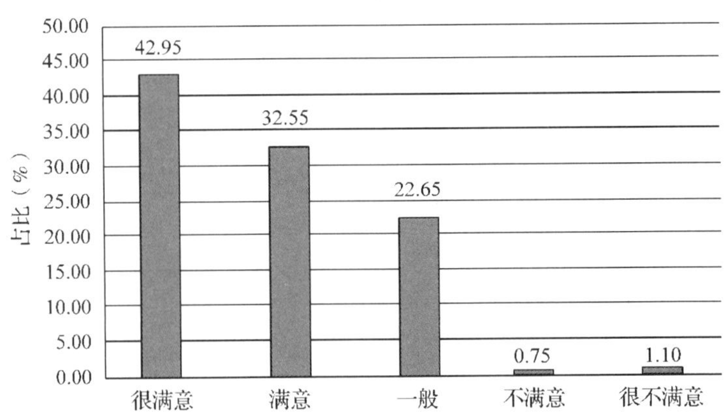

图 6-63 黑河市生态文明建设公众满意度总体分析结果

（十二）绥化市生态文明建设公众满意度总体分析结果

数据显示，绥化市生态文明建设公众满意度持中，居民认为生态文明建设确实取得了一些成绩，生活环境也不断改善，但是居民最关心的空气污染、饮水质量、城市环保等问题仍有很多的提升空间，希望政府能够在生态文明建设方面投入更大的力度，使绥化市的生态环境越来越好。具体情况如图 6-64、表 6-64 所示。

表 6-64 绥化市生态文明建设公众满意度总体分析结果（%）

很满意	满意	一般	不满意	很不满意
15.78	31.08	28.30	14.17	10.67

35.00
30.00
25.00
20.00
15.00
10.00
5.00
0.00
占比（%）
15.78
31.08
28.30
14.17
10.67
很满意
满意
一般
不满意
很不满意

图 6-64 绥化市生态文明建设公众满意度总体分析结果

（十三）大兴安岭地区生态文明建设公众满意度总体分析结果

数据显示，大兴安岭地区生态文明建设公众满意度总体较好。大兴安岭地区具有得天独厚的地理优势，生态体系较为完备，森林覆盖较高，大多数大兴安岭地区居民对大兴安岭生态环境是满意的，同时，大兴安岭地区居民对政府生态文明建设工作总体满意度也较好，希望政府能够出台有利于大兴安岭地区可持续发展的生态文明举措，使大兴安岭地区的生态环境越来越好。具体情况如图 6-65、表 6-65 所示。

表 6-65 绥化市生态文明建设公众满意度总体分析结果(%)

很满意	满意	一般	不满意	很不满意
35.40	32.01	25.96	4.26	2.37

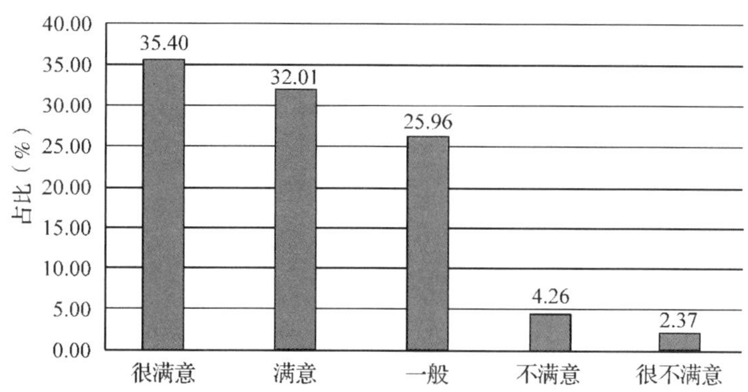

图 6-65 绥化市生态文明建设公众满意度总体分析结果

第三节 公众满意度对比分析

(一)黑龙江省各地市生态文明建设公众满意度情况

根据对黑龙江省各地市生态文明建设的二级指标进行分析，现已得出黑龙江省 13 个地市生态文明建设公众满意度的 5 个等级的百分比。具体情况如表 6-66 所示。

表 6-66 各地市生态文明建设公众满意度情况(%)

序号	地市名称	很满意	满意	一般	不满意	很不满意
1	哈尔滨	10.60	41.52	32.44	12.44	3.00
2	齐齐哈尔	6.23	27.33	49.87	15.90	0.67
3	牡丹江	12.81	33.77	45.04	6.37	2.01
4	佳木斯	3.53	52.10	32.20	9.10	3.07
5	大庆	11.60	26.75	25.78	22.50	13.37
6	鸡西	3.05	26.70	45.50	22.30	2.45

（续）

序号	地市名称	很满意	满意	一般	不满意	很不满意
7	双鸭山	15.00	34.80	29.70	17.50	3.00
8	伊春	14.25	52.60	23.30	9.18	0.67
9	七台河	2.25	42.33	45.37	9.95	0.10
10	鹤岗	18.45	43.20	29.85	8.25	0.25
11	黑河	42.95	32.55	22.65	0.75	1.10
12	绥化	15.78	31.08	28.30	14.17	10.67
13	大兴安岭	35.40	32.01	25.96	4.26	2.37

(二)黑龙江省各地市生态文明建设公众满意度排序

为了对黑龙江省各地市生态文明建设公众满意度进行对比，采用了科学的分析方法，方法如下：

首先将生态文明建设公众满意度评价的5个等级选项进行赋值，即将“很满意”赋值为10分，“满意”赋值为8分，“一般”赋值为6分，“不满意”赋值为3分，“很不满意”赋值为0分。

生态文明建设公众满意度的计算公式是：满意度＝“很满意”比例×10分＋“满意”比例×8分＋“一般”比例×6分＋“不满意”比例×3分＋“很不满意”比例×0分。通过分析，得出了黑龙江省各地市生态文明建设公众满意度排序。具体情况如表6-67、图6-67所示。

表6-67　黑龙江省各地市生态文明建设公众满意度排序列表

排序	地市名称	满意度/分
1	黑河	8.28
2	大兴安岭	7.79
3	鹤岗	7.34
4	伊春	7.30
5	牡丹江	6.88
6	佳木斯	6.73
7	哈尔滨	6.70
8	七台河	6.63
9	双鸭山	6.60
10	齐齐哈尔	6.28
11	绥化	6.19
12	鸡西	5.84
13	大庆	5.52

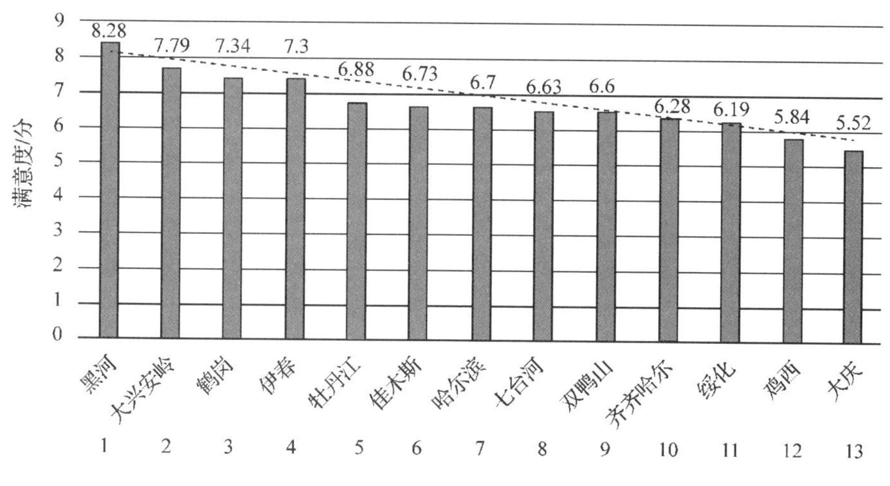

图 6-67 黑龙江省各地市生态文明建设公众满意度排序柱状图

第四节 提高各地市公众满意度的对策建议

党的十八大以来，生态文明建设放在突出重要的地位，被纳入中国特色社会主义事业“五位一体”总体布局的战略决策。习近平总书记在党的十九大报告中强调，“生态文明建设功在当代、利在千秋。我们要牢固树立社会主义生态文明观，推动形成人与自然和谐发展现代化建设新格局，为保护生态环境做出我们这代人的努力。”

黑龙江省一直都非常重视生态文明建设，近几年取得了可喜的成绩，但也存在一些问题。通过对黑龙江省生态文明建设公众满意度的调查，有助于了解黑龙江省民众对生态文明建设的满意度和获得感。黑龙江省生态文明建设公众满意度调查分析，数据来源具有真实性、可靠性，能够比较客观地反映各地市居民对生态文明建设成效的认可度。生态文明建设公众满意度是衡量黑龙江省各地市生态文明建设动态进展的重要参考指标，能够及时发现生态文明建设中存在的普遍问题，同时，通过各地市生态文明建设公众满意度的对比，能够比较直观地反映各地市生态文明建设所处的水平和情况。对黑龙江省各地市树立正确发展观和政绩观有重要的价值和意义，对推动各地市生态文明建设提供参考依据。

根据黑龙江省生态文明建设公众满意度实地调研和综合分析结果，对黑龙江省生态文明建设的对策和建议如下：

一、立足新时代，打好生态文明建设攻坚战

生态文明建设是一个长期的、复杂的系统工程。从黑龙江省 13 个地市的生态文明建设公众满意度总体情况来看，黑龙江省的生态文明建设是得到居民认可的。满意度在 7 分以上的地市共 4 个，黑河市 8.28 分；大兴安岭地区 7.79 分，鹤岗市 7.34 分；伊春市 7.30 分。这些地市的居民对本地的生态文明建设给予了较好的评价，居民的获得感较强。满意度在中游水平，分数在 6 ~ 7 分之间的地市有 7 个，牡丹江市 6.88 分；佳木斯市 6.73 分；哈尔滨市 6.70 分；七台河市 6.63 分；双鸭山市 6.60 分；齐齐哈尔市 6.28 分；绥化市 6.19 分。这些地市的居民对本地的生态文明建设总体是比较满意的，同时也存在着短板，需要攻坚克难。满意度低于 6 分的只有 2 个地市，鸡西市 5.84 分；大庆市 5.52 分，这两个城市都是资源型城市，水资源、空气污染等情况相对较为严重。比如，大庆市居民对水质量的满意度比较低，持否定态度的比例在 50% 左右，认为饮用水质量不够好，地表水、地下水和人居环境污染严重。黑龙江省的生态文明建设虽然取得了一些成绩，但生态文明建设整体形势不容乐观，生态优势释放不充分，居民生态文明建设获得感不强。当前，生态文明建设已进入了新时代，以习近平同志为核心的党中央提出了新理念、新要求、新目标和新部署，将建设美丽中国作为重要的奋斗目标。黑龙江省应该从思想引领、政治保障、资金投入、工作推动和治理手段等方面看，打组合拳，攻坚克难，使生态文明建设取得更辉煌的成绩。

二、对各地市生态文明建设分类统筹，科学规划

黑龙江省各地市经济发展水平和资源禀赋的差异非常大，这直接影响生态文明建设公众满意度的结果。黑龙江省各地市的经济发展水平和资源禀赋存在较大差异，这直接影响着公众对生态文明建设的满意度。生态文明建设公众满意度较高的地市，比如，黑河市、大兴安岭地区、鹤岗市和伊春市，森林覆盖率较高，环境污染情况较少，得天独厚的自然资源和地理位置，公众对生态文明建设的满意度相对较高，根据实地调研的数据显示，这 4 个地市居民对生态文明建设满意度在很满意和满意两个指标的占比都比较高，黑河市是 75.5%、大兴安岭地区是 67.41%；伊春市是 66.85%；鹤岗市是 61.65%。资源型城市居民对生态文明建设的满意度相对较低，比如，大庆市居民对水资源的满意度比较低，鸡西市居民对空气质量满意度较低。根据实地调研的数据显示，这 2 个地市居民对生态文明建设满意度在不满意和很不满意两个指标的占比都比较高，大庆市是 35.87%；鸡西市是 24.75%。各地市应该根据经济发展的情况和水平

和本地实际情况，开展具有针对性和攻坚意义的生态文明建设。

三、提高对工业污染、生活垃圾及其噪声污染的治理力度

根据调查结果显示，很多地市居民对所在地的工业污染、生活垃圾集中处理及其噪声污染的满意率较低。城市居民尤其是对生活垃圾收集设施不健全，垃圾分类处理不到位等情况不满意，农村生活垃圾处理更是没有形成清扫、收运、处理的完整链条。比如，齐齐哈尔市居民对于噪声处理、环保实施、垃圾处理等问题，觉得改善的空间还比较大，满意度占比，一般 44.75%；不满意 17.83%。工业污染造成的饮用水质量问题，江河湖泊的水质问题，也是居民特别关心的问题。比如，佳木斯市居民对本地水质量满意度不乐观，经实地考察发现，佳木斯市水质较差，江河湖泊不够清澈，水面垃圾较多，满意度占比一般的占 53%；不满意的占 23.75%。各地市政府应该根据本地市的实际情况，因地制宜、因势利导，不断加大投入力度，努力为黑龙江省人民营造良好的生活环境。

四、加大力度，补齐农村地区生态环境改善工作的短板

根据 13 个地市的实地调查走访，了解到黑龙江省各地市生态文明建设存在的一个严重短板就是农村地区的生态文明建设问题。由于受到地缘、经济发展水平、资金技术匮乏、居民的受教育水平等多重因素的影响，农村地区生态环境质量相对较为薄弱，虽然在生态文明调查问卷中，并没有严格区分城市、乡镇和农村的区别，没有具体的数字量化指标，但在实地走访，与当地居民访谈和实地观察的结果来看，农村居民生态文明建设满意率普遍低于城镇居民在饮用水质量、乡村绿化情况、生活垃圾处理情况等，都存在着不同程度的问题，加上近年来城市污染转移等因素，农村生态文明建设工作任重道远。各级政府应该提升对农村地区的生态环境改善工作的重视程度，加大农村生态文明建设的力度。尤其是对企业治理、水源地保护、垃圾分类处理、黑土地保护、农业农村污染治理等问题，切实有效地解决农村生态文明建设问题。

五、畅通渠道，完善生态文明建设政务公开平台

在调查走访中，很多居民表示对当地政府生态文明建设工作并不熟悉和了解，政府生态文明建设工作的现实推进与居民对环境的主观感受不匹配。根据实地调研的数据显示，这 3 个地市居民对政府生态文明建设工作满意度持否定态度占比都比较高，大庆市的比例是 31.08%；绥化市的比例是 28.58%；鸡西市的比例是 22.00%。黑龙江省应该完善生态文明建设政务公开平台，使黑龙江

省居民能够第一时间了解生态文明建设的相关政策、法律法规和政务资讯，不断提升黑龙江省政府生态文明建设的信息公开化程度，最大限度地实现政府生态文明建设信息的便民和惠民程度。

第七章 各地市生态文明建设突出贡献

生态文明建设突出贡献主要考察4个二级指标：1. 生态文明建设国家级科研成果情况；2. 生态文明建设获得国家级荣誉情况；3. 国家级“三品一标”产品情况；4. 国家级新闻媒体相关报道情况。权数分别为3、2、3、2，满分为10分。

第一节 各二级指标计算方法及统计结果

一、生态文明建设国家级科研成果情况

2017年各地市均未取得国家级科研成果。此项指标各地市得分均为0分。

二、生态文明建设获得国家级荣誉情况

2017年3月27日，哈尔滨市环境教育基地被环境保护部确定为第二批自然学校试点单位。

2017年6月3日，哈尔滨市生态文明教育展馆被环境保护部、教育部联合授予“全国中小学环境教育社会实践基地”称号。

2017年9月21日，虎林市获得环境保护部首批国家生态文明建设示范市县称号。

2017年10月13日，农垦红星隆管理局八五三农场、乌苏镇抓吉赫哲族村获得中国生态文化协会(国家林业局主管)“全国生态文化村”称号。

2017年11月13日，方正县、黑龙江森工集团山河屯林业局和柴河林业局获得国家林业局“全国森林旅游示范市县”称号。

2017年11月22日，牡丹江市农民创客秦启双发明的“秸秆无土有机水稻育秧盘”项目，获首届全国农村创业创新项目创意大赛铜奖。

2017 年 12 月 29 日，龙江环保集团股份有限公司、哈尔滨市双琦环保资源利用有限公司成为环境保护部和住房城乡建设部第一批全国环保设施和城市污水垃圾处理设施向公众开放单位。

2018 年 3 月 26 日，伊春市铁力市环境监察大队孙亮、佳木斯市富锦市环境监察大队张晓宇获得生态环境部“2017 年环境执法大练兵表现突出个人”称号。

综上，各地市 2017 年生态文明建设获得国家级荣誉情况如表 7-1 所示。

表 7-1 生态文明建设获得国家级荣誉情况一览表 单位：项

序号	地市	获奖数
1	哈尔滨	7
2	齐齐哈尔	0
3	牡丹江	1
4	佳木斯	2
5	大庆	0
6	鸡西	1
7	双鸭山	1
8	伊春	1
9	七台河	0
10	鹤岗	0
11	黑河	0
12	绥化	0
13	大兴安岭	0

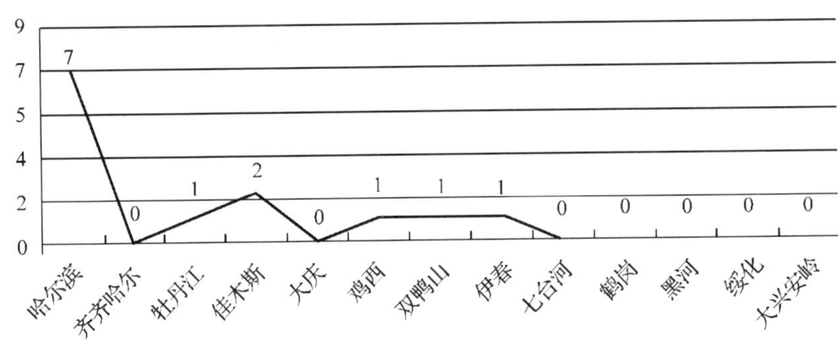

图 7-1 生态文明建设获得国家级荣誉情况

以获得国家级荣誉最多的哈尔滨市为基数，计算此项指标各地市得分。计算公式为：得分 =“获奖数”/7 ×2。

通过计算，黑龙江省各地市获得国家级荣誉情况得分排序如下（表 7-2、图 7-2）：

表 7-2 生态文明建设获得国家级荣誉情况得分排序列表

排序	地市	得分
1	哈尔滨	2
2	佳木斯	0.57
3	牡丹江	0.29
4	鸡西	0.29
5	双鸭山	0.29
6	伊春	0.29
7	齐齐哈尔	0
8	大庆	0
9	七台河	0
10	鹤岗	0
11	黑河	0
12	绥化	0
13	大兴安岭	0

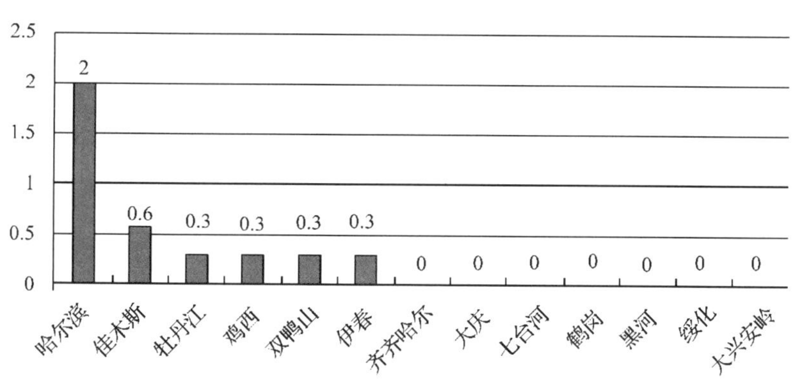

图 7-2 各地市获得国家级荣誉情况得分排序图

三、“三品一标”农产品情况

“三品一标”是政府主导的安全优质农产品公共品牌，包括无公害农产品、绿色农产品、有机农产品和农产品地理标志。截至 2017 年 12 月 31 日，黑龙江省 2017 年经农业部农产品质量安全中心认证获得无公害农产品标志使用权的无公害农产品 2210 个，经中国绿色食品发展中心认证获得绿色食品标志商标使用权的绿色产品 843 个，经中绿华夏有机食品认证中心认证获得有机产品标志使用权的有机产品 604 个，经农业部农产品质量安全中心认证获得无公害农产品地理标志 9 个，具体情况如表 7-3、图 7-3 所示：

表 7-3　各地市“三品一标”农产品情况一览表　　单位：个

序号	地市名称	无公害农产品	绿色食品	有机农产品	农产品地理标志	合计
1	哈尔滨	563	223	69	1	856
2	齐齐哈尔	112	102	132	0. 5	346. 5
3	牡丹江	150	57	54	2	263
4	佳木斯	223	89	50	1	363
5	大庆	189	72	16	2	279
6	鸡西	79	55	16	0	150
7	双鸭山	105	33	1	0	139
8	伊春	22	49	23	0	94
9	七台河	98	12	0	1	111
10	鹤岗	145	17	14	1	177
11	黑河	238	23	22	0. 5	283. 5
12	绥化	286	111	93	0	490
13	大兴安岭	0	0	114	0	114
合计		2210	843	604	9	3666

数据来源：黑龙江绿色食品网 www. lshlj. gov. cn。

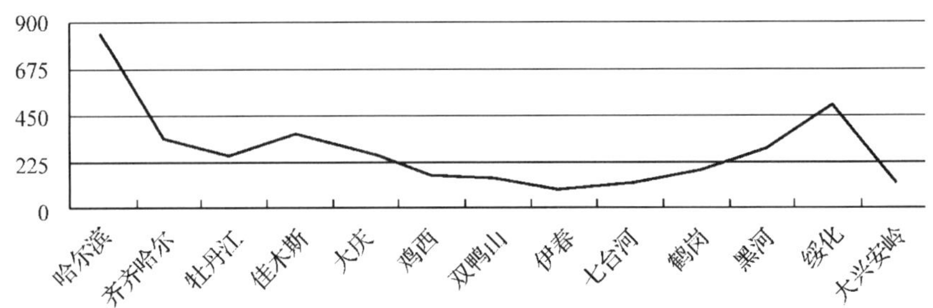

图 7-3　各地市“三品一标”农产品情况

为了对黑龙江省各地市“三品一标”农产品情况进行对比，采用了赋值法进行分析，方法如下：

首先对“三品一标”农产品情况进行赋值，即将“1000 个”赋值为 3 分，然后将各地市“三品一标”农产品个数分别与 1000 进行比较，得出此项指标各地市得分。

“三品一标”农产品情况的计算公式是：得分 =“产品个数”/1000 × 3。通过计算，黑龙江省各地市“三品一标”农产品情况得分排序如(表 7-4、图 7-4)：

表 7-4　“三品一标”农产品情况得分排序列表

排序	地市	得分
1	哈尔滨	2. 57
2	绥化	1. 47
3	佳木斯	1. 09

（续）

排序	地市	得分
4	齐齐哈尔	1.04
5	黑河	0.85
6	大庆	0.84
7	牡丹江	0.79
8	鹤岗	0.53
9	鸡西	0.45
10	双鸭山	0.42
11	大兴安岭	0.34
12	七台河	0.33
13	伊春	0.28

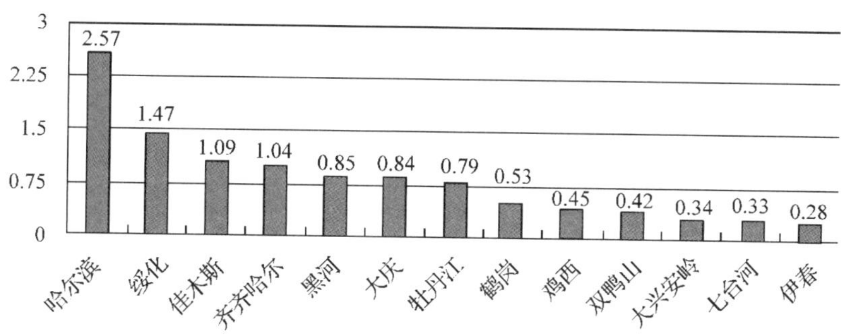

图 7-4　各地市“三品一标”农产品情况得分排序图

四、国家级新闻媒体相关报道情况

根据人民网、央广网、中新网、中国环境网、东北网、黑龙江省政府网、黑龙江日报等新闻媒体的相关报道，梳理出以下新闻：

2017 年 4 月 18 日，黑龙江日报“哈尔滨防治大气污染今年再出实招”。

2017 年 6 月 4 日，央广网“2017 黑龙江省哈尔滨市环保公众开放月活动启动”。

2017 年 8 月 16 日，黑龙江省政府网“齐齐哈尔市持续改善生态环境推动绿色发展”。

2017 年 8 月 22 日，中国环境网“大庆环保执法打出组合拳”。

2017 年 9 月 14 日，中国环境网“哈尔滨大练兵狠抓大案要案”。

2017 年 9 月 18 日，中国环境网“佳木斯全面提升现场执法能力”。

2018 年 1 月 19 日，人民网“哈尔滨 2017 年度淘汰燃煤小锅炉史上力度最大”。

各地市国家级新闻媒体报道情况见表7-5、图7-5。

表7-5　国家级新闻媒体报道情况一览表

单位：项

序号	地市	报道地数
1	哈尔滨	4
2	齐齐哈尔	1
3	牡丹江	0
4	佳木斯	1
5	大庆	1
6	鸡西	0
7	双鸭山	0
8	伊春	0
9	七台河	0
10	鹤岗	0
11	黑河	0
12	绥化	0
13	大兴安岭	0

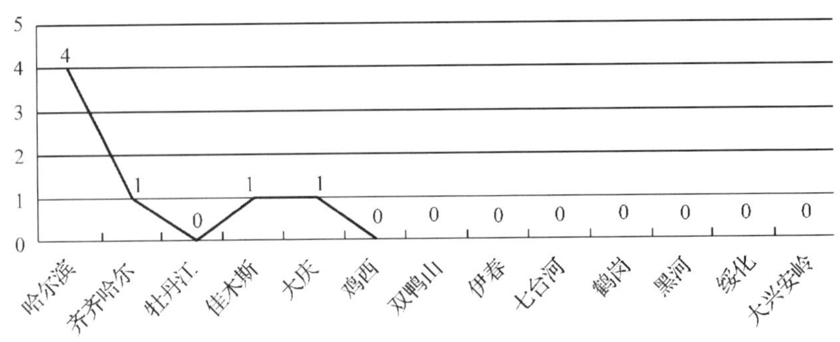

图7-5　国家级新闻媒体报道情况

以国家级新闻媒体报道次数最多的哈尔滨市为基数，计算此项指标各地市得分。计算公式为：得分 = “报道次数”/4 ×2。

通过计算，黑龙江省各地市国家级新闻媒体报道情况得分排序如下（表7-6、图7-6）。

表7-6　国家级新闻媒体报道情况得分排序列表

排序	地市	得分
1	哈尔滨	2
2	齐齐哈尔	0.5
3	佳木斯	0.5
4	大庆	0.5
5	牡丹江	0
6	鸡西	0
7	双鸭山	0

（续）

排序	地市	得分
8	伊春	0
9	七台河	0
10	鹤岗	0
11	黑河	0
12	绥化	0
13	大兴安岭	0

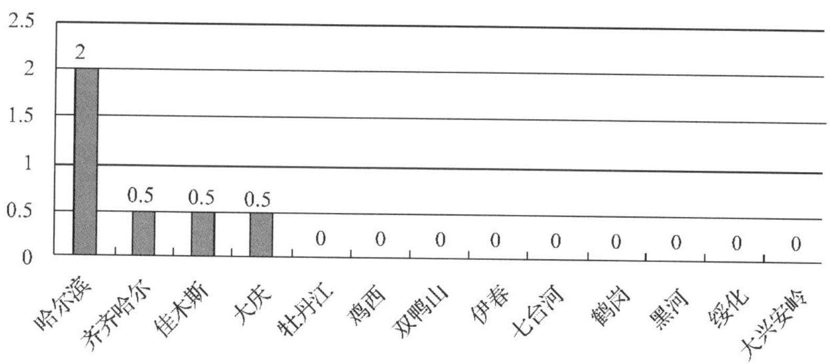

图 7-6 各地市国家级新闻媒体报道情况得分排序图

第二节 各地市生态文明建设突出贡献得分情况及分析

一、各地市生态文明建设突出贡献得分情况

(一)哈尔滨市生态文明建设突出贡献得分情况(表 7-7、图 7-7)

表 7-7 哈尔滨市生态文明突出贡献得分表

国家级科研成果	国家级荣誉	“三品一标”产品	国家级新闻报道	合计
0	2	2. 57	2	6. 57

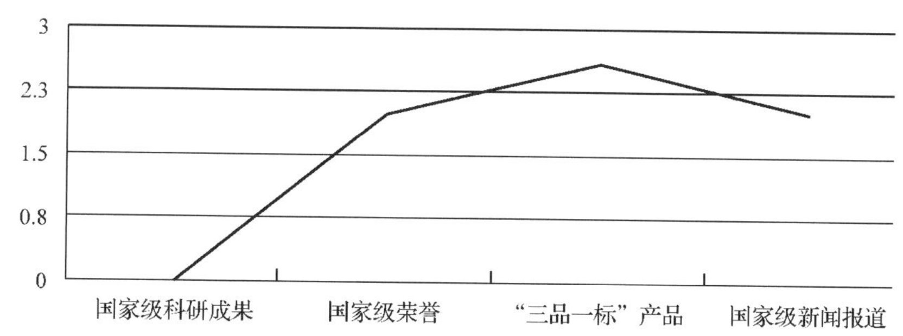

图 7-7 哈尔滨市生态文明突出贡献得分图

(二)齐齐哈尔市生态文明建设突出贡献得分情况(表7-8、图7-8)

表7-8 齐齐哈尔市生态文明突出贡献得分表

国家级科研成果	国家级荣誉	“三品一标”产品	国家级新闻报道	合计
0	0	1.04	0.5	1.54

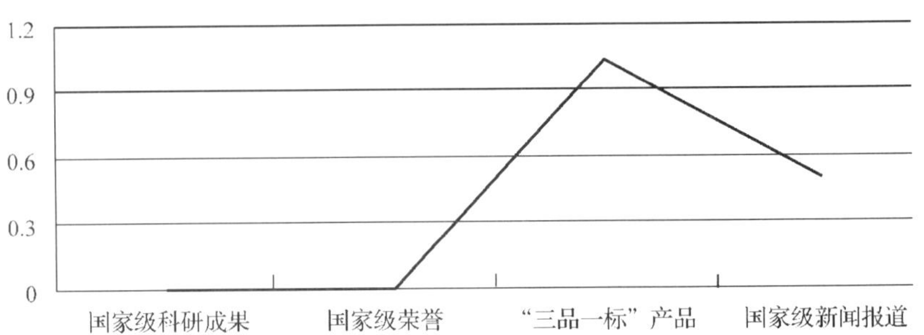

图7-8 齐齐哈尔市生态文明突出贡献得分图

(三)牡丹江市生态文明建设突出贡献得分情况(表7-9、图7-9)

表7-9 牡丹江市生态文明突出贡献得分表

国家级科研成果	国家级荣誉	“三品一标”产品	国家级新闻报道	合计
0	0.29	0.79	0	1.08

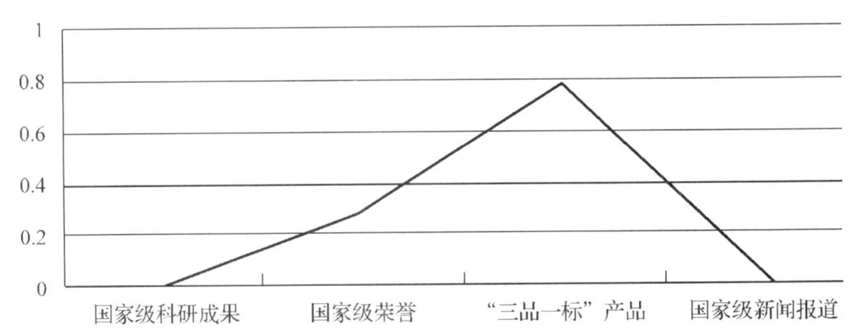

图7-9 牡丹江市生态文明突出贡献得分图

(四)佳木斯市生态文明建设突出贡献得分情况(表7-10、图7-10)

表7-10 佳木斯市生态文明突出贡献得分表

国家级科研成果	国家级荣誉	“三品一标”产品	国家级新闻报道	合计
0	0.57	1.09	1	2.68

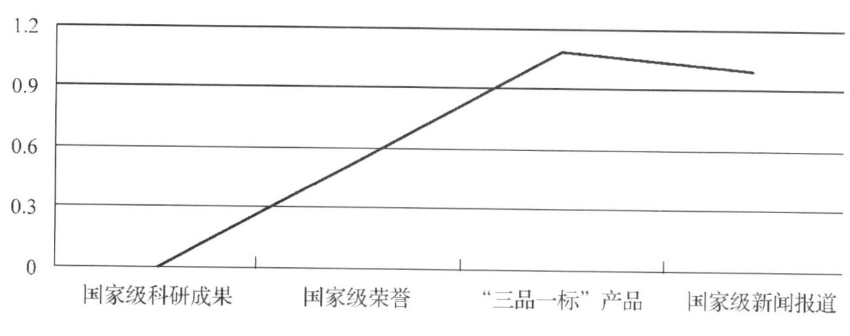

图 7-10 佳木斯市生态文明突出贡献得分图

(五)大庆市生态文明建设突出贡献得分情况(表 7-11、图 7-11)

表 7-11 大庆市生态文明突出贡献得分表

国家级科研成果	国家级荣誉	“三品一标”产品	国家级新闻报道	合计
0	0	0.84	0.5	1.34

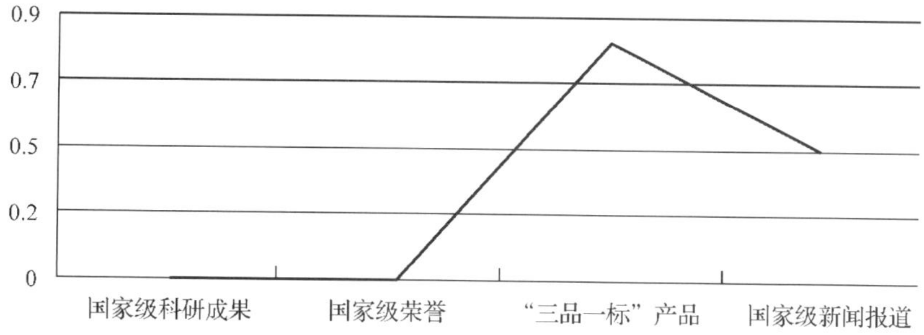

0.9
0.7
0.5
0.2
0
国家级科研成果
国家级荣誉
“三品一标”产品
国家级新闻报道

图 7-11 大庆市生态文明突出贡献得分图

(六)鸡西市生态文明建设突出贡献得分情况(表 7-12、图 7-12)

表 7-12 鸡西市生态文明突出贡献得分表

国家级科研成果	国家级荣誉	“三品一标”产品	国家级新闻报道	合计
0	0.29	0.45	0	0.74

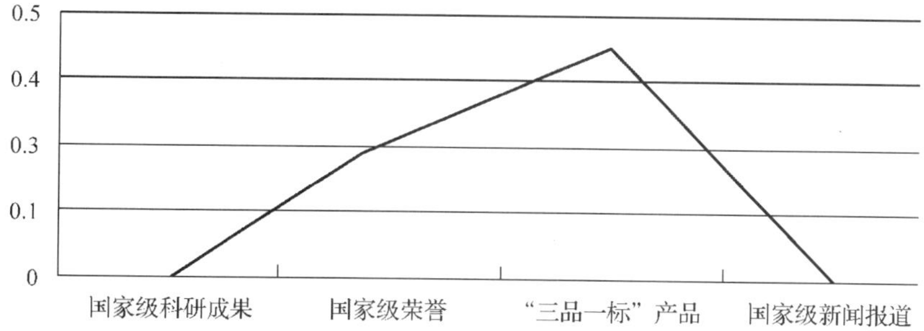

0.5
0.4
0.3
0.1
0
国家级科研成果
国家级荣誉
“三品一标”产品
国家级新闻报道

图 7-12 鸡西市生态文明突出贡献得分图

(七)双鸭山市生态文明建设突出贡献得分情况(表7-13、图7-13)

表7-13　双鸭山市生态文明突出贡献得分表

国家级科研成果	国家级荣誉	“三品一标”产品	国家级新闻报道	合计
0	0.29	0.42	0	0.71

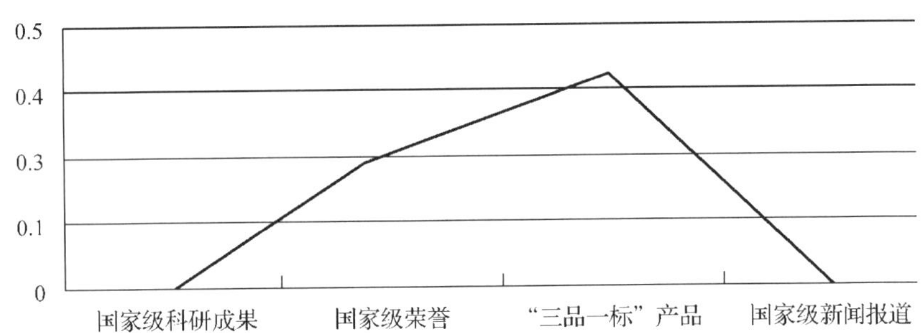

图7-13　双鸭山市生态文明突出贡献得分图

(八)伊春市生态文明建设突出贡献得分情况(表7-14、图7-14)

表7-14　伊春市生态文明突出贡献得分表

国家级科研成果	国家级荣誉	“三品一标”产品	国家级新闻报道	合计
0	0.29	0.28	0	0.57

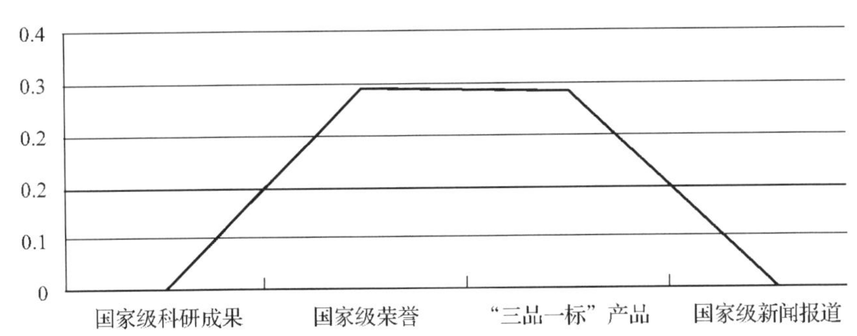

图7-14　伊春市生态文明突出贡献得分图

(九)七台河市生态文明建设突出贡献得分情况(表7-15、图7-15)

表7-15　七台河市生态文明突出贡献得分表

国家级科研成果	国家级荣誉	“三品一标”产品	国家级新闻报道	合计
0	0	0.33	0	0.33

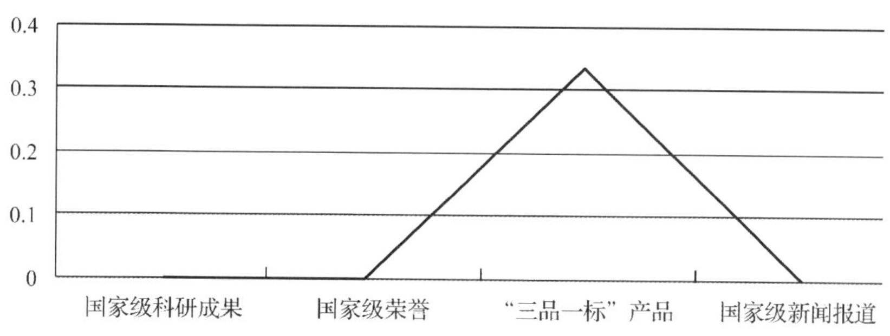

图 7-15 七台河市生态文明突出贡献得分图

(十)鹤岗市生态文明建设突出贡献得分情况(表 7-16、图 7-16)

表 7-16 鹤岗市生态文明突出贡献得分表

国家级科研成果	国家级荣誉	“三品一标”产品	国家级新闻报道	合计
0	0	0.53	0	0.53

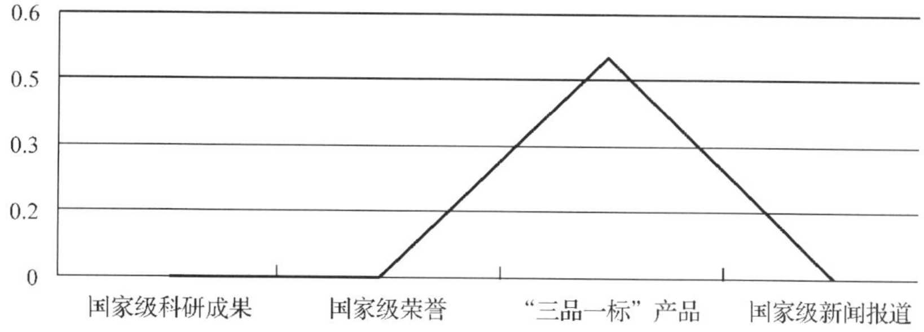

0.6
0.5
0.3
0.2
0
国家级科研成果 国家级荣誉 “三品一标”产品 国家级新闻报道

图 7-16 鹤岗市生态文明突出贡献得分图

(十一)黑河市生态文明建设突出贡献得分情况(表 7-17、图 7-17)

表 7-17 黑河市生态文明突出贡献得分表

国家级科研成果	国家级荣誉	“三品一标”产品	国家级新闻报道	合计
0	0	0.85	0	0.85

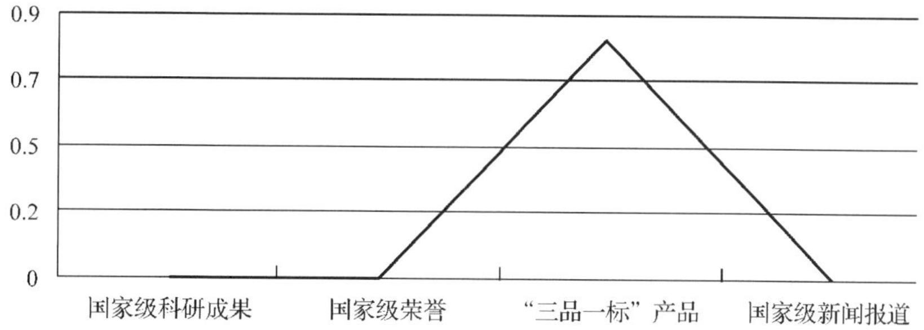

0.9
0.7
0.5
0.2
0
国家级科研成果 国家级荣誉 “三品一标”产品 国家级新闻报道

图 7-17 黑河市生态文明突出贡献得分图

(十二)绥化市生态文明建设突出贡献得分情况(表7-18、图7-18)

表7-18 绥化市生态文明突出贡献得分表

国家级科研成果	国家级荣誉	"三品一标"产品	国家级新闻报道	合计
0	0	1.47	0	1.47

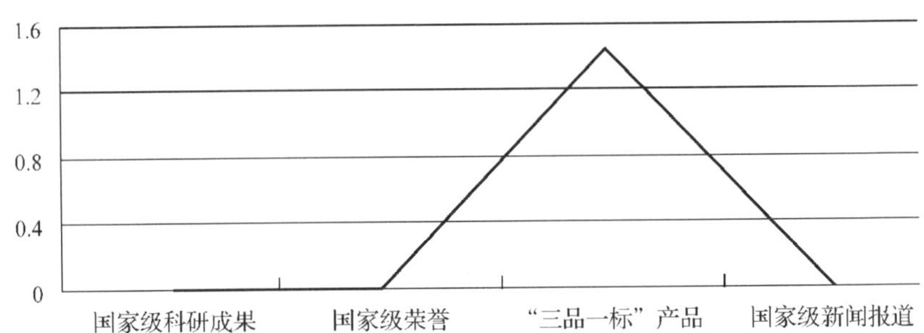

图7-18 绥化市生态文明突出贡献得分图

(十三)大兴安岭地区生态文明建设突出贡献得分情况(表7-19、图7-19)

表7-19 大兴安岭地区生态文明突出贡献得分表

国家级科研成果	国家级荣誉	"三品一标"产品	国家级新闻报道	合计
0	0	0.34	0	0.34

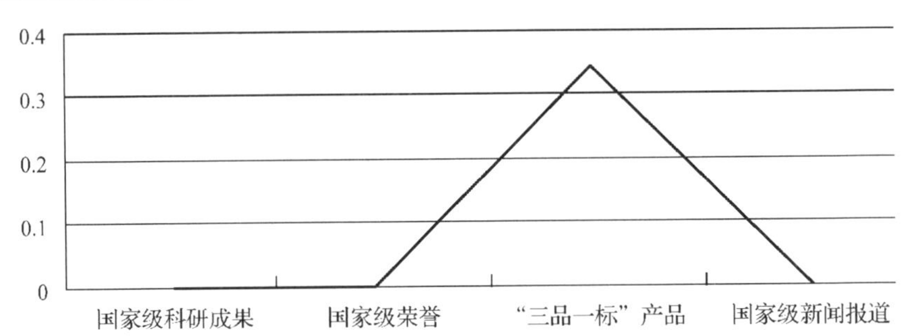

图7-19 大兴安岭地区生态文明突出贡献得分图

(十四)各地市生态文明建设突出贡献得分情况汇总(表7-20、图7-20)

表7-20 各地市生态文明突出贡献得分排序列表

排序	地市	得分
1	哈尔滨	6.57
2	佳木斯	2.68
3	齐齐哈尔	1.54
4	绥化	1.47

（续）

排序	地市	得分
5	大庆	1.34
6	牡丹江	1.08
7	黑河	0.85
8	鸡西	0.74
9	双鸭山	0.71
10	伊春	0.57
11	鹤岗	0.53
12	大兴安岭	0.34
13	七台河	0.33

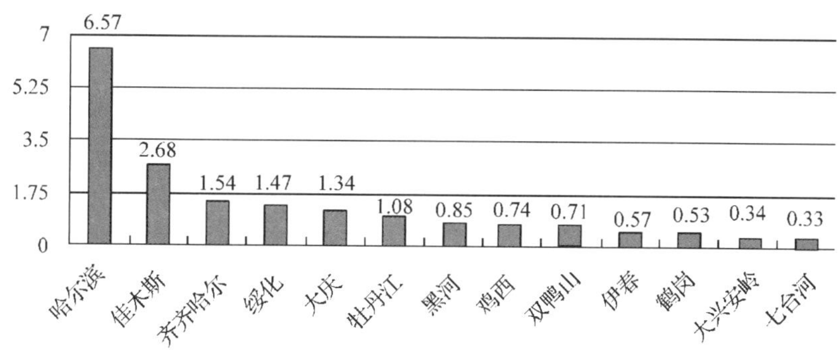

图 7-20　各地市生态文明突出贡献得分排序图

二、各地市生态文明建设突出贡献评价分析和对策建议

通过对黑龙江省各地市生态文明建设突出贡献的调查，可以看出，在生态文明建设实践中，黑龙江省作为农业大省，在政府主导的安全优质农产品公共品牌“三品一标”认证中，成果丰硕，为我国的粮食安全做出了重要贡献。但是在以下几方面还存在着短板：一是科研成果层次不高，2017 年没有取得生态文明建设国家级科研成果；二是获得国家级荣誉较少且地区分布不均衡，如哈尔滨遥遥领先，牡丹江、鸡西、双鸭山、伊春、佳木斯分别获得 1 ~ 2 项，而另外 7 个地市则一无所获；三是生态文明建设宣传力度不够，国家级新闻媒体报道少，2017 年仅有 7 项，并且主要集中在 4 个地市。

根据黑龙江省各地市生态文明建设突出贡献的调查和综合分析结果，对黑龙江省生态文明建设提出如下对策和建议：

1. 加强生态文明建设科学研究和技术研发，以科学技术进步助力生态文明建设

解决环境问题，实现生态文明，离不开科学技术创新和发展。无论是水、大气、土壤保护，还是环境监测、环境监察等重要工作，都需要科技手段保驾护航。如果能够不断提升绿色科技创新能力，将科技成果及时转化到经济建设和生态保护工程中，必将为黑龙江省区域发展与生态环境保护奠定坚实的科学基础、提供强有力的支撑。

2. 加强宣传工作，及时报道各地市在生态文明建设方面的经验做法和成就

加大环保宣传力度，创新宣传方式，充分利用新媒体，加强各级政府网站建设，积极引导媒体深入挖掘生态文明建设故事、先进典型事例，及时传播生态文明建设成果，营造良好的生态文明建设氛围。

第八章 各地市生态环境事件

本章为扣分项，主要考察该地区重特大突发环境事件、造成恶劣社会影响的其他环境污染责任事件以及严重生态破坏责任事件等情况。每发生一起生态环境事件扣 5 分，最多扣 10 分。

一、基本情况

2017 年 10 月 18 日至 20 日，哈尔滨、佳木斯、双鸭山、鹤岗持续出现重度及以上污染天气，AQI 长时间爆表，严重影响群众生产生活，造成不良社会影响。

2017 年 11 月 16 日，黑龙江省通报了中央环境保护督察移交生态环境损害责任追究问题问责情况，对 170 名责任人进行问责。有关典型案例包括：扎龙国家级自然保护区内违法实施土地整理、灌区改造工程；兴凯湖国家级自然保护区违法实施土地整理项目，毁草 2500 亩，生态破坏严重；黑龙江肇源沿江湿地自然保护区内违规采砂活动猖獗；哈尔滨市政府及有关部门大气污染防治不力，冬季大气污染严重；鹤岗市生活垃圾填埋建设缓慢，百万吨垃圾不能安全妥善处置；牡丹江市亿丰城市煤气有限公司 2 座落后焦炉，一期工程 1996 年建成投运，至今未通过环境保护验收，二期工程 2005 年投运，至今未取得环境保护审批手续；齐齐哈尔市中心城区污水处理厂污泥规范化处置项目进展缓慢（表 8-1、图 8-1）。

表 8-1 生态环境事件一览表 单位：项

排序	地市	事件数
1	哈尔滨	2
2	齐齐哈尔	2
3	鹤岗	2
4	牡丹江	1
5	佳木斯	1
6	大庆	1

（续）

排序	地市	事件数
7	鸡西	1
8	双鸭山	1
9	伊春	0
10	七台河	0
11	黑河	0
12	绥化	0
13	大兴安岭	0

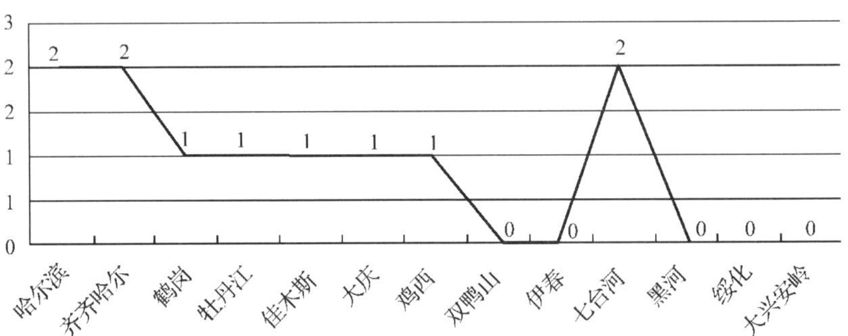

图 8-1 各地市生态环境事件情况图

按照每发生一起生态环境事件扣 5 分、最多扣 10 分的方法，通过计算，黑龙江省各地市生态环境事件扣分情况排序如下（见表 8-2、图 8-2）：

表 8-2 各地市生态环境事件扣分情况排序列表

排序	地市	扣分
1	哈尔滨	10
2	齐齐哈尔	10
3	鹤岗	10
4	牡丹江	5
5	佳木斯	5
6	大庆	5
7	鸡西	5
8	双鸭山	5
9	伊春	0
10	七台河	0
11	黑河	0
12	绥化	0
13	大兴安岭	0

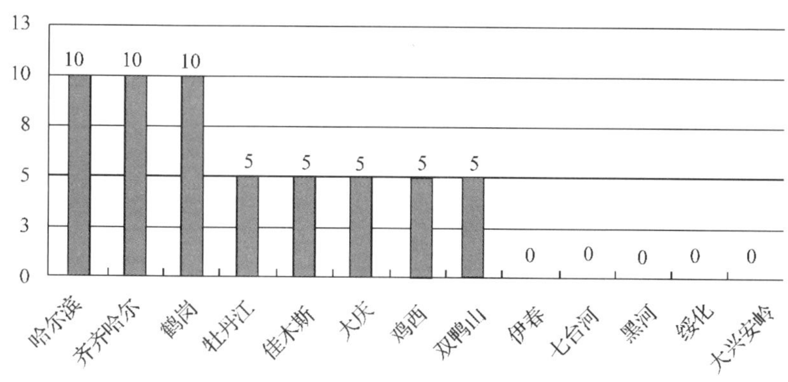

图 8-2　各地市生态环境事件扣分情况排序图

二、各地市生态环境事件评价分析和对策建议

2017 年，发生生态环境事件的地市比较多，占全省的 61.54%。而且事件主要涉及大气污染防治不力、生活垃圾填埋建设缓慢、污水处理项目进展缓慢等问题，与广大人民群众的生产生活密切相关，造成的社会负面影响重大。对此，提出如下改进建议：

1. 加强事前预防，前置环境保护工作，从源头上防控生态环境事件风险

强化责任意识和底线思维，进一步建立健全环境保护基本制度，如生态环境监督长效机制、问责机制以及公众参与机制等，加强环境风险管控，将生态风险防范纳入日常化管理，将问题预防在源头、化解在萌芽状态，避免酿成大事件。

2. 重视事后监督和整改，做好生态修复工作

严肃认真对待环保督察工作，按照要求建立相关机制，立行立改、边督边改。同时，加强督察整改工作宣传报道和信息公开，确保督察整改落在实处、取得实效，使被破坏的生态环境得以修复。

参考文献

黑龙江省第十二次党代会报告（全文）[EB/OL]. http://www.hljmzt.gov.cn/915/24477.html. 2019-4-15.

佳木斯市人民政府[EB/OL]. http://www.jms.gov.cn/html/index/alone/000100010017.html2019-4-15. 2019-4-15.

牛文静. 2017. 公众参与生态文明建设研究[D]. 保定:河北大学.

施生旭. 2016. 我国生态文明建设中的公众参与问题研究[J]. 林业经济(3):7.

习近平参加黑龙江代表团审议:全面振兴决心不能动摇[EB/OL]. http://www.xinhuanet.com//politics/2016-03/07/c_1118255027.htm. 2019-4-15.

中共中央文献研究室. 2017. 习近平关于社会主义生态文明建设论述摘编[M]. 北京: 中央文献出版社.

中国牡丹江[EB/OL]. http://www.mdj.gov.cn/shiqing/csjj/201612/t20161228_311.html. 2019-02-12/2019-04/16.

后 记

《黑龙江省生态文明建设发展报告》由黑龙江省生态文明建设与绿色发展智库首席专家、东北林业大学刘经伟教授总体设计、策划统筹，刘伟杰副教授协助统稿。第一部分黑龙江省各地市生态文明建设情况总体评价，执笔人刘伟杰；第二部分第一章黑龙江省各地市生态资源利用情况，执笔人张舒；第二章黑龙江省各地市生态环境保护情况，执笔人王晶；第三章黑龙江省各地市生态文明建设政府重视程度研究，执笔人郭岩；第四章各地市生态文明教育情况，执笔人张博；第五章各地市生态文明建设公众参与情况，执笔人董丽娇；第六章各地市生态文明建设公众满意度 ，执笔人林美群；第七章各地市生态文明建设突出贡献，执笔人李伟杰；第八章各地市生态环境事件，执笔人李伟杰。

本成果支持项目：

中央高校科研业务费科技平台持续发展专项“黑龙江省城市生态文明建设发展评价研究”（项目编号：2572018CP02）；黑龙江省高等学校新型智库建设支持计划专项“‘两座金山银山理论’指导下黑龙江省绿色发展的路径设计”（项目编号：ZKWT1006）。